U0382104

中国社会科学院
"登峰战略"优势学科"气候变化经济学"
成果

气候变化经济学系列教材

总主编 潘家华

Carbon Emission
Accounting Methodology

主编■蒋旭东 王 丹 杨 庆

碳排放核算方法学

中国社会科学出版社

图书在版编目(CIP)数据

碳排放核算方法学/蒋旭东，王丹，杨庆主编.—北京：中国社会科学出版社，2021.10（2025.1重印）

ISBN 978 - 7 - 5203 - 8195 - 6

Ⅰ.①碳… Ⅱ.①蒋…②王…③杨… Ⅲ.①二氧化碳—排气—经济核算—研究—中国 Ⅳ.①X511

中国版本图书馆 CIP 数据核字（2021）第 058664 号

出 版 人	赵剑英	
项目统筹	王 茵	
责任编辑	马 明	胡新芳
责任校对	李照东	
责任印制	李寡寡	

出 版	中国社会科学出版社
社 址	北京鼓楼西大街甲 158 号
邮 编	100720
网 址	http://www.csspw.cn
发 行 部	010 - 84083685
门 市 部	010 - 84029450
经 销	新华书店及其他书店

印刷装订	北京君升印刷有限公司
版 次	2021 年 10 月第 1 版
印 次	2025 年 1 月第 4 次印刷

开 本	710 × 1000 1/16
印 张	20
字 数	340 千字
定 价	109.00 元

气候变化经济学系列教材
编 委 会

碳排放核算方法学
编 委 会

总　　序

　　气候变化一般被认为是一种自然现象，一个科学问题。以各种自然气象灾害为表征的气候异常影响人类正常社会经济活动自古有之，虽然具有"黑天鹅"属性，但灾害防范与应对似乎也司空见惯，见怪不怪。但20世纪80年代国际社会关于人类社会经济活动排放二氧化碳引致全球长期增温态势的气候变化新认知，显然超出了"自然"范畴。这一意义上的气候变化，经过国际学术界近半个世纪的观测研究辨析，有别于自然异变，主要归咎于人类活动，尤其是工业革命以来的化石能源燃烧排放的二氧化碳和持续大规模土地利用变化致使自然界的碳减汇增源，大气中二氧化碳浓度大幅快速攀升、全球地表增温、冰川融化、海平面升高、极端天气事件频次增加强度增大、生物多样性锐减，气候安全问题严重威胁人类未来生存与发展。

　　"解铃还须系铃人"。既然因之于人类活动，防范、中止，抑或逆转气候变化，就需要人类改变行为，采取行动。而人类活动的指向性十分明确：趋利避害。不论是企业资产负债表编制，还是国民经济财富核算，目标函数都是当期收益的最大化，例如企业利润增加多少，经济增长率有多高。减少温室气体排放最直接有效的就是减少化石能源消费，在给定的技术及经济条件下，会负向影响工业生产和居民生活品质，企业减少盈利，经济增长降速，以货币收入计算的国民福祉不增反降。而减排的收益是未来气候风险的减少和弱化。也就是说，减排成本是当期的、确定的、具有明确行动主体的；减排的收益是未来的、不确定的、全球或全人类的。这样，工业革命后发端于功利主义伦理原则而发展、演进的常规或西方经济学理论体系，对于气候变化"病症"，头痛医头，脚痛医脚，开出一个处方，触发更多毛病。正是在这样一种情况下，欧美一些主流经济学家试图将"当期的、确定的、具有明确主体的"成本和"未来的、不确定的、全球的"收益综合一体分析，从而一门新兴的学科，即气候变化经济学也就萌生了。

由此可见，气候变化经济学所要解决的温室气体减排成本与收益在主体与时间上的错位问题是一个悖论，在工业文明功利主义的价值观下，求解显然是困难的。从 1990 年联合国气候变化谈判以来，只是部分的、有限的进展；正解在现行经济学学科体系下，可能不存在。不仅如此，温室气体排放与发展权益关联。工业革命以来的统计数据表明，收入水平高者，二氧化碳排放量也大。发达国家与发展中国家之间、发展中国家或发达国家内部富人与穷人之间，当前谁该减、减多少，成为了一个规范经济学的国际和人际公平问题。更有甚者，气候已经而且正在变化，那些历史排放多、当前排放高的发达国家由于资金充裕、技术能力强，可以有效应对气候变化的不利影响，而那些历史排放少、当前排放低的发展中国家，资金短缺、技术落后，受气候变化不利影响的损失多、损害大。这又成为一个伦理层面的气候公正问题。不论是减排，还是减少损失损害，均需要资金与技术。钱从哪儿来？如果筹到钱，又该如何用？由于比较优势的存在，国际贸易是双赢选择，但是如果产品和服务中所含的碳纳入成本核算，不仅比较优势发生改变，而且也出现隐含于产品的碳排放，呈现生产与消费的空间错位。经济学理论表明市场是最有效的。如果有限的碳排放配额能够通过市场配置，碳效率是最高的。应对气候变化的行动，涉及社会的方方面面，需要全方位的行动。如果一个社区、一座城市能够实现低碳或近零碳，其集合体国家，也就可能走向近零碳。然而，温室气体不仅仅是二氧化碳，不仅仅是化石能源燃烧。碳市场建立、零碳社会建设，碳的核算方法必须科学准确。气候安全是人类的共同挑战，在没有世界政府的情况下，全球气候治理就是一个艰巨的国际政治经济学问题，需要国际社会采取共同行动。

作为新兴交叉学科，气候变化经济学已然成为一个庞大的学科体系。欧美高校不仅在研究生而且在本科生教学中纳入了气候变化经济学的内容，但在教材建设上尚没有加以系统构建。2017 年，中国社会科学院将气候变化经济学作为学科建设登峰计划·哲学社会科学的优势学科，依托生态文明研究所

（原城市发展与环境研究所）气候变化经济学研究团队开展建设。2018年，中国社会科学院大学经批准自主设立气候变化经济学专业，开展气候变化经济学教学。国内一些高校也开设了气候变化经济学相关课程内容的教学。学科建设需要学术创新，学术创新可构建话语体系，而话语体系需要教材体系作为载体，并加以固化和传授。为展现学科体系、学术体系和话语体系建设的成果，中国社会科学院气候变化经济学优势学科建设团队协同国内近50所高校和科研机构，启动《气候变化经济学系列教材》的编撰工作，开展气候变化经济学教材体系建设。此项工作，还得到了中国社会科学出版社的大力支持。经过多年的努力，最终形成了《气候变化经济学导论》《适应气候变化经济学》《减缓气候变化经济学》《全球气候治理》《碳核算方法学》《气候金融》《贸易与气候变化》《碳市场经济学》《低碳城市的理论、方法与实践》9本252万字的成果，供气候变化经济学教学、研究和培训选用。

令人欣喜的是，2020年9月22日，国家主席习近平在第七十五届联合国大会一般性辩论上的讲话中庄重宣示，中国二氧化碳排放力争于2030年前达到峰值，努力争取2060年前实现碳中和。随后又表示中国将坚定不移地履行承诺。在饱受新冠肺炎疫情困扰的2020年岁末的12月12日，习近平主席在联合国气候雄心峰会上的讲话中宣布中国进一步提振雄心，在2030年，单位GDP二氧化碳排放量比2005年水平下降65%以上，非化石能源占一次能源消费的比例达到25%左右，风电、太阳能发电总装机容量达到12亿千瓦以上，森林蓄积量比2005年增加60亿立方米。2021年9月21日，习近平主席在第七十六届联合国大会一般性辩论上，再次强调积极应对气候变化，构建人与自然生命共同体。中国的担当和奉献放大和激发了国际社会的积极反响。目前，一些发达国家明确表示在2050年前后实现净零排放，发展中国家也纷纷提出净零排放的目标；美国也在正式退出《巴黎协定》后于2021年2月19日重新加入。保障气候安全，构建人类命运共同体，气候变化经济学研究步入新的境界。这些内容尽管尚未纳入第一版系列教材，但在后续的修订和再版中，必将得到充分的体现。

人类活动引致的气候变化，是工业文明的产物，随工业化进程而加剧；基于工业文明发展范式的经济学原理，可以在局部或单个问题上提供解决方案，但在根本上是不可能彻底解决气候变化问题的。这就需要在生态文明的发展范式下，开拓创新，寻求人与自然和谐的新气候变化经济学。从这一意义上讲，目前的系列教材只是一种尝试，采用的素材也多源自联合国政府间气候变化专门委员会的科学评估和国内外现有文献。教材的学术性、规范性和系统性等方面还有待进一步改进和完善。本系列教材的编撰团队，恳望学生、教师、科研人员和决策实践人员，指正错误，提出改进建议。

潘家华

2021 年 10 月

前　　言

　　大量人为温室气体排放（简称碳排放）引发的全球气候变化问题日趋严重，深刻影响着全人类的生存和发展。碳排放核算是应对气候变化各项工作的基础，对促进国家和地区应对气候变化工作决策科学、管理规范、信息透明具有重要意义。编制一本突出学理性，强调综合性、精准性和实用性的《碳排放核算方法学》显得尤为必要和迫切。

　　上世纪末以来，发达国家政府和国际组织如政府间气候变化委员会（IPCC）、国际标准化组织（ISO）、世界资源研究所（WRI）、世界可持续发展工商理事会（WBCSD）、英国标准协会（BSI）等积极开展了碳排放核算探索，形成了较为丰富的成果，涵盖了国家、城市、企业、项目等层面，包括《2006 年 IPCC 国家温室气体清单指南》《城市温室气体核算国际标准（测试版 1.0）》《温室气体核算体系：企业核算与报告标准》以及清洁发展机制（CDM）项目方法学等。近年来，我国政府及专家学者做了大量工作，我国碳排放核算研究和实践迅速发展，总体呈现出"从国家层面向省区、城市、企业及设施层面"、"从直接排放向能源间接排放、贸易隐含排放"核算的发展趋势。根据《联合国气候变化框架公约》要求，所有缔约方应按照 IPCC 国家温室气体清单指南编制各国的温室气体清单。我国作为 UNFCCC 非附件 I 的缔约国，于 2004 年和 2012 年向《联合国气候变化框架公约》缔约方大会提交了《中华人民共和国气候变化初始国家信息通报》及《中华人民共和国气候变化第二次国家信息通报》，2019 年提交了《中华人民共和国气候变化第三次国家信息通报》和《中华人民共和国气候变化第二次两年更新报告》。为了进一步加强碳排放核算能力建设，国家发展改革委组织相关领域的专家编写了《省级温室气体清单编制指南（试行）》，2010 年全国陆续启动省级温室气体清单编制工作，有利于掌握各地区、各部门排放现状，协助政府部门制定相关减排措施。

本书共分十一章。第一章为绪论，概述了气候变化的科学事实，介绍了碳排放核算相关概念、人为碳排放以及引发的温室效应增强，明确了本书碳排放核算对象和气体种类。第二章比较系统地介绍了国内外碳排放核算进展，提出碳排放核算展望。第三章为碳排放核算方法体系，是本书的中枢和纲领，在综合已有核算方法的基础上，提出了基于领土边界、生产侧和消费侧碳排放核算体系基本框架，概述碳排放核算方法内容。阐述了核算层次、核算方向、核算边界和与之相关的核算范围等概念、内涵。第四章到第八章，以能源活动、工业生产过程、农业、土地利用变化和林业以及废弃物处理五大领域为重点，详细介绍所包含的核算单元排放原理、核算公式，以及相关活动水平和排放因子统计调查和方法。第九章以区域间经济活动碳转移核算为例，阐述消费侧与生产侧核算的区别，详细介绍消费侧核算的方法。第十章介绍了碳排放核算所需要的质量保证一般方法、原理及保障制度等。第十一章介绍了全球及中国的主要碳排放数据库。

本教材的定位与特点如下：本书作为国内第一本碳排放核算方法学教材，为读者和学生们提供了一个较为完整的学习框架。本教材适用于高等学校经济学、气候变化相关专业的辅修课或专业课，可供本科生、研究生根据学习需要开展选择性教学和阅读，同时也可供从事应对气候变化工作、碳交易市场建设等行业技术人员、管理人员阅读参考。我们在编撰过程中，一是力求全面把握研究和工作进展，完整地反映研究共识，博采众家之长，充分借鉴吸收相关国际标准以及《2006 年 IPCC 国家温室气体清单指南》《省级温室气体清单编制指南（试行）》《2019 年 IPCC 国家温室气体清单指南》等成果，尽力契合"气候变化经济学"系列教材的总体定位，注重多学科交叉和学科知识提炼，适度取舍综合，形成有中国特色的碳排放核算方法学教材。二是较为全面地介绍了五大领域碳排放核算单元排放原理、排放环节、排放特征、具体的核算方法及其适用条件，较详细地介绍了活动水平数据、排放因子的确定方法。同时详细介绍了区域间经济活动碳转移核算，并以此为例，阐述消费侧与生产侧核算的区别。三是结合我们在省级温室气体清单编制、行业企业温室气体排放核算及相关活动水平与排放因子调查等实践，在五大领域核算方法介绍中给出了具体的核算案例，对活动水平、排放因子实测进行了方法学讨论，给出了相关参数调查方法和检测方法。

本书是不同研究机构和高校相关团队紧密配合、分工协作的集体智慧结晶。主编为安徽省经济研究院的蒋旭东、上海工程科技大学的王丹和安徽省经济研究院的杨庆。副主编为安徽农业大学徐小牛、合肥工业大学朱承驻、安徽农业大学杨书运、安徽建筑大学陈广洲、西安交通大学王育宝、南方科技大学叶斌。第一章由蒋旭东、安徽省经济研究院汤丽洁负责编写，第二章由叶斌、世界资源研究所蒋小谦负责编写，第三章由王丹、武汉工程大学王国飞负责编写，第四章由杨庆、安徽省经济研究院王涛负责编写，第五章由朱承驻负责编写。第六章由杨书运负责编写，第七章由陈广洲负责编写，第八章由徐小牛负责编写。第九章由王育宝负责编写，第十章由安徽省经济研究院徐鑫、王燕负责编写，第十一章由蒋小谦、叶斌负责编写。哈尔滨工业大学（深圳）蒋晶晶承担了部分外文文献及资料处理，安徽省经济研究院檀竹姣、西安交通大学博士研究生何宇鹏、湖北经济学院硕士研究生施杰等承担了文献搜集、资料处理等工作，参与部分章节的讨论。全书由蒋旭东进行组织和统稿，王丹、杨庆承担相关组稿工作。

团队是第一次组织多学科专家编写《碳排放核算方法学》，由于能力和经验不足，难免有不当和疏漏之处，敬请读者批评指正，以便在今后再版时进行相应修正。当然，随着我国应对气候变化研究和实践工作的深化，统计核算体系制度的完善，好的研究成果和核算方法将不断涌现，也确有及时修正完善的必要。

目　　录

第 一 章

绪　　论

地球是人类共同的家园。在人类赖以生存的自然环境中，气候是一个重要组成部分，适宜且稳定的气候不仅是自然生物生存发展的必要条件，也是人类社会可持续发展的必要前提，气候的任何显著变化都会对整个自然生态系统以及人类社会经济产生不可忽视的影响。科学研究表明，近百年来，全球变暖已经成为一个不争的事实，受到了国际社会和各国政府以及社会各界的广泛关注。气候变化应是自然因素和人类活动共同作用的结果。但是工业革命以来，气候变化主要是由人类活动的影响所造成的，由于大量化石燃料的燃烧和人类对土地的开发和利用，改变了地表的植被，从而对整个气候系统有了重大的影响。气候变化给人类带来的挑战是不容回避的，人类要么以智慧和宽容找到解决方案，要么只能等到亲身体验到气候变化的危害且无法忍受时才开始采取行动。然而，真正的风险在于气候变化所造成的影响往往是不可逆的，人类必须在未来付出更大代价的风险和为长远利益而放弃部分眼前利益间作出选择。本章通过三个小节，全面介绍气候变化的科学事实、温室效应及碳排放、碳核算相关概念和内涵等背景知识。

第一节　气候变化的科学事实

气候变化是长时期大气状态变化的一种反映，它主要表征大气各种时间长度的冷与暖或干与湿的变化。气候变化存在着多种不同的周期，其周期越长，变化的幅度越大，对比越明显。① 近代全球气候变化科学基础的建立经历了近

---

① 章文晟:《气候变化的科学事实及其影响》,《城市与减灾》2014 年第 4 期。

200 年的时间。1827 年数学物理学家傅里叶首次定性地提出地球大气具有温室效应时，尚未讨论气候变暖问题，正常大气的温室效应本来是地球成为人类宜居之地的基本条件之一。1896 年物理化学家阿仑尼乌斯定量计算了气候对 CO_2 浓度变化的敏感性，并提出人类燃烧化石燃料导致 CO_2 浓度上升使全球变暖的可能性。之后相关研究进入系统化。CO_2 分子的光谱特性和太阳辐射在大气中的传输，是 20 世纪初以来物理学的课题之一，对全球大气中 CO_2 浓度变化已有较长期的科学观测。全球 300 多个站的观测数据表明：这一浓度已由工业革命前的 280ppm 上升到 2010 年代的 410ppm。[①]

在 2013 年 9 月，政府间气候变化专门委员会（IPCC）第五次评估报告第一工作组发布研究成果认为，气候系统变暖毋庸置疑。自 1950 年以来，观测到的许多变化在近百年乃至上千年都是前所未有的：大气和海洋已变暖，积雪和冰量已减少，海平面已上升，温室气体浓度已增加。[②]

第一，全球气温升高。IPCC（2013）认为，自 1901 年以来全球近地面气温几乎确定是上升的，尤其自 20 世纪 70 年代之后上升更加显著。基于全球和区域台站的数个独立的数据集均支持这一结论。几乎也可以肯定全球海表气温自 20 世纪初以来处于上升趋势。线性拟合显示，全球陆表和海表气温自 1901—2010 年间升高了约 0.8℃，1979—2010 年间升高约 0.5℃（图 1－1）。1986—2005 年（模式所用的参考区间）与 1886—1905 年（工业化早期）相比，变暖的幅度达 0.66℃（0.60 至 0.72，不确定性的区间，下同）。

第二，降水变化。IPCC 第四次评估报告的基本结论为，1901 年以来，北半球中纬度陆地区域平均降水已增加。对于其他纬度，区域平均降水的增加或减少的长期趋势不明显。不同纬度带降水的变化各有特点，多套数据的分析都表明北半球中纬度地区（30°N—60°N）的降水在 1901—2008 年呈现显著的增加趋势。21 世纪初以来在热带地区（30°S—30°N）降水呈现出增加趋势。北半球高纬度地区，在 1951—2008 年降水呈现增加趋势，但并不显著，且趋势估计的不确定性很大。所有的数据集都表明，在南半球中纬度地区（60°S—30°S），降水在 2000 年左右存在突变点，之后降水变少。上述的结论与 1979

---

① 杜祥琬：《气候的深度——多哈归来的思考》，《科技导报》2013 年第 9 期。
② 潘志华、郑大玮：《气候变化科学导论》，气象出版社 2015 年版，第 5 页。

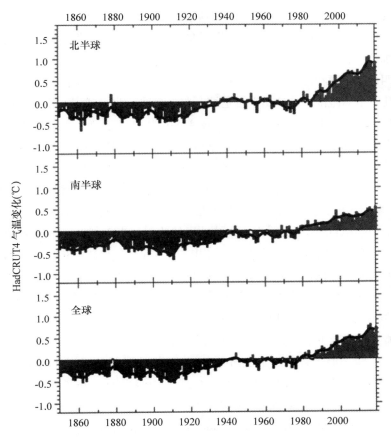

图 1-1　1860—2012 年全球陆地和海洋表面年平均温度

资料来源：https：//crudata. uea. ac. uk/cru/data/temperature。

年以来卫星观测的结果和地面雨量筒观测的结果基本一致。①

　　第三，极端天气与气候事件增加。约自 1950 年以来，已观测到了许多极端天气和气候事件的变化。在全球尺度上冷昼和冷夜的天数可能已减少，而暖昼和暖夜的天数可能已增加。平均海平面的升高很可能引起沿海极端高水位事件的增多。在欧洲、亚洲和澳大利亚的大部分地区，热浪的发生频率可能已增加。与降水减少的区域相比，更多陆地区域出现强降水事件的数量可能已增

---

　　①　秦大河：《气候变化科学概论》，科学出版社 2018 年版，第 38 页。

加。在北美洲和欧洲，强降水事件的频率或强度可能均已增加。[①] 南欧和地中海地区、中欧、北美洲、中美洲和墨西哥、巴西东南部、非洲南部等地区的干旱可能加剧。

第四，冰川面积缩小。过去20年以来，格陵兰和南极冰盖已经并正在损失冰量，几乎全球范围内的冰川继续退缩，北极海冰和北半球春季积雪面积继续缩小。1992—2011年的20年中，格陵兰冰盖和南极冰盖表现出物质亏损状态，二者在此期间累计损失物质4260Gt，且呈负物质平衡加剧趋势，格陵兰冰盖1992—2001年均物质平衡为−34Gt/a，2002—2011年则上升到−215Gt/a；南极冰盖类似，1992—2001年为30Gt/a，2002—2011年达到−147Gt/a。对比全球分地区的500条长系列冰川长度变化，不难发现退缩为主导的趋大型山谷冰川，在过去的120年间分别累计退缩了数千米。中纬地区的冰川，为2—20m/a。由各地区不同规模冰川长度变化特征可以看出，大冰川（或冰面较平坦）表现出持续的退缩现象；中等规模（冰面较陡）的冰川表现出年代际的阶段性变化，而小冰川的长度变化，则表现出叠加在总体退缩背景下的高频波动。退缩中断，或稳定或前进，出现在20世纪20年代、70年代及90年代。另外，卫星观测显示，1979年以来北极海冰呈快速减少趋势，海冰范围的减少速率约为3.8%/10a。

第五，海平面上升。19世纪中叶以来的海平面上升速率比过去两千年的平均速率高，在1901—2010年期间，全球平均海平面上升了0.19m（0.17—0.21m）。全球平均海平面上升速率在1901—2010年为1.7mm/a（1.5—1.9mm/a），在1993—2010年为3.2mm/a（2.8—3.6mm/a）。

应当引起我们重视的是，气候变化已经并将继续对全球生态环境带来广泛而深刻的影响，威胁生态安全。海平面上升之后小岛国充满了忧患。气候变暖使得冰川消融加速，冻土的不稳定性增加，山区塌方事件增多。气候变化还改变了降水的分布，水资源失衡的矛盾更加突出，部分旱区更旱，雨水多的雨下得更大。海洋吸收更多的二氧化碳将会造成表层海水酸化度增加，对海洋生物特别是贝类构成更大的威胁。[②]

人们对气候变化后果的感受更为深切。研究表明，极端气候事件造成的损失，1980年为每年几十亿美元，而2000年已上升至每年大于2000亿美元，

---

① 《IPCC第五次评估报告第一工作组报告摘要》，《中国气象报》2013年10月28日第3版。

② 王守荣：《气候变化，因为人类活动能力太强》，《中国经济导报》2009年7月16日第B06版。

其中我国的损失为 3000 多亿元人民币,这还不包括对人们生命健康的影响和对生态系统及文化遗产的损坏。极端气候事件频度和强度的增加,已使多国感受切肤之痛,"没有哪个国家能成为独善其身的天堂"[1]。更值得重视的是气候趋势的长期风险。世界银行 2012 年 11 月公布的报告指出:"到本世纪末,如果再不采取持续的政策行动的话,全球气温将上升 4 摄氏度,后果将是灾难性的。"更何况这里说的 4 摄氏度是个平均概念,分布的不均匀使其更具破坏性。就全局而言,避免走到发生灾变的临界点已是具有历史眼光和责任心的人们必须担当起来的使命。

专栏 1−1 联合国气候变化谈判进程中形成的国家利益集团

欧盟是推进《联合国气候变化框架公约》谈判进程的积极推动力量,在许多议题谈判中,表现出国际应对气候变化的引领者角色。

伞形国家集团(Umbrella Group)以美国为首,由包括其他非欧盟发达国家和俄罗斯、乌克兰等组成。集团初期名称为 JUSCANZ,为日本、美国、加拿大、澳大利亚、新西兰的国名缩写,后来瑞士、挪威、冰岛、俄罗斯和乌克兰加入,成为伞形集团。伞形国家集团的主张是赞成弹性机制,通过排放贸易和吸收会缓解本国减排压力,主张对灵活机制的运用不加任何限制。

77 国加中国(G77 + China)作为发展中国家的集合体,主张是坚持"共同但有区别责任"原则,要求设定排放贸易的上限以及要求发达国家对发展中国家提供资金和技术支持。

小岛国联盟处于受气候变化毁灭性影响的最前沿,提出的减排目标最严厉,迫切要求世界各国大力减排温室气体。

石油输出国组织由于能源输出占国民经济的主导地位,因此担心全球减排会引起能源市场的紧缩。

资料来源:庄贵阳、陈迎:《国际气候制度与中国》,世界知识出版社 2005 年版。

---

[1] 杜祥琬:《气候的深度——多哈归来的思考》,《科技导报》2013 年第 31 期。

第二节　温室效应及碳排放

一　温室效应与温室气体

（一）温室效应

在寒冷地区的农业生产中，为使农作物如蔬菜等能够在寒冷气候中正常生长，经常建造玻璃（或透明塑料）房屋，将农作物种在里面。利用玻璃可以让太阳短波辐射通过的原理，保持白天室内足够温暖的温度。又利用夜晚玻璃阻挡了热交换的原理，继续保持室内夜间温暖的温度。人们称这样的玻璃房屋为温室。大气中有些微量气体，如水汽（H_2O）、二氧化碳（CO_2）、臭氧（O_3）、氧化亚氮（N_2O）、甲烷（CH_4）等，能够起到类似玻璃的作用，即大气中的这些微量气体能够使太阳短波辐射透过（指很少吸收短波辐射），达到地面，从而使地球表面升温；但阻挡地球表面向宇宙空间发射的长波辐射（指明显吸收长波辐射），使地面放射的长波辐射返回到地表面，从而继续保持地面的温度。由于 CO_2 等气体的这一作用与"温室"的作用类似，人们把大气中微量气体的这种作用称为大气中的"温室效应"，而把具有这种温室效应的 CO_2 等微量气体称作"温室气体"[1]。

因此，温室效应是指透射阳光的密闭空间由于与外界缺乏热交换而形成的保温效应，太阳短波辐射透过大气射入地面，地面增暖后放出的长波辐射被大气中的二氧化碳等物质所吸收，从而产生大气变暖的效应。

（二）温室气体

温室气体是指大气中由自然或人为原因产生的能够吸收和释放地球表面、大气和云所射出的红外辐射谱段特定波长辐射的微量气体成分。温室气体能够导致大气温室效应。水汽、二氧化碳、氧化亚氮、甲烷和臭氧是地球大气中最重要的温室气体。水汽所产生的温室效应占整体温室效应的 60%—70%，其次是二氧化碳大约占 26%，其他还有臭氧、甲烷、氧化亚氮以及人造温室气体氯氟碳化物（CFCs）、全氟碳化物（PFCs）、氢氟碳化物 [HFCs，含氯氟烃（HCFCs）及六氟化硫（SF_6）] 等。

---

① 吴兑：《温室气体与温室效应》，气象出版社 2003 年版，第 20 页。

全球变暖潜势（Global Warming Potential，GWP）是指某一给定物质在一定时间积分范围内与二氧化碳相比而得到的相对辐射影响值，用于评价各种温室气体对气候变化影响的相对能力，政府间气候变化专门委员会评估报告给出的全球变暖潜势值如表1-1所示。限于人类对各种温室气体辐射强迫的了解和模拟工具，至今在不同时间尺度下模拟得到的各种温室气体的全球变暖潜势值仍有一定的不确定性。IPCC第二次评估报告中给出的100年时间尺度甲烷和氧化亚氮的全球变暖潜势分别为21和310，即一吨甲烷和氧化亚氮分别相当于21吨和310吨二氧化碳的增温能力。而IPCC第四次评估报告中给出的100年时间尺度甲烷和氧化亚氮的全球变暖潜势分别为25和298。

表1-1　　政府间气候变化专门委员会评估报告给出的全球变暖潜势值

		IPCC第二次评估报告值	IPCC第四次评估报告值
二氧化碳（CO_2）		1	1
甲烷（CH_4）		21	25
氧化亚氮（N_2O）		310	298
氢氟碳化物（HFCs）	HFC—23	11700	14800
	HFC—32	650	675
	HFC—125	2800	3500
	HFC—134a	1300	1430
	HFC—143a	3800	4470
	HFC—152a	140	124
	HFC—227ea	2900	3220
	HFC—236fa	6300	9810
	HFC—245fa		1030
全氟化碳（PFCs）	CF_4	6500	7390
	C_2F_6	9200	9200
六氟化硫（SF_6）		23900	22800

资料来源：国家发展和改革委员会应对气候变化司：《省级温室气体清单编制指南（试行）》，2011年。

专栏 1-2　几种主要温室气体

1. 二氧化碳（CO_2）

在通常情况下是无色无臭，并略带酸味的气体，溶点 -56.2℃，正常升华点 -78.5℃，在常温（临界温度31.2℃）下加压到73个大气压就变成液态，将液态 CO_2 的温度继续降低会变成雪花状的固体 CO_2，称为干冰，固体 CO_2 变成气体时大量吸收热量，因此干冰常常用作低温制冷剂和人工增雨催化剂。

大气中的 CO_2 含量虽然不高，但是它对太阳短波辐射几乎是透明的，而对地表射向太空的长波辐射，特别是在靠近峰值发射的13—17μm波谱区，有强烈的吸收作用，使得地表辐射的热量大部分被截留在大气层内，因而对地表有保温效应，对气候变化有重要影响。

CO_2 是大气的正常组分，是一种常见气体，它直接存在于动植物生命体的摄取和排出中，与人的生命活动息息相关。但人们还远远没有真正认识 CO_2。

自然界中各种物质通过循环达到平衡，从而形成了一个完整的系统。碳的循环是其中的重要组成部分，而它主要是通过 CO_2 来进行的。碳的循环可分为三种形式：第一种形式是植物经光合作用将大气中的 CO_2 和水化合生成碳水化合物（糖类），在植物呼吸中又以 CO_2 形式返回大气中，而后被植物再度利用；第二种形式是植物被动物采食后，糖类被动物吸收，在动物体内被氧化生成 CO_2，并通过动物呼吸释放回大气中，又可再被植物利用；第三种形式是煤、石油和天然气等化石燃料燃烧时，生成 CO_2，它返回大气中后重新进入生态系统的碳循环。

2. 甲烷（CH_4）

CH_4 是最简单的烷烃。CH_4 是一种气体，在沼池底部和煤矿坑中常有 CH_4，所以又叫沼气和坑气。CH_4 是天然气的主要成分，占天然气体积的85%—95%。

CH_4 是仅次于 CO_2 的重要温室气体，在大气中的寿命约为12年，其百年尺度的增温潜势是 CO_2 的23倍，对全球低层臭氧的变化也有明显影响。

它在大气中的浓度虽比 CO_2 少得多，但增长率则大得多。据联合国政府间气候变化专门委员会 1996 年发表的第二次气候变化评估报告，从 1750—1990 年共 240 年间 CO_2 增加了 30%，而同期 CH_4 却增加了 145%。

3. 氧化亚氮（N_2O）

N_2O 是无色气体，并有甜味。吸入少量 N_2O 能使人麻醉，减轻疼痛的感觉，曾经用作麻醉剂。在常温下 N_2O 的化学性质比较稳定，高温时可以分解形成氮气和氧气。N_2O 主要是使用化肥（氮肥）、燃烧化石燃料和生物体所产生的。N_2O 是一种重要的温室气体，在大气中的寿命可长达 114 年左右，有很强的辐射活性，百年尺度的增温潜势是 CO_2 的 296 倍（IPCC，2001）。

4. 氢氟碳化物（HFCs）、全氟化碳（PFCs）、六氟化硫（SF_6）

HFCs、PFCs、SF_6 是含氟的一系列化学物质，大部分为《关于消耗臭氧层物质的蒙特利尔议定书》列管的破坏臭氧层物质，是氯氟烃（CFCs）的第三代替代品，在大气中滞留时间最长会超过 3000 年，其全球增温潜势值最高为 CO_2 的上万倍。美国国家海洋和大气管理局地球系统研究实验室预计，从现在到 2050 年使用的氢氟碳化物将会产生相当于 3.5 亿—8.8 亿吨的二氧化碳排放，对全球温室效应的影响大幅增加。

资料来源：根据《温室气体与温室效应》等资料编辑得到。

二　碳排放与人类活动碳排放

（一）碳排放

碳排放是指二氧化碳和其他温室气体的排放，是关于温室气体排放的一个简称。各种温室气体对温室效应增强的贡献，可以按二氧化碳的排放率来计算，这种折算叫二氧化碳当量。温室气体二氧化碳当量等于给定气体的质量乘以它的全球变暖潜势。"温室气体二氧化碳当量"的意义在于使各种温室气体的辐射强度有了一致的、可比较的度量方法。按照各种温室气体的全球变暖潜势值排序，二氧化碳实际是最小的，但由于二氧化碳总体含量很高，其对全球变暖的总贡献在50%以上，是最重要的温室气体，所以，温室气体排放也简称"碳排放"。① 虽然用"碳排放"代表"温室气体排放"并不准确，但"控制碳排放"等这样的术语已经被大多数人所理解、接受并采用。

因此本书将"温室气体排放"简称为"碳排放"，将"温室气体排放核算"简称为"碳排放核算"。

（二）人类活动碳排放

大气中的温室气体有相当一部分来源于人类活动，人类活动排放温室气体主要包括：所有的化石能源燃烧活动排放二氧化碳，在化石能源中，煤含碳量最高，石油次之，天然气较低；化石能源开采过程中的煤矿坑气、天然气泄漏排放二氧化碳和甲烷；工业生产过程排放二氧化碳、氧化亚氮、氢氟碳化物、全氟碳化物、六氟化硫；水稻田、牛羊等反刍动物消化过程排放甲烷；土地利用变化减少了对二氧化碳的吸收；废弃物处理排放甲烷和氧化亚氮，等等。②

自工业化以来，人类每年烧掉大量化石燃料，越来越多地向大气释放 CO_2 等温室气体，工农业生产和人们生活也越来越多地排放 N_2O、CH_4 和 CFCs 等气体。同时，人类一直在大量砍伐森林，其中热带森林损失的速度为每年 9×10^6—$24.5 \times 10^6 km^2$，绿色植物 CO_2 吸收量逐年减少，导致大气中的 CO_2 等温室气体浓度逐年增加。全球大气 CO_2 浓度的增加始于20世纪，根据冰岩芯气泡中和树木年轮中碳同位素的分析研究，推算出大气 CO_2 浓度在工业化之前的很长一段时间里大致稳定在 280 ± 10 ppmv。1765年 CO_2 浓度为279ppmv，1860年为270 ppmv，1900年为295.7ppmv。1958年 CO_2 浓度为313ppmv，1970年为324.8ppmv，1984年上升到344 ppmv，到1990年达353.9 ppmv。自从1750年以来，大气中的 CO_2 浓度上升了31%，即使是在过去的2000年中，增长速度也是惊人的。而在过去的40年里，CO_2 浓度则增加了差不多70ppmv，年增长率约为0.5%。人类排放的 CO_2 中，75%是由于燃烧化石燃料造成的。化石燃料消耗量与 CO_2 浓度两者增长趋势一致。人为活动排放的 CO_2 只有40%—50%留在大气中，把留在大气中的 CO_2 总量与人为排放总量之比称为气留比。气留比是逐年变化的，其变化与海面温度的年际变化有较好的相

---

① 何艳秋、倪方平、钟秋波：《中国碳排放统计核算体系基本框架的构建》，《统计与信息论坛》2015年第10期。

② 丁一汇：《气候变暖 我们面临的灾害和问题》，《中国减灾》2003年第2期。

关性，表明海洋是另一部分人为排放 CO_2 的贮存库。[1]

<h1 style="text-align:center">第三节　碳排放核算相关概念和内涵</h1>

一　碳循环

全球碳循环主要是指碳元素以 CO_2、CH_4、HCO_3^-、CH_2O 和 CO_3^{2-} 等形态在地球各圈层中的储存，并相互转换和运移的生物地球化学过程。全球的碳以不同形态储存于大气、植被、土壤、海洋和岩石圈之中。大气中的碳主要以 CO_2、CH_4 和 CO 等气体形式存在，水中的碳主要以 CO_3^{2-} 和 HCO_3^- 形式存在，生物和土壤中的碳主要是以各种有机和无机物的形式存在，岩石圈中的碳主要以碳酸盐岩石和沉积物的形式存在。

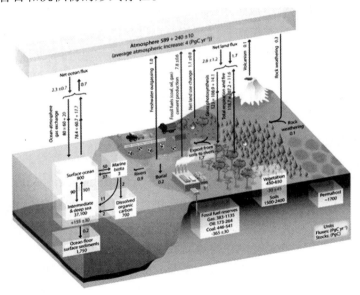

图 1 - 2　全球碳循环（IPCC Fifth Assessment Report，2014）

全球碳循环可分为长时间尺度的地球化学大循环和短时间尺度的生物化学

---

① 吴兑：《温室气体与温室效应》，气象出版社 2003 年版，第 25 页。

循环。地球化学大循环（Geochemical Cycle）描述的是百万年或更长时间尺度上的碳元素在岩石海洋大气之间的相互转换，其主要过程是指沉积岩中的碳元素通过化学作用分解进入大气和海洋，以及相反的生物残体及各种含碳物质不断以沉积物的形式返回到地壳中形成沉积岩。生物地球化学循环（Biogeo-chemical Cycle）指的是陆地植物和海洋生物通过光合作用将大气中的碳元素固定到生态系统中，再通过生物呼吸作用返回到大气的各种过程所构成的陆地生物圈海洋生物圈大气圈之间的循环。[①]自然界中这两个循环过程并非是孤立运行的，在地球形成的初期，以地球化学大循环为主，碳循环只在大气圈、水圈和岩石圈之间进行，随着生命的出现，全球碳循环从简单的地球化学大循环逐渐演化到了复杂的现代生物地球化学循环。碳的生物化学循环对地球环境有着很大的影响，其规模要远大于原始的地球化学循环。

　　碳的生物化学循环可分为三种形式：第一种形式是植物经光合作用将大气中的二氧化碳和水化合生成碳水化合物（糖类），在植物呼吸中又以二氧化碳形式返回大气中，而后被植物再度利用；第二种形式是植物被动物采食后，糖类被动物吸收，在动物体内被氧化生成二氧化碳，并通过动物呼吸释放回大气中，又可再被植物利用；[②]第三种形式是煤、石油和天然气等化石燃料燃烧时，生成二氧化碳，它返回大气中后重新进入生态系统的碳循环。

二　碳源、碳汇、碳捕集与封存

（一）碳源与碳汇

　　碳源（Carbon Source）与碳汇（Carbon Sink）是两个相对的概念。碳源是指自然界中向大气释放碳的母体，碳汇是指自然界中碳的寄存体。碳源是指向大气中释放二氧化碳的过程、活动或机制。它既来自自然界，也来自人类生产和生活过程。碳汇主要是指绿色植物吸收并储存二氧化碳的多少，或者说是森林吸收并储存二氧化碳的能力。减少碳源一般通过减排二氧化碳来实现，增加碳汇则主要采用固碳技术。固碳分为生物固碳和物理固碳。生物固碳是利用植物的光合作用，通过控制碳通量以提高生态系统的碳吸收和碳储存能力，是固

---

　　① 《第三次气候变化国家评估报告》编写委员会：《第三次气候变化国家评估报告》，科学出版社2015年版，第54页。

　　② 刘元玲：《从碳循环与政策周期的视角看我国经济发展与环境保护》，《国际关系学院学报》2009年第2期。

定大气中二氧化碳最便宜且副作用最少的方法。生物固碳技术主要包括：一是保护现有碳库，即通过生态系统管理技术，加强农业和林业的管理，保持生态系统的长期固碳能力；二是扩大碳库来增加固碳，主要是改变土地利用方式，并通过选种、育种和种植技术，增加植物的生产力，增加固碳能力；三是可持续地生产生物产品，如用生物质能替代化石能源等。① 物理固碳是将二氧化碳长期储存在开采过的油气井、煤层和深海里。碳捕集与封存技术是重要的物理固碳技术。

（二）碳捕集与封存

碳捕集与封存（Carbon Capture and Storage，CCS）是指将 CO_2 从电厂等工业或其他排放源分离，经富集、压缩并运输到特定地点，注入储层封存以实现被捕集的 CO_2 与大气长期分离的技术。CCS 包括 CO_2 捕集、运输和封存等技术，是一项系统性技术。其主要应用对象为电厂、煤化工厂等大规模的 CO_2 排放点源。捕集技术分为燃烧后捕集、燃烧前捕集和富氧燃烧捕集，分别用于传统燃煤电厂、IGCC 电厂和富氧燃烧系统。运输可采用槽车、船舶、管道等方式。封存方式包括地质封存与海洋封存，地质封存可在深层咸水层、油气层和深层煤层中进行。②

三 碳足迹、碳转移与碳泄漏

（一）碳足迹

"碳足迹"（Carbon Footprint）的概念源自于 1992 年加拿大生态学家 William Ree 教授提出的"生态足迹"，主要是指在人类生产和消费活动中所排放的与气候变化相关的气体总量，相对于其他碳排放研究的区别，碳足迹是从生命周期的角度出发，分析全生命周期或与活动直接和间接相关的碳排放过程。③ 目前，碳足迹分析大致可以分为两类，一是个人、产品、家庭、组织机构、城市、国家等不同尺度的碳足迹研究，二是工业、交通、建筑、供水、医疗等特定产业/部门的碳足迹分析。

① 李昂：《我国低碳经济发展路径选择和政策建议》，《城市发展研究》2010 年第 2 期。
② 李波：《应对气候变化的有效途径：二氧化碳捕集与封存》，《中国人口·资源与环境》2012 年第 4 期。
③ 王微、林剑艺、崔胜辉、吝涛：《碳足迹分析方法研究综述》，《环境科学与技术》2010 年第 7 期。

碳足迹分析方法从生命周期的视角分析碳排放的整个过程，可以深度分析碳排放的本质过程，从源头上制定科学合理的碳减排计划。特别是在当今全球化时代，面对全球气候变化问题，若仅着眼于自己国家的碳排放的削减，并不足以适应当前的严峻形势，因此碳足迹的研究具有特别的意义。[①]

（二）碳转移

碳转移指的是某一国家或地区出口产品的隐含排放与进口产品隐含排放之差，隐含排放则是指产品从原材料生产、加工、制造和运输全过程中消耗能源导致的碳排放，是从生命周期的角度来测算产品的排放，主要是指贸易流中的隐含排放，它是产业分工和贸易在碳排放上的具体体现，其产生的原因则不仅包括各区域气候政策差异，还包括生产要素价格、产业分工等一些与气候变化无关的其他重要因素。[②]

目前核算区域碳排放的方法一般采用《联合国气候变化框架公约》中提出的生产责任法，即因生产、出口和调出产品而排放的 CO_2 包含在一个区域的碳排放账户里，但因进口和调入引起的碳排放却被排除在外。然而，随着区域的发展，经济发达地区会通过区际贸易从经济落后地区调入高碳排放的产品，从而使经济发达地区表面上实现了碳减排，实际上却是以经济落后地区碳排放量增长为代价。而落后地区为了经济发展，必须长时间生产此类产品。发达地区虽然减排成效显著，但却加重了欠发达地区的碳减排压力。这种严重的双边贸易过程中隐含的碳转移问题既存在于国家之间，也广泛存在于经济体系相对独立的不同单元之间。区际碳排放转移直接导致了区域间在整体上不但没有实现碳减排，反而加剧了彼此碳减排权责的不公平、低效率和高成本。区际隐含碳转移问题对区域碳排放格局和碳减排效果影响重大，是造成区域间减排压力转嫁、整体减排效果抵消、碳排放净转出区经济增长负担加重和产业结构升级转型困难等问题的重要原因之一。[③]

（三）碳泄漏

根据 IPCC 的定义，"碳泄漏"是指《京都议定书》附件 I 国家的减排将导致非附件 I 国家排放量增加，从而减少了附件 I 国家减排的环境有效性。意

---

① 王微、林剑艺等：《碳足迹分析方法研究综述》，《环境科学与技术》2010 年第 7 期。
② 顾阿伦、周玲玲：《转移排放与碳泄漏概念辨析》，《中国经贸导刊》2016 年第 2 期。
③ 李富佳：《区际贸易隐含碳排放转移研究进展与展望》，《地理科学进展》2018 年第 10 期。

思是指一组国家碳排放减少被其他国家排放增加所抵消，实施严格碳排放政策的国家因成本提高，其生产活动会转移到碳排放政策宽松的国家，导致前者的碳减排在一定程度上被后者所抵消。通常碳泄漏用泄漏率即非减排国家排放增加量与减排国家排放减少量的比值来描述。其内涵仅仅考察各国环境管制上的差别导致其国家排放量的减少，而该国以外排放量的增加，大多数研究从全球公共物品的角度出发，讨论减排政策的环境有效性问题。经合组织的研究显示：如果欧盟单独采取减排措施，它的碳泄漏比例为 12%；如果整个发达国家都采取减排行动，碳泄漏程度则不到 2%。

四　碳排放核算对象和气体种类

（一）碳排放核算对象

碳循环是地球物理化学循环的一部分，对于地球上的碳排放、传输、沉淀/吸收等循环过程的研究在自然科学领域由来已久。但是将碳排放核算纳入经济学和社会学研究的视角，加强人类活动产生的碳排放核算，促进人类通过改变生产和生活方式来减少碳排放则是近十几年的事。[①] 自 20 世纪末以来，发达国家政府及社会组织纷纷经过大量的统计调查研究，形成了较为系统的碳排放核算标准体系，包括国家、省份、行业、领域、企业、设施、产品等碳排放量核算。本教材碳排放核算的对象是人类活动产生的碳排放量和清除量，涉及能源活动、工业生产、农业、林业和土地利用、废弃物处理等领域碳排放和吸收。

（二）碳排放核算气体种类

当前国内外相关的碳排放核算方法所考虑的温室气体种类主要为《京都议定书》中的六种温室气体：二氧化碳、甲烷、氧化亚氮、氢氟碳化合物、全氟碳化合物及六氟化硫。这六种温室气体来源不同。二氧化碳主要来源于能源活动、工业生产过程和废弃物处理过程，土地利用变化和林业会吸收二氧化碳，从而降低二氧化碳的排放量。甲烷主要来自于能源活动、工业生产过程、农业活动、废弃物处理、土地利用变化和林业。氢氟碳化合物、全氟碳化合物和六氟化硫主要来自于工业生产过程。

这六种温室气体的占比也不同，《中国 2008 年温室气体清单研究》计算

---

① 陈红敏：《国际碳核算体系发展及其评价》，《中国人口·资源与环境》2011 年第 9 期。

得到：当考虑土地利用变化和林业部门吸收的温室气体时，二氧化碳、甲烷、氧化亚氮和含氟温室气体所占的比重分别为 81.2%、11.7%、4.6% 和 2.5%。由此可见，CO_2 是最为主要的温室气体。在温室气体排放核算过程中，需根据不同组织单位、项目、产品等性质，考察主要的排放源和排放过程，分析不同温室气体的排放量占比，对于数据获取难度较大，排放量占比较低的温室气体可酌情暂不考虑。

延伸阅读

1. 潘家华：《气候变化经济学》，中国社会科学出版社 2018 年版。

2. 秦大河：《气候变化科学概论》，科学出版社 2018 年版。

3. 方精云等：《中国及全球碳排放——兼论碳排放与社会发展的关系》，科学出版社 2018 年版。

4. 《第三次气候变化国家评估报告》编写委员会编著：《第三次气候变化国家评估报告》，科学出版社 2015 年版。

5. 吴兑：《温室气体与温室效应》，气象出版社 2003 年版。

练习题

1. 何谓温室效应和温室气体？

2. 试阐述以下概念：碳循环、碳源、碳汇。

3. 目前碳排放核算的对象及主要气体种类有哪些？

第 二 章

国内外碳排放核算进展

科学研究已经基本确认，人类活动所产生的大量碳排放是当前全球气候变化的主要原因。过去 20 年，IPCC 的科学评估报告深入分析了全球气候变化、大气温室气体浓度以及人类活动所产生碳排放之间的联系，表明了人类活动很大程度上是引起近 50 年全球气候系统异常变化的主因。随着世界主要国家对应对全球气候变化的日益重视，国内外不同尺度的碳排放核算工作得到了迅速发展，摸清碳排放的主要来源，从而有针对性地制定碳减排策略便成为国家发展过程中不可缺少的一部分。本章重点介绍现阶段国际和我国国内碳排放核算的进展，并对碳排放核算的未来发展进行展望。

第一节　国际碳排放核算

一　国家层面

目前国际上最为通用的国家层面的碳排放核算标准是由政府间气候变化委员会（IPCC）制定的。IPCC 是评估与气候变化有关的国际科学机构，于 1988 年由世界气象组织（WMO）和联合国环境规划署（UNEP）成立，其主要是向决策者提供气候变化的科学基础、影响和未来风险的定期评估，以及气候变化适应和减缓方案。

IPCC 就国家温室气体清单编制提供了一系列的指南，包括《1996 年 IPCC 国家温室气体清单指南》《2006 年 IPCC 国家温室气体清单指南》《国家温室气体清单优良做法指南和不确定性管理》《土地利用、土地利用变化和林业优良做法指南》等。其中，《1996 年 IPCC 国家温室气体清单指南》

《2006 年 IPCC 国家温室气体清单指南》是全球各国用于编制其温室气体清单的主要依据，也是很多地方层面（省、州、市）碳排放核算方法学的重要指南。目前，绝大多数国家都已经使用《2006 年 IPCC 国家温室气体清单指南》。

《2006 年 IPCC 国家温室气体清单指南》（以下简称《2006 年指南》）是应《联合国气候变化框架公约》（UNFCCC）的邀请编制的，旨在用来更新《1996 年指南修订本》和相关的《优良做法指南》，它们提供了国际认可的方法学，可供各国用来估算温室气体清单，以向《联合国气候变化框架公约》报告。[①]《2006 年指南》一共五卷（图 2 - 1），包括《第 1 卷：一般指导及报告》《第 2 卷：能源》《第 3 卷：工业过程和产品使用》《第 4 卷：农业、林业和其他土地利用》和《第 5 卷：废弃物》。

图 2 - 1　《2006 年 IPCC 国家温室气体清单指南》

资料来源：https://www.ipcc-nggip.iges.or.jp/public/2006gl/chinese/index.html。

2019 年 5 月，IPCC 发布了《IPCC 2006 国家温室气体清单指南 2019 修订版》。2019 年修订版对《2006 年指南》进行了更新、补充和阐述，主要目的是根据最新科学研究对《2006 年指南》中已经过时或不清楚的地方进行补充，例如，完善了活动水平数据获取方法，强调企业级数据的影响；首次完整提出

---

① IPCC：《2006 年 IPCC 国家温室气体清单指南》，2006 年。

基于大气浓度（遥感测量和地面基站测量）反演温室气体排放量，进而验证传统自上而下清单结果的方法。此外，提出温室气体清单和其他清单的关系，认为协同建设国家温室气体和大气污染物清单具有重要意义。① 所有上述指南可以在 IPCC 网站上获取。

二　城市层面

针对城市温室气体核算的研究从 21 世纪初就已经开始。全球范围看，一些城市已经编制了温室气体清单并制定了减排目标，近年来多家国际机构也尝试开发城市温室气体清单编制的国际标准，力求推进城市温室气体清单的一致性和可比性。② 美国加州 2008 年发布了 Local Government Operations Protocol For the quantification and reporting of greenhouse gas emissions inventories，宜可城地方可持续发展协会（ICLEI）2009 年发布了 International Local Government GHG Emissions Analysis Protocol（IEAP），联合国环境规划署（UNEP）2010 年发布了 International Standard for Determining Greenhouse Gas Emissions for Cities 等。但上述机构一直无法达成共识，长期以来城市温室气体排放的核算和报告一直缺乏国际通行的规范标准。

2012 年，世界资源研究所、C40 城市气候领导联盟、宜可城地方可持续发展协会、世界银行、联合国环境规划署和联合国人类住区规划署（UN HABITAT）首次达成共识，共同研究开发一个全球范围内统一的城市温室气体核算和报告标准。这一标准《城市温室气体核算国际标准（测试版 1.0）》（*Global Protocol for Community-Scale Greenhouse Gas Emissions*，*Pilot Version* 1.0，GPC）于 2012 年 5 月发布。③ 目前，GPC 已经成为全球广泛使用的城市温室气体核算标准之一，替代了其他城市层面的碳排放核算标准，成为世界上使用最广泛的城市温室气体核算标准。除了上述作者机构之外，GPC 还邀请了世界可持续发展工商理事会（WBCSD）、联合国气候变化框架公约（UNFCCC）、联合国政府间气候变化专门委员会（IPCC）、国际标准化组织（ISO）、英国标准协会（BSI）、经济合作与发展组织（OECD）、

---

① 蔡伯峰等：《〈IPCC 2006 年国家温室气体清单指南 2019 修订版〉解读》，《环境工程》2019 年第 8 期。

② WRI：《城市温室气体核算工具指南（测试版 1.0）》，2013 年。

③ WRI：《城市温室气体核算工具指南（测试版 1.0）》，2013 年。

图2-2　《城市温室气体核算工具指南》

地球环境战略研究机关（IGES）/国立环境研究所（NIES）、碳披露项目（CDP）、亚洲清洁空气中心（Clean Air Asia）、世界自然基金会（WWF）、R20 以及市长盟约（Global Covenant of Mayors for Climate & Energy）等作为指导委员会成员。GPC 最初于 2012 年发布测试版，随后在全球 35 个城市进行试点，试点规模小至社区，如德国的 Morbach、美国的 Los Altos Hills，也包括东京、里约热内卢、伦敦等超大城市。[①] 后基于试点反馈进行完善，最终于 2014 年底在利马发布。目前，全球有 7000 多个城市已经使用或者承诺使用该标准[②]。

专栏 2-1　GPC 的核算原则和方法

　　GPC 在原则和计算公式上与 IPCC 国家温室气体清单指南一致，这里不再赘述，只简要介绍其不同于 IPCC 指南的要求。GPC 要求城市使用两种不同，但相互补充的方法报告其排放。

　　第一个方法是"范围"框架。城市可以全面报告在城市地理边界内发生的活动所导致的温室气体排放，并将排放来源归类为"范围一"排放：指发生在城市地理边界内的排放，即直接排放，例如生产过程中燃烧煤炭、

---

① WRI：《城市温室气体核算工具指南（测试版 1.0）》，2013 年。
② 更多信息请参考相关网站 https：//ghgprotocol.org/greenhouse-gas-protocol-accounting-reporting-standard-cities。

城市内供暖过程中燃烧天然气、城市内交通造成的排放等；"范围二"排放：指城市地理边界内的活动消耗的来自电网和集中供热系统的电力和热力（包括热水和蒸汽）相关的间接排放；"范围三"排放：指除"范围二"排放以外的所有其他间接排放，包括上游"范围三"排放和下游"范围三"排放。直接排放是指发生在城市地理边界内的排放，间接排放是指由城市地理边界内的活动引起，但发生在城市地理边界外的排放。

图1　所有温室气体排放源及"范围"示意图

资料来源：WRI：《城市温室气体核算工具指南（测试版1.0）》，2013年。

　　第二个方法是城市框架。城市框架计算城市地理边界内发生的活动所导致排放的温室气体总和。它覆盖了范围一、范围二和范围三排放源。城市框架有两个完整性不同的报告水平。BASIC报告水平包括几乎所有城市的排放源（固定式能源、边界内交通以及边界内废弃物），且计算方法和数据已较为成熟。BASIC＋报告水平的排放源覆盖范围更广（除基本水平覆盖范围外，还包括工业生产和产品使用、农业、林业和其他土地使用、跨边界交通、能源传输和配送的损耗），且涉及更具挑战性的数据收集和计算过程。

　　资料来源：GPC。

表 1 GPC 标准涵盖的排放源和范围			
行业和子行业	范围一	范围二	范围三
固定式能源			
住宅建筑	√	√	√
商业和机构建筑和设施	√	√	√
制造业和建筑业	√	√	√
能源行业	√	√	√
供给网络的能源生产	√		
农业、林业和渔业	√	√	√
不确定来源	√	√	√
煤炭挖掘、加工、储存和运输时的无组织排放	√		
石油和天然气系统的无组织排放	√		
交通			
道路	√	√	√
铁路	√	√	√
水运	√	√	√
航空	√	√	√
非道路	√	√	
废弃物			
城市内产生的固体废物处理	√		√
城市外产生的固体废物处理	√		
城市内废物生物处理	√		√
城市外废物生物处理	√		
城市内焚烧和露天燃烧	√		√
城市外焚烧和露天燃烧	√		
城市内产生的废水	√		√
城市外产生的废水	√		
工业生产和产品使用			
工业生产	√		
产品使用	√		
农业、林业和其他土地使用			
畜牧业	√		
土地	√		
土地上的来源总和以及非二氧化碳排放来源	√		

		续表
行业和子行业	范围一	范围二	范围三
其他领域 3			
其他领域 3			

√ 本标准覆盖的排放源

BASIC 报告所要求的排放源

BASIC + 报告所要求的排放源

本地总量所要求的，但 BASIC/BASIC + 不做要求的报告（斜体）

其他范围三所包括的排放源

不适用的排放

资料来源：GPC。

三　企业层面①

温室气体核算体系（GHG Protocol）的目标是为温室气体的核算提供方法和标准。在众多世界知名企业的配合下，世界资源研究所与世界可持续发展工商理事会从 1998 年开始合作开发温室气体核算体系。《温室气体核算体系：企业核算与报告标准》（以下简称《企业标准》）是这套体系中最有影响力的标准之一。第一版于 2001 年 9 月发布，得到了全球许多企业、非政府组织和政府的广泛接受与应用。许多行业、非政府组织和政府的温室气体计划采用该标准作为其核算与报告系统的基础。北美的气候登记处、ISO 14064 – 1 标准和英国政府颁布的自愿性报告指南都采用了《企业标准》。

这套《企业标准》为制作温室气体排放清单的公司和其他类型的机构提供了标准和指南。它涵盖了《京都议定书》规定的六种温室气体：二氧化碳（CO_2）、甲烷（CH_4）、氧化亚氮（N_2O）、氢氟碳化物（HFCs）、全氟化碳

———————

① 本部分内容来自 WRI、WBCSD、《温室气体核算体系：企业核算与报告标准》。

（PFCs）和六氟化硫（SF$_6$）的核算与报告。标准和指南是为了实现以下目标：帮助公司用标准化的方法和原则，编制真实并公平反映其温室气体排放的清单；简化并降低编制温室气体排放清单的成本；为企业提供用于制定管理和减少温室气体排放的有效策略机制的信息；帮助提供参与自愿性和强制性温室气体计划所需的信息；提高不同公司和温室气体计划之间温室气体核算与报告的一致性和透明度。

《企业标准》对碳排放核算的主要要求包括设定组织边界、设定运营边界、跟踪长期排放量以及报告温室气体排放量。

（一）设定组织边界

企业进行业务活动的法律和组织结构各不相同，包括全资企业、法人合资企业与非法人合资企业、子公司和其他形式。进行财务核算时，要根据组织结构以及各方面之间的关系，按照既定的规则进行处理。公司在设定组织边界时，应先选择一种合并温室气体排放量的方法，然后采用选定方法界定这家公司的业务活动和运营，从而对温室气体排放量进行核算和报告。

企业报告时，有两种不同的温室气体排放量合并方法可供选择：股权比例法和控制权法。企业须按照下文所述的股权比例法或控制权法核算并报告合并后的温室气体数据。如果报告的企业拥有其业务的全部所有权，那么不论采用哪种方法，它的组织边界都是相同的。对合营企业而言，组织边界和相应的排放量结果可能因使用的方法不同而有所不同。至于运营边界，无论是全资企业还是合营企业对合并方法的选择都可能改变排放的归类。

（二）设定运营边界

当一家公司按照拥有或控制的标准确定了组织边界后，需要设定其运营边界。这要求识别与其运营相关的排放，将其分为直接与间接排放，并选定间接排放的核算与报告范围。为了对温室气体进行有效、创新的管理，设定综合的包括直接与间接排放的运营边界，有助于公司更好地管理所有温室气体排放的风险和机会，这些风险和机会都存在于公司价值链内。

直接温室气体排放是指来自公司拥有或控制的排放源的排放。间接温室气体排放是指由公司活动导致的，但发生在其他公司拥有或控制的排放源的排放。直接与间接排放的划分，取决于所用设定组织边界的方法（股权比例或控制权）。图2-3说明了一家公司组织边界与运营边界之间的关系。

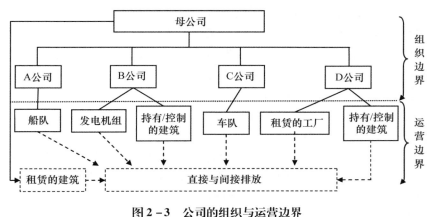

图2-3　公司的组织与运营边界

专栏2-2　《企业标准》中引入"范围"概念

　　为便于描述直接与间接排放源，提高透明度，以及为不同类型的机构和不同类型的气候政策与商业目标服务，《企业标准》针对温室气体核算与报告设定了三个"范围"（范围1、范围2和范围3）。本标准详细定义了范围1和范围2，以确保两家或更多公司在同一范围内不会重复核算排放量。对于重复计算会产生重大影响的温室气体计划，这些范围划分适用尤其有帮助。

　　各企业须至少分别核算并报告范围1和范围2的排放信息。

　　● 范围1：直接温室气体排放。直接温室气体排放产生自一家公司拥有或控制的排放源，例如公司拥有或控制的锅炉、熔炉、车辆等产生的燃烧排放；拥有或控制的工艺设备进行化工生产所产生的排放。生物质燃烧产生的直接二氧化碳排放不应计入范围1，须单独报告（见第9章）。《京都议定书》没有规定的温室气体排放，如氟氯碳化物、氮氧化物等，须不计入范围一，但可以单独报告（见第9章）。

　　● 范围2：电力产生的间接温室气体排放。范围2核算一家企业所消耗的外购电力产生的温室气体排放。外购电力是指通过采购或其他方式进入该企业组织边界内的电力。范围2的排放实际上产生于电力生产设施。

> ● 范围 3：其他间接温室气体排放。范围 3 是一项选择性报告，考虑了所有其他间接排放。范围 3 的排放是一家公司活动的结果，但并不是产生于该公司拥有或控制的排放源。例如，开采和生产采购的原料、运输采购的燃料，以及售出产品和服务的使用。

（三）跟踪长期排放量

公司经常发生收购、资产剥离和合并等重大的结构性变化，这些变化改变一家公司的历史排放特征，从而难以对不同时期的排放量进行有意义的比较。为了保持长期的一致性，或者将"相似的与相似的"进行比较，有可能需要重新计算历史排放数据。

公司可能需要跟踪长期排放量以实现多种商业目标，其中包括：公开报告、设定温室气体排放目标、管理风险与机会以及满足投资者和其他利益相关方的需要。对不同时间的排放量进行有意义和一致的比较，要求公司设定一个业绩基准点，据此比较当前的排放量。这个业绩基准点称作基准年排放量。为了一致地跟踪长期排放量，在公司发生收购、资产剥离和合并等重大结构性变化时，可能需要重新计算基准年排放量。

（四）报告温室气体排放量

一份可信的温室气体排放报告会完整、一致、准确和透明地反映所有相关信息。尽管编制一份严格、完整的企业温室气体排放清单需要花费一定时间，但经验和知识的积累将有助于数据的计算与报告。因此，建议公开的温室气体报告包括以下方面：

● 以公布时所能取得的最优数据为基础，同时说明其局限性。
● 指出被识别出来的、以往年度排放量的实质性差异。
● 应计入企业选定排放清单边界以内的总排放量，并与企业参与的温室气体交易信息区分出来报告。

四　项目层面

项目层面的碳排放核算标准以清洁发展机制（CDM）项目方法学最为全面。CDM 允许发展中国家的减排项目获得核证减排量（CER），每个核证减排量相当于一吨二氧化碳。这些核证减排量可被工业化国家交易和出售，并用于实现《京都议定书》规定的部分减排目标。该机制促进可持续发展和减少排放，同时在工业化国家如何实现减排限制目标方面给予它们一些灵活性。CDM 是《联合国气候变化框架公约》适应基金的主要收入来源。该基金是为了资助特别易受气候变化不利影响的《京都议定书》发展中国家缔约方的适应项目和方案而设立的。适应基金由 CDM 发布的核证减排量征收 2% 的资金。①

CDM 方法学分为五类：大规模方法学、小规模方法学、大规模造林和再造林方法学、小规模造林和再造林方法学以及碳捕集和封存（CCS）项目方法学。如果按照行业划分，CDM 项目方法学又可以分为 15 类：能源生产、能源输配、能源需求、制造业、化工行业、建筑业、交通、采矿业、金属生产、燃料逃逸排放、卤代烃和 SF_6 生产与消费的逃逸排放、熔剂使用、废弃物处理、造林与再造林和农业。所有 CDM 方法学可以在 UNFCCC 网站上获取。

CDM 项目方法学通常包括以下内容：应用该方法学所需的定义、方法学的适用性、项目边界、建立基准情景的方法、证明和评估额外性的方法、计算减排量的方法、减少排放量的程序和监测方法。下面以两个方法学进行说明。

表 2-1　　　　AM0019 可再生能源发电替代火电项目（除生物质）

典型项目	风能、地热能、太阳能、水、波浪和潮汐能等零排放可再生能源发电对化石燃料电厂发电的替代
温室气体减排行动类型	可再生能源 利用可再生能源替代高温室气体排放的能源
方法学适用条件	生物质项目不适用 在基准情景下，火电厂可以满足项目计入期内的任何能源增长需求 计算减排量至少需要三年的历史数据 水库水电站要求功率密度大于 $4W/m^2$
重要指标	核查阶段： 基准情景火电厂的碳排放因子

---

① UNFCCC 网站 http：//cdm.unfccc.int/。

续表

典型项目	风能、地热能、太阳能、水、波浪和潮汐能等零排放可再生能源发电对化石燃料电厂发电的替代
基准情景 某一种化石能源发电厂发电上网	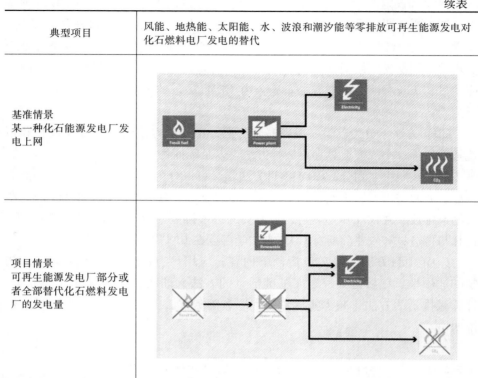
项目情景 可再生能源发电厂部分或者全部替代化石燃料发电厂的发电量	

资料来源：CDM methodology booklet，UNFCCC 网站。

表 2-2　　　　　　ACM0006 生物质发电和供热整合方法学

典型项目	火电厂利用生物质进行发电和供热，包括热电联产。典型活动包括新建电厂、扩容、能效提升或燃料转换项目
温室气体减排行动类型	可再生能源 能效 燃料转换 避免温室气体排放 替代电网中或者电厂内发电和供热中使用的高温室气体排放活动。避免生物质厌氧降解产生的甲烷排放
方法学适用条件	只有发电厂、供热厂或者热点联产项目适用 只有来自专用种植园的生物质残留物、沼气和的生物质适用 项目发电厂可以同时燃烧化石燃料，但化石燃料比例不能超过80% 如果在满足"生物质项目泄漏排放"条件，种植的生物质也适用

续表

典型项目	火电厂利用生物质进行发电和供热，包括热电联产。典型活动包括新建电厂、扩容、能效提升或燃料转换项目
重要指标	核查阶段： 电网排放因子（或事后监测） 监测阶段： 项目活动中使用的生物的量和含水量 项目活动产生的发电量和供热量 项目活动消耗的电力，以及（如有）化石燃料
基准情景 使用更高碳排放的化石燃料或者效率低的生物质燃料发电和供热。生物质会部分厌氧分解从而产生甲烷排放	
项目情景 使用生物质替代化石燃料发电和供热，或者提高生物质发电供热厂的效率。生物质作为燃料使用且避免其厌氧分解	

资料来源：CDM methodology booklet，UNFCCC 网站。

第二节　中国碳排放核算

随着中国碳排放量及其在全球碳排放总量中占比的显著提升，我国面临着日益严峻的国际减排压力。根据 1996 年《联合国气候变化框架公约》（UNFCCC）第二次缔约方会议的决定，非附件 I 的缔约方也需要依据《IPCC 国家温室气体清单指南》核算并报告其国家温室气体清单。我国作为 UNFCCC 非附件 I 的缔约国，于 2001 年开展《中华人民共和国气候变化初始国家信息通报》编制工作，2003 年左右完成了 1994 年我国年度国家温室气体排放清单的编制工作。[①] 之后，随着对应对气候变化的日益重视，我国碳排放核算研究和实践迅速发展，总体呈现出"从国家层面向省区[②]、城市、企业及设施层面""从直接排放向能源间接排放、贸易隐含排放"核算的发展趋势。

图 2 - 4　国内碳排放核算的发展趋势

一　国家层面

国家层面的碳排放核算和清单编制在我国起步最早。根据 UNFCCC 第二次缔约方会议的决定，2001—2004 年期间，我国主要采取《IPCC 国家温室气体清单编制指南（1996 年修订版）》《IPCC 国家温室气体清单优良做法指南和不确定性管理》等推荐的方法学，编制并报告了 1994 年我国国家温室气体排放清单。该清单核算的温室气体种类包括二氧化碳（CO_2）、甲烷（CH_4）和氧化亚氮（N_2O）等三种类型，覆盖的排放源和吸收汇则主要包括能源活动（能源生产、加工、转换、消费以及生物质能源）、工业生产过程、农业活动、土地利用变化和林业以及废弃物处理等五大领域。

此后，根据 UNFCCC 第八次缔约方大会决议，我国启动了《中华人民共和国气候变化第二次国家信息通报》的编制工作，2012 年完成并向 UNFCCC 正式提交了 2005 年我国国家温室气体清单。与 1994 年清单相比较，2005 年国家温室气体排放清单的编制将温室气体核算种类由三种扩展到六种，包括二氧化碳（CO_2）、甲烷（CH_4）、氧化亚氮（N_2O）、氢氟碳化物（HFCs）、全氟碳化物（PFCs）、六氟化硫（SF_6）等，而且五大领域内排放源的范围均有所扩展。同时，2005 年清单编制工作进一步参考了《IPCC 国家温室气体清单

---

① 刘明达、蒙吉军、刘碧寒：《国内外碳排放核算方法研究进展》，《热带地理》2014 年第 2 期。

② 将省、自治区、直辖市、特别行政区统称为省区。

编制指南（2006 年版）》，根据中国实际情况从排放源的界定、关键排放源的识别、活动数据的可得性以及排放因子的选择等诸多方面分析了 IPCC 推荐方法学对我国的适用性，从而保障排放核算的置信度以及清单编制的连续性和可比性。

2010 年 UNFCCC 第十六次缔约方大会通过新决议，要求非附件 I 的缔约方应当根据其自身能力以及所获得的支持程度，从 2014 年开始每两年提交一次"两年更新报告"。据此，2014 年我国正式启动了第三次国家信息通报和第一次两年更新报告的编制工作。2017 年 1 月 12 日，我国政府向 UNFC-CC 提交了《中华人民共和国气候变化第一次两年更新报告》（以下简称《第一次两年更新报告》），核算并报告了 2012 年国家温室气体排放清单。与 2005 年清单相比较，2012 年国家温室气体排放清单的编制进一步扩大了核算和报告范围，增加了能源活动领域部分子行业的甲烷和氧化亚氮排放、秸秆焚烧产生的甲烷和氧化亚氮排放以及铁合金等工业生产过程的二氧化碳排放等；排放因子本土化和适用性显著提高，清单编制机构及其他相关单位共同建立了排放因子相关参数统计调查制度，核算时优先采用本国特征化的排放因子及其相关参数，使清单核算更能反映我国实际情况。此外，该报告首次对我国"十二五"期间实施的 20 项主要气候变化减缓行动的效果进行了核算和量化评估，还首次报告了我国国内在应对气候变化基础统计、温室气体排放测量、报告以及核查（MRV）体系建设方面做出的努力和取得的进展。2019 年 6 月，我国最新提交了《中华人民共和国气候变化第三次国家信息通报》和《第二次两年更新报告》，向国际社会报告了我国温室气体排放、减缓和适应气候变化的最新信息，标志着我国温室气体排放核算透明度和清单编制能力的进一步提升。

总的来说，随着 UNFCCC 第十六次缔约方大会建立"两年更新报告"制度后，我国国家层面碳排放核算和清单编制将更加常态化、规范化、标准化。《第一次两年更新报告》的编制和提交不仅对我国温室气体排放清单进行了更新，还分析了我国气候变化减缓行动的量化效果以及 MRV 体系建设的最新进展，是我国提升应对气候变化信息披露的重要举措，标志着我国碳排放清单实时性、透明性和完整性的显著提高。

二 省区层面

我国政府组织的省区层面碳排放核算和清单编制于 2007 年左右启动。省区层面的碳排放核算是国家碳排放核算体系的重要单元，一方面，省区层面的碳排放核算方法学与国家层面具有一定的相似性，理论上对各个省区提交的碳排放数据进行汇总分析即可得到国家总体碳排放；另一方面，省区之间碳排放源、吸收汇差异显著，物质和人口流动频繁且缺乏完整的信息记录，导致省区碳排放核算的边界模糊，与国家层面的核算存在明显不同。为因地制宜地制定减排策略及方案，十分有必要开展省区层面的碳排放核算及清单编制工作。

2007 年《国务院关于印发中国应对气候变化国家方案的通知》，要求各地区、各部门按照国家方案确定的指导思想、原则和目标，把应对气候变化与实施可持续发展战略纳入国民经济和社会发展总体规划和地区规划，开展地方应对气候变化方案的编制工作。截至 2009 年 7 月，我国 31 个省区完成了地方应对气候变化方案的编制工作，多数方案编制单位根据省区统计年鉴等相关资料粗略估算了全社会或部分行业的碳排放情况和吸收情况，是我国政府组织的省区层面的碳排放清单编制工作的开端。

2010 年 9 月，国家发展和改革委员会（简称国家发展改革委）办公厅下发《关于启动省级温室气体清单编制工作有关事项的通知》（发改办气候〔2010〕2350 号）。该通知要求各地制订省级碳排放清单编制工作计划，切实组织好清单编制工作，标志着我国省区层面碳排放清单编制步入正轨。同期，在国家重点基础研究发展计划（973）相关课题的支持下，国家发展改革应对气候变化司组织国家发展改革委能源研究所、清华大学、中科院、中国农科院、中国林科院、中国环科院等数十家相关单位共同编写了《省级温室气体清单编制指南（试行）》，为编制数据透明、格式一致、过程规范、结果可比的省级碳排放清单提供了方法学和实操指南，使得我国省区层面碳排放核算的科学性、规范性、一致性和可操作性显著提高。之后，在该指南的基础上，我国省区层面的碳排放核算研究和实践呈现快速发展。

从研究角度，根据核算路径和数据来源的不同，过去十余年我国省区层面碳排放核算呈现出多种多样的形式。鉴于能源活动是我国碳排放最主要的来源，对以能源相关的碳排放核算进行重点分析，如图 2 - 5 所示。一方面，可以"自上而下"根据省区总体能源活动水平和排放因子核算省区碳排放，还可以根据分部门、分区域数据"自下而上"核算碳排放。另一方面，可以根据原煤、原油、天然气等一次能源消费和能源流核算省区碳排放，还可以根据能源加工转化、投入产出和终端消费核算省区碳排放。

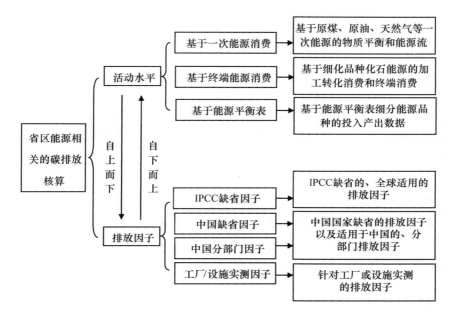

图 2 – 5　中国省区层面能源相关碳排放的核算

基于 IPCC 推荐方法，已有部分研究基于一次能源流图和适用于中国的排放因子核算了我国省区层面的碳排放；发现采取适用于中国的排放因子进行核算能够显著降低 IPCC 缺省排放因子导致的不确定性，但侧重于生产端和一次能源流的核算难以反映我国省区能源生产和能源消费之间常常存在的显著差异。[1] 从消费端出发，前期研究采用省区总体的、细分能源品种的消费数据和

①　Shan Y. L. , Liu J. H. , Liu Z. , Xu X. W. H. , Shao S. , Wang P. , Guan D. B. , New Provincial CO$_2$ Emission Inventories in China Based on Apparent Energy Consumption Data and Updated Emission Factors. Appl Energy 2016. Shan，Y. , et al. , China CO$_2$ Emission Accounts 1997 – 2015. Sci. Data 5：170201 doi：10. 1038/sdata. 2017. 201 (2018)；Geng Y. , Tian M. , Zhu Q. , Zhang J. , Peng C. , "Quantification of Provincial-level Carbon Emissions from Energy Consumption in China", *Renew Sustain Energy Rev* , Vol. 15 , No. 8 , 2011 , pp. 3658 – 3668.

适用于中国的排放因子,"自上而下"地核算了我国省区能源相关的碳排放;该类方法多数依据省区统计年鉴等资料即可进行核算,但无法反映省区各个部门碳排放的具体情况。[1] 之后,随着我国能源统计制度的逐步完善和数据可得性的提高,基于分部门数据"自下而上"核算省区碳排放得以快速发展。农业、工业、建筑业、交通、商业和居民生活是早期核算中最常使用的部门划分[2],之后依托国民经济统计核算体系和投入产出表逐步发展出更加细致的部门分类,部分研究进而采取细分部门、细分能源品种的活动水平和分部门的排放因子核算给出我国省区层面的碳排放清单及其部门分布。[3]

总的来说,随着数据可得性的提高,我国省区层面的碳排放核算呈现出两大发展趋势:一是"自下而上"基于更加细分的部门和能源品种进行核算,二是采用更加贴近实际的、针对具体部门和设施类型的排放因子。

三　城市层面

城市是我国主要的碳排放者,占全国碳排放总量的85%。因此,摸清城市碳排放现状、有效制定城市减排策略,对于我国实现应对气候变化目标至关重要。与省区层面相比较,城市之间的物质和人员流动更加复杂、频繁,因此城市层面碳排放核算工作启动相对较晚。由于数据可得性问题,早期研究或者基于省区碳排放清单,结合城市经济社会发展统计指标在全省中的占比,间接推算城市碳排放;或者根据城市总体一次能源或非细分品种(标准煤)终端能源消费数据计算城市碳排放。最近五年,随着数据可得性的提高以及城市尺

---

[1]　Wang Q. W. , Zhou P. , Zhou D. Q. , "Efficiency Measurement with Carbon Dioxide Emissions: The Case of China", *Appl Energy*, Vol. 90, No. 1, 2012, pp. 161 – 166; Xu S. C. , He Z. X. , Long R. Y. , Chen H. , Han H. M. , Zhang W. W. , "Comparative Analysis of the Regional Contributions to Carbon Emissions in China", *J. Clean Prod*, Vol. 127, 2016, pp. 406 – 417.

[2]　Zhang Y. , Zhang J. Y. , Yang Z. F. , Li S. S. , "Regional Differences in the Factors that Influence China's Energy-related Carbon Emissions, and Potential Mitigation Strategies", *Energy Policy*, Vol. 39, 2011, pp. 7712 – 7718; Tan F. , Lu Z. , "Current Status and Future Choices of Regional Sectors-energy Related CO_2 Emissions: The Third Economic Growth Pole of China", *Appl Energy*, Vol. 159, 2015, pp. 237 – 251.

[3]　Guan D. B. , Klasen S. , Hubacek K. , Feng K. S. , Liu Z. , He K. B. , Geng Y. , Zhang Q. , "Determinants of Stagnating Carbon Intensity in China", *Nature Clim Change*, Vol. 4, 2014, pp. 1017 – 1023; Liu M. , Wang H. , Wang H. , Oda T. , Zhao Y. , Yang X. , Zang R. , Zang B. , Bi J. , Chen J. , "Refined Estimate of China's CO_2 Emissions in Spatiotemporal Distributions", *Atmos Chem Phys*, Vol. 13, 2013, pp. 10873 – 10882.

度碳排放清单编制方法学的完善，城市碳排放核算呈现快速发展。

在方法学和规范指南方面，2014年《城市温室气体核算国际标准》发布，建立了首个全球认可的城市碳排放核算框架，为城市、城镇以及社区尺度的碳排放核算和清单编制提供了全球统一的基本准则、方法学和规范，包括排放清单的时间和空间边界的界定、核算温室气体的类型和范畴、排放源和吸收汇的识别与部门划分等。除上述全球规范外，我国还融合国外城市以及国内试点城市碳排放清单编制的研究和实践经验，编制并发布了《中国城镇温室气体清单编制指南》。该指南不仅汲取了国外城市碳排放清单编制的经验，还考虑和融合了国内多个城市清单编制工作中的最佳实践，提供了更适用于现阶段我国地级市、区县（城区、县、县级市）、镇碳排放清单编制的技术指导。该指南还提供了城市能源活动、工业生产过程、农业活动、土地利用变化和林业以及废弃物处理五大部门活动水平的数据来源以及排放因子缺省值，并且根据城市特征，重点突出了城市碳排放较为集中的工业、建筑和交通领域的核算和报告，以及城市能源间接碳排放的核算和报告。

在具体研究和实践方面，我国早期研究和核算实践多数采取"自上而下"的排放因子法，核算发生在城市地理边界范围内的直接碳排放。之后，部分研究尝试使用城市能源平衡表来核算城市碳排放，指出基于城市能源平衡表的碳排放清单编制与省区、国家清单编制具有更高的一致性；但是目前我国只有少数大型城市编制能源平衡表，限制了该方法的广泛应用。还有研究和实践探索基于部门、企业或设施数据，"自下而上"地核算城市碳排放。例如，一些研究采用细分部门的化石能源消费和排放因子计算城市直接碳排放，并且去除用作原材料及运输损耗的能源，以避免双重核算；一些研究以工业企业或设施为核心计算大型点源碳排放，同时结合经济社会替代指标和空间分析技术计算栅格化的农业、交通和服务业碳排放，进而得到高分辨率的城市碳排放地图，为更加清晰、准确地掌握城市碳排放源和吸收汇状况，以及追踪评估减排目标的完成情况提供科学参考。

四　企业及设施层面

企业及设施层面的碳排放核算在我国起步较早。该项工作早期主要由社会责任感较强的企业或组织自发、自愿组织开展，在《温室气体议定书企业核算与报告准则》的指导下对六种主要温室气体排放进行量化和核算。2006年，国际标准化组织（ISO）发布了国际通用规范 14064 系列，之后一段时间，我国多数企业采取该规范进行碳排放核算和报告。其中，《ISO 14064 – I：组织层面上温室气体排放和移除的量化和报告的规范及指南》用于指导企业明确核算的边界范围、识别排放源、收集与汇整数据、选择核算方法以及进行排放量的计算和报告；《ISO 14064 – II：项目层次上温室气体减排和清除的监测、量化和报告的规范及指南》用于指导企业对其开展的碳排放减排、吸收和储存等项目的效果进行监测、量化和报告；《ISO 14064 – III：温室气体声明审定与核查的规范及指南》用于指导第三方机构对企业的温室气体声明或报告进行独立的验证和审核。

2011 年国家发展改革委办公厅发布了《关于开展碳排放权交易试点工作的通知》（发改办气候〔2011〕2601 号），提出在北京市、天津市、上海市、重庆市、湖北省、广东省及深圳市等七省市开展碳排放交易试点工作。准确的企业碳排放数据是建设碳排放交易体系的基础工作和必要前提，这标志着我国企业层面碳排放核算工作迈入新的阶段，其规范性、统一性、透明性均将显著提高。之后，深圳试点率先发布《深圳市组织的温室气体排放量化和报告规范及指南》和《深圳市组织的温室气体排放核查规范及指南》两个地方标准，为深圳企业进行碳排放量化、报告和核查提供了通用技术规范和指南。上海试点除发布《上海市温室气体排放核算与报告指南（试行）》这一通用规范外，还分别针对电力、钢铁、建材、航空、交通等重点行业制定和发布了相关规范和指南，从而更好地指导企业科学开展碳排放监测、报告和核查工作。

在碳排放交易试点开展过程中，国家发展改革委进一步组织制定了适用于全国范围的企业碳排放核算技术规范和指南，包括针对发电、电网、钢铁、化工、电解铝、镁冶炼、平板玻璃、水泥、陶瓷和民航等首批 10 个重点行业企业的温室气体排放核算方法与报告指南，以及工业其他行业碳排放量化和报告适用的通用方法和规范——《工业其他行业企业温室气体排放核算方法与报告指南（试行）》。通过试点地区的实践和国家核算规范的逐步完善，实证分析显示我国企业碳排放数据的科学性、完整性、规范性和国际可比性均显著提高。[①] 这标志着上述规范和指南已经初步建立起了我国企业及设施层面的温室

---

① Zhang D. , Zhang Q. , Qi S. Z. , Huang J. P. , Karplus V. J. , Zhang X. L. , "Integrity of Firms' Emissions Reporting in China's Early Carbon Markets", *Nature Climate Change*, Vol. 9, 2019, pp. 164 – 169.

气体排放统计、核算和报告制度，为我国完善企业温室气体信息体系奠定了
基础。

五　建立碳排放核算基础统计体系

2010 年，十一届全国人大常委会第十三次会议确定：我国逐步建立和完
善有关温室气体排放的统计监测和分解考核体系。国家发展改革委下发了
《国家发展和改委员会办公厅关于启动省级温室气体排放清单编制工作有关事
项的通知》，要求各省、自治区、直辖市启动 2005 年省级温室气体清单的编制
工作。2011 年，《国务院关于印发"十二五"控制温室气体排放工作方案的通
知》要求各省、自治区、直辖市建立温室气体排放基础统计制度，将温室气
体排放基础统计指标纳入政府统计指标体系，建立健全涵盖能源活动、工业生
产过程、农业、土地利用变化与林业、废弃物处理等领域，适应温室气体排放
核算的统计体系。2013 年，国家发展改革委、国家统计局印发《关于加强应
对气候变化统计工作的意见的通知》对建立温室气体排放基础统计体系提出
了具体要求。

第三节　碳排放核算展望

过去 20 年，全球碳排放核算工作发展迅速，我国也已经初步建立起了一
套适合现阶段发展实际的技术规范、操作指南以及基础统计制度和 MRV 体
系。未来，我国碳排放核算将向常态化、规范化、标准化、透明化方向稳步
发展。

在空间尺度碳排放核算方面，基于细分部门活动水平、细分品种能源消
费、针对性或实测排放因子，"自下而上"地核算国家、省区、城市及企业碳
排放的方式将得到越来越多的应用。而且随着企业及设施层面碳排放监测、量
化和报告工作的推进，碳排放点源数据可得性将显著提高。将点源数据、空间
信息分析技术、统计计量技术等相结合，形成可视化的高分辨率碳排放空间信
息数据也将成为未来的重要发展方向。此外，随着卫星遥感数据的日益丰富，
利用经修正的夜间灯光数据和统计分析技术估算碳排放等创新方法也将不断涌
现，从而弥补统计数据的不足，促进编制更高精度的碳排放图。

在不同范围碳排放核算方面，范围 1 和范围 2 排放核算将更加完善，范围 3 排放核算将得到越来越多的关注。具体来说，国家层面以直接排放为核心的国家温室气体清单编制逐步走向常态化，同时贸易隐含排放以及全球生产链变化对我国碳排放的影响将成为未来关注的重点。省区和城市层面，能源间接排放、贸易隐含排放、投资隐含排放、跨区域排放流动以及不同原则下生产者—消费者排放责任分担等将成为未来碳排放核算工作关注的重点。企业层面，随着我国国家碳排放交易体系的启动和运行，企业范围 1 和范围 2 排放核算将快速发展成熟；与此同时，从产业链和全生命周期角度，衡量从原材料到运输、生产（或服务）、销售、使用，再到处置或再利用等所有阶段的产品碳足迹将成为未来重要发展趋势。另外，碳排放核算的视角更加趋于微观化，针对家庭碳排放、个人生活方式碳排放的核算正在成为新的研究方向。

延伸阅读

1. 刘明达、蒙吉军、刘碧寒：《国内外碳排放核算方法研究进展》，《热带地理》2014 年第 2 期。

2. Ye B., Jiang J, Li C., Miao L., Tang J., "Quantification and Driving Force Analysis of Provincial – level Carbon Emissions in China", *Applied Energy*, Vol. 198, 2017, pp. 223 – 238.

3. Jiang J., Ye B., Xie D., Tang J., "Provincial – level Carbon Emissions Drivers and Emissions Reduction Strategies in China: Combining Multi – layer LMDI Decomposition with Hierarchical Clustering", *Journal of Cleaner Production*, Vol. 169, 2017, pp. 178 – 190.

4. IPCC, "2019 Refinement to the 2006 IPCC Guidelines for National Greenhouse Gas Inventories", 2019.

5. WRI, "Policy and Action Standard: An Accounting and Reporting Standard for Estimating the Greenhouse Gas Effects of Policies and Actions", 2014.

练习题

1. 碳排放核算方面的主要国际标准有哪些？
2. 国家—省—市层面的碳排放核算方法有什么区别？

第三章

碳排放核算方法学体系

《联合国气候变化框架公约》 （United Nations Framework Convention on Climate Change，简称《框架公约》，英文缩写 UNFCCC）是世界上第一个为全面控制二氧化碳等温室气体排放，应对全球气候变暖给人类经济和社会带来不利影响的国际公约，也是国际社会在应对全球气候变化问题上进行国际合作的一个基本框架，其奠定了应对气候变化国际合作的法律基础，是具有权威性、普遍性、全面性的国际框架。1992 年《框架公约》在里约热内卢通过，并于 1994 年生效，被认为是冷战结束后最重要的国际公约之一，如今已有 190 多个国家（地区）批准了《框架公约》，这些国家被称为《框架公约》缔约方。《框架公约》缔约方作出了许多旨在解决气候变化问题的承诺，按照承诺，每个缔约方都必须定期提交专项报告，其内容必须包含该缔约方的温室气体排放信息，并说明为实施《框架公约》所执行的计划及具体措施。至此，碳排放核算成为全球的热点问题，各个层次的核算方法和研究成果层出不穷，初步形成较完善的碳排放核算方法学体系，其中最有代表性的就是由政府间气候变化专门委员会（IPCC）制定的《1999 年 IPCC 国家温室气体清单指南》，成为各种核算方法的基石。本章主要介绍基于领土边界、基于生产侧和基于消费侧这三大碳排放核算方法为主体的碳排放核算方法学体系。

第一节　碳排放核算方法学体系的基本框架

人类活动所产生的碳排放范围广泛，涉及能源活动、工业生产、农业、林业和土地利用、废弃物处理等各个领域，因此这五大领域排放源的具体核算是整个核算工作的基础。从空间尺度来说，碳排放核算既有全球、国家、区域等宏观层次的核算，也有城市、园区、社区等中观层次的核算，还有企业、项目、具体产品、家庭等微观层次的核算。从核算范围来说，既有直接排放，也有能源间接排放，还有其他间接排放。从不同的排放责任分担原则来说，随着"消费者付费"（Consumer pays principle）观念的深入，贸易隐含排放以及全球产业链中的碳排放核算日益受到更多的重视。[①]

　　针对差异化的核算需求，现实中出现了各种相关标准、技术规范、操作指南以及基础统计制度和 MRV 体系，使得碳排放核算方法学体系日益丰富和完善。虽然针对不同核算对象的核算要求各有不同，但总体来说，都是核算范围、内容、方法以及不同数据来源的各种组合。因此，核算范围、核算内容、核算方法以及数据来源及其统计方法共同构成碳排放核算方法学体系的四大基本要素。碳排放核算方法学体系的基本框架可以见图 3 - 1。

　　在图 3 - 1 中，虚线框表示核算内容，实线框表示核算方法及所需数据。如图所示，领土边界核算方法与生产侧核算方法及消费侧核算方法是碳排放核算方法学体系中的三个基本方法。其中，领土边界核算方法的主要依据是IPCC 制定的《1996 年 IPCC 国家温室气体清单指南》（以下简称 IPCC1996 指南），该指南开发了排放因子法、物料平衡法和实测法等三个核算方法，其核算内容包括能源活动、工业生产过程、农业、林业和土地利用、废弃物处理等领域。生产侧核算方法是在领土边界核算方法的基础上，增加国际航班和国际邮轮的碳排放核算。消费侧核算方法是在生产侧核算方法的基础上，进一步增加贸易净隐含碳的核算，常用投入产出法来开展核算，需要区域贸易数据及投入产出表数据。从减排责任分配的角度来说，基于领土边界的核算方法及生产侧核算方法是根据生产者责任原则，而消费侧核算方法是根据消费者责任原则。从核算区域的角度来看，基于领土边界的核算方法及生产侧核算方法是针对单一区域内部核算，而消费侧核算方法是针对多个区域间经济活动，或者说是跨区域核算。

　　本章余下小节主要介绍碳排放核算方法学体系的核算范围（第二节），核

---

　　① 传统碳排放核算大多是按照领土边界原则即"生产者付费"（Polluter pays principle）原则来评价排放责任。

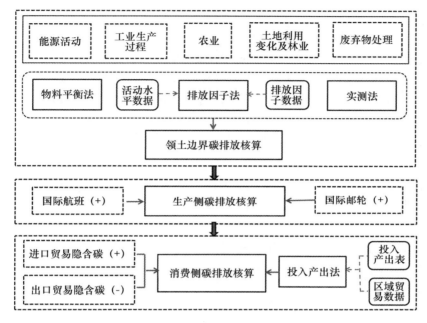

图 3 – 1 碳排放核算方法学体系框架

算方法和核算内容（第三节），以及数据统计方法（第四节）。整本教材以不同核算区域为逻辑主线：从第四章到第八章作为一个相对整体，针对单一区域内部的碳排放核算，以领土边界核算方法为基础，按能源活动、工业生产过程、农业生产、土地利用变化与林业以及废弃物处理五大领域重点介绍核算内容及其核算方法；第九章针对不同区域之间经济活动的碳排放转移，详细介绍贸易隐含碳和价值链碳排放的核算方法。第十章介绍核算所需要的质量保证的一般方法、原理及保障制度等。碳排放核算的难点之一就是数据的获取与选择，所以第十一章详细介绍了国内外主要的数据库及其特点。

第二节 碳排放核算边界与范围

在核算过程中，为了更清晰地界定排放源，需要对核算对象的核算边界进行界定。按照不同的依据，碳排放核算边界有多种分类方法，本书仅介绍常见的几种。

一　直接排放和间接排放

直接排放（Direct emissions）是指来源于核算边界内的全部温室气体排放，包括比如化石燃料消费、工业生产过程和内部固体废弃物处理产生的排放。间接排放（Indirect emissions）是指由核算边界内部活动引起、来源于核算边界外部的排放，如处于核算对象外部但是在核算边界内消费的一次能源生产设施、电力设施等排放源的排放。

这种分类方法严格按照排放源的地理位置分类，为国家以下各层面（如州、省、企业）的碳排放核算规则所通用。学术文献中经常出现的另一种分类方法，即"边界内排放与跨边界排放"，与该方法内涵一致。[①]

二　范围1排放、范围2排放和范围3排放[②]

核算范围（Scope）的概念最初由世界资源研究所在关于企业碳排放核算中首次提出，其目的是通过划分排放源的范围以避免重复计算，目前该划分方法在各个领域的核算中得到广泛的应用。

（一）范围1：直接排放（Scope 1：In-boundary emissions）

范围1是指边界内的所有直接排放，主要包括边界内部能源活动（工业、交通和建筑等）、工业生产过程、农业、土地利用变化和林业、废弃物处理活动产生的温室气体排放。从生产、消费的角度，范围1排放可分为在边界内生产和消费的碳排放、在边界内生产而在边界外消费的碳排放。

（二）范围2：能源间接排放（Scope 2：In-boundary heat/electricity use）

范围2是指发生在边界外的与能源有关的间接排放，主要包括为满足边界内消费而外购的电力、供热和/或制冷等二次能源生产所产生的排放。

（三）范围3：其他间接排放（Scope 3：Out-of-boundary energy consumption）

除范围2以外的其他所有间接排放。指由边界内部活动引起，产生于边界

---

① 丛建辉、刘学敏、赵雪如：《城市碳排放核算的边界界定及其测度方法》，《中国人口·资源与环境》2014年第4期。

② 丛建辉、刘学敏、赵雪如：《城市碳排放核算的边界界定及其测度方法》，《中国人口·资源与环境》2014年第4期。

之外，但未被范围 2 包括的其他间接排放。例如从边界外购买的所有物品在生产、运输、使用和废弃物处理环节的碳排放。主要包括边界间的交通排放（例如国家碳排放核算中的国际航班、邮轮所引起的碳排放），边界间贸易进口隐含的碳排放。

将碳排放核算的三个范围总结如表 3 - 1。

表 3 - 1　　　　　　　　　　碳排放核算范围

定义	空间边界	构成
范围 1	边界内排放	能源消费性排放 工业过程排放 农业排放 林业及土地利用排放 垃圾处理排放等
范围 2	边界内 二次能源排放	边界外电厂的二次能源（包括电力、热力、蒸汽等）消费性排放等
范围 3	边界外其他所有间接排放	国际航班、邮轮的能源消费性排放等 进口商品和服务等

专栏 3 - 1　碳排放核算体系边界

结合三种排放核算方法（领土边界、生产和消费）和三个排放范围，Z. Liu，Feng，et al. （2015 年）定义了四个系统边界（System boundaries）来解释区域排放（详细见表 1）：

系统边界 1 即范围 1 的排放；系统边界 2 包括范围 1 和范围 2 的排放；系统边界 3 包括范围 1 和 3 的排放；而系统边界 4 是指基于消费的排放（或碳足迹）。

可见，IPCC 领土边界排放量与范围 1 和系统边界 1 排放量一致。领土边界排放（即范围 1 和系统边界 1）可通过排除隐含在进口产品、热力/电力和边界内航空/航运/旅游中的排放量，呈现一个国家/地区边界内实际排放的二氧化碳排放量。

值得注意的是，不少研究中核算的范围 2 排放，其实是体系边界 2，即范围 1 和范围 2 加总的排放。

表1	碳排放边界体系				
	边界内排放，供国内消费	边界内排放，供国外消费	二次能源调入隐含碳	国际航班、邮轮	进口隐含碳
范围一 范围二 范围三	√	√	√ √	√	√
基于领土边界 基于生产 基于消费	√ √ √	√ √	√	√ √	√
体系边界1 体系边界2 体系边界3 体系边界4	√ √ √ √	√ √ √	√ √ √	√ √	√ √

资料来源：Liu, Z. , Feng, K. , Hubacek, K. , Liang, S. , Anadon, L. D. , Zhang, C. , & Guan, D. , "Four System Boundaries for Carbon Accounts", *Ecological Modelling*, 2015.

三　内部过程排放、上游过程排放和下游过程排放

对过程/流程进行分类是基于产品和服务的生命周期视角或者价值链视角。内部过程排放指消费品在辖区内的直接排放，包括能源消费、工业生产过程、农业、土地利用变化和林业等领域。上游过程排放是指用于消费的产品在生产、加工、运输等供应链上游环节的排放，包括一次能源生产、电力生产及进口的产品和服务。下游过程排放指产品在消费以后的处理环节过程中产生的排放，如固体废弃物处理、废水处理等，另外还包括在内部生产，但用于出口的产品和服务所产生的排放。[1]

第三节　碳排放核算方法与核算内容

碳排放核算中各种方法繁多，根据核算范围和核算内容的不同，我们将核

---

① 丛建辉、刘学敏、赵雪如：《城市碳排放核算的边界界定及其测度方法》，《中国人口·资源与环境》2014 年第 4 期。

算方法分为基于领土边界的核算方法、生产侧核算方法及消费侧核算方法。本节将介绍这三大核算方法及其核算内容。

一 基于领土边界的碳排放核算方法及核算内容（Territorial-based CO_2 emissions inventory）

该方法主要依据是 IPCC1996 指南，包括"在该国拥有管辖权的国家（包括管理）领土和近海区域内发生的排放和清除"，即核算内容包括区域领土边界范围内的本地生产和居民活动导致的碳排放，具体包括能源活动、工业生产、农业、林业和土地利用、废弃物处理等各个领域的排放，但是不包括国际交通排放，比如国际航班、邮轮。基于领土边界的核算方法运用极为广泛[1]，最为成熟，是生产侧和消费侧核算方法的基础。具体核算过程中一般用到排放因子法、物料平衡法和实测法这三个核算方法（这三个核算方法也是 IPCC1996 指南开发出来的），其中，排放因子法因其简单便捷得到最为广泛的运用。

（一）排放因子法

排放因子法（Emission-Factor Approach）又有学者将其称作排放系数法，是 IPCC 提出的第一种温室气体排放估算方法，广泛应用于能源消费、工业过程、农业生产等各个领域的碳排放核算，是国内外清单编制的主要依据。如中国发布的《省级温室气体清单编制指南（试行）》、曼彻斯特大学编制的《温室气体地区清单协定书》以及地方永续发展理事会（Local Governments for Sustainability，简称 ICLEI，原名 International Council for Local Environmental Initiatives，国际地方政府环境行动理事会）发布的《温室气体排放方法学议定书》（International Local Government GHG Emissions Analysis Protocol，IEAP）等，皆是在此基础上提出的。[2] 其基本思路是依照温室气体排放清单列表，针对每一种排放源构造其活动水平数据（Activity Data）与排放因子（Emission Factor），以活动水平数据和排放因子的乘积作为该排放项目的温室气体排放量估算值。[3] 其中，活动水平数据是指与温室气体排放直接相关单个排放源的具

---

① IPCC 开发出来该方法主要是为了核算国家温室气体排放清单，随着该方法的普及，该方法被普遍应用到省域、城市、产业园甚至企业等不同层级的排放核算。

② 刘学之、孙鑫、朱乾坤等：《中国二氧化碳排放量相关计量方法研究综述》，《生态经济》2017 年第 11 期。

③ 刘明达、蒙吉军、刘碧寒：《国内外碳排放核算方法研究进展》，《热带地理》2014 年第 2 期。

体使用和投入数量，如某种化石燃料燃烧量、工业产品生产量等；排放因子是单位某排放源使用量所释放的温室气体排放量；全球变暖潜势是某种温室气体与二氧化碳相比的相对辐射影响值，可以将该种温室气体排放量换算成碳排放当量。具体计算如公式（式3－1、式3－2、式3—3），式3－1核算了温室气体的排放量，式3－2通过全球变暖潜势将温室气体排放量转换为二氧化碳当量（Carbon Dioxide Equivalent，CO_2e），式3－3是将式3－1带入式3－2得到。

$$E_{GHG_i} = AD_i \times EF_i \qquad (式3-1)$$
$$E_{CO_2} = E_{GHG_i} \times w_i \qquad (式3-2)$$
$$E_{CO_2} = \sum_i (AD_i \times EF_i \times w_i) \qquad (式3-3)$$

式中：i 为温室气体，包括二氧化碳、甲烷、氧化亚氮、含氟气体等；E_{GHG_i} 表示第 i 种温室气体的排放量；E_{CO_2} 为二氧化碳排放（当）量；AD 为活动水平数据；EF 为排放因子；w 为全球变暖潜势。其中，活动数据主要来自国家相关统计数据、排放源普查和调查资料、监测数据等；排放因子可以采用 IPCC 报告中给出的缺省值（即依照全球平均水平给出的参考值），也可以根据实际需要采用国内外各检测或研究机构的研究结果，[①] 获取途径见表3－2，更加详细的内容请参阅本书第十一章；全球变暖潜势值见本书表1－1。

表3－2　　　　　　　　　　排放因子数值获取来源

文献类别	出处	备注
IPCC 指南	IPCC 网站	提供普适性的缺省因子
IPCC 排放因子数据库（Emission Factors Data Base）	IPCC 网站	提供普适性缺省因子和各国实践工作中采用的数据
国际排放因子数据库：美国环境保护署（USEPA）	美国环保署网站	提供有用的缺省值或可用于交叉检验
EMEP/CORINAIR 排放清单指导手册	欧洲环境机构网站（EEA）	提供有用的缺省值或可用于交叉检验
来自经同行评议的国际或国内杂志的数据	国家参考图书馆、环境出版社、环境新闻杂志、期刊	较为可靠和有针对性，但可得性和时效性较差
其他具体的研究成果、普查、调查、测量和监测数据	清华大学等研究机构	需要检验数据的标准性和代表性

资料来源：刘明达、蒙吉军、刘碧寒：《国内外碳排放核算方法研究进展》，《热带地理》2014 年第 2 期。

① 刘明达、蒙吉军、刘碧寒：《国内外碳排放核算方法研究进展》，《热带地理》2014 年第 2 期。

IPCC 指南按照排放因子的精确程度，将碳排放核算方法分为三个层次 （Tier）：层次 1 采用 IPCC 缺省排放因子；层次 2 采用特定国家或地区的排放因子；层次 3 采用具有当地特征的排放因子。对中国城市而言，目前采用层次 3 本地化排放因子的核算还较为少见，因为获取完整的城市本地化排放因子数据，需要进行大量的监测试验，成本相对偏高。另外，即使得到了具有当地城市特征的燃料排放因子，国家层面还缺少对这些本地化排放因子的认定与鉴定标准，其权威性难以被广泛认可，如果涉及到国家对城市碳排放指标的评估、考核问题，本地化排放因子的使用就更加需要慎重。相对而言，IPCC 缺省排放因子可以从 IPCC 排放因子数据库获得，具有中国国家特征的排放因子能够根据省级指南里各种燃料的含碳量等信息推算得出，因此目前国内城市温室气体排放量的核算以这两种排放因子为主，而这两者有一定差别（如表 3 – 3）。之前一些核算使用 IPCC 缺省排放因子，实际上是在当时缺乏中国本地化排放因子情况下的一种临时性选择。① 随着碳排放核算的普及和深入，包括排放因子在内的数据库大量出现，表 3 – 2 仅仅列举了一些，更加详细的内容请参阅本书第十一章。

表 3 – 3 　　　　 IPCC 指南与省级指南中部分燃料品种的排放因子值对比

	IPCC 缺省值（吨 CO_2/吨或吨 CO_2/万 m³）	省级清单值（吨 CO_2/吨或吨 CO_2/万 m³）
无烟煤 Anthracite	1.92	1.97
褐煤 Lignite	2.12	2.06
焦炭 Coke	3.04	2.84
原油 Crude Oil	3.07	3.02
柴油 Diesel Oil	3.16	3.12
天然气 Natural Gas	21.84	21.62

目前，以排放因子法为基础，多国都提出了温室气体排放计算器，以面向用户的方式提供温室气体排放量估算的方法，从侧面说明排放因子法业已成为当今温室气体排放估算方法的主流。

---

① 丛建辉、朱婧、陈楠、刘学敏：《中国城市能源消费碳排放核算方法比较及案例分析——基于"排放因子"与"活动水平数据"选取的视角》，《城市问题》2014 年第 3 期。

（二）物料平衡法

物料平衡法（Mass-Balance Approach）也有学者称作物料衡算法，因其方法简单，适用范畴较广，而得到学者们的广泛使用。当物料平衡法应用在碳排放量的核算时，取一定时期内燃料的碳平均含量和灰烬中的碳平均含量，根据差值计算碳排放量。

2006 年，地球环境战略研究所（IGES）就提出基于质量平衡法估算化石能源排放的参考方法和部门方法，且较为实用，也能减少数据的不确定性。张德英和张丽霞指出《IPCC 指南》中的部门方法和参考方法是构成物料衡算法的核心部分，物料衡算法不但适用于总的碳排放量核算（整个生产过程的核算），也适用于局部的碳排放量核算（某一局部生产过程的核算）；Singh 等使用能源消费基本质量平衡法，详细计算了基于不同技术选择、不同规模的污水处理厂的能源和碳足迹核算情况。[1]

该方法的优势是可反映温室气体排放发生地的实际排放量，不仅能够区分各类设施之间的差异，还可以分辨单个和部分设备之间的区别；尤其当年际间设备不断更新的情况下，该种方法更为简便。[2]

（三）实测法

实测法（Experiment Approach）基于排放源的现场实测基础数据，进行汇总从而得到相关温室气体排放量，也可通俗地理解为实地测量法，是通过相关部门的连续计量设施测量二氧化碳排放的浓度、流速以及流量，并使用国家认可的测量数据基础上来核算二氧化碳排放量的方法。1997 年，经济合作与发展组织（OECD）指出该方法结果精确、中间环节少，但数据获取相对困难，成本较大。[3]

现实中一般是将现场采集的样品送到指定监测部门，通过指定检测设备进行定量分析。其中样品是对监测环境要素的总体而言，若采集的样品缺乏代表性，尽管测试分析准确，也是毫无意义的。有学者发现实测法适用于计算碳排放较连续稳定的排放口的碳排放量的核算，如火电厂企业废气处理设施的出口以及水泥企业的废气处理口中温室气体排放量的核算。目前实测法在国内的应

---

① 刘学之、孙鑫、朱乾坤等：《中国二氧化碳排放量相关计量方法研究综述》，《生态经济》2017年第 11 期。

② 刘明达、蒙吉军、刘碧寒：《国内外碳排放核算方法研究进展》，《热带地理》2014 年第 2 期。

③ 刘学之、孙鑫、朱乾坤等：《中国二氧化碳排放量相关计量方法研究综述》，《生态经济》2017年第 11 期。

用相对较少，有学者认为在农业生产碳排放核算过程中，因我国国土广阔，并且不同土质上的作物存在差异，它们的排碳量也会存在很大区别，所以核算排碳量时要采用实测法，从而保障结果的精确性。[①]

（四）三种方法的对比

排放因子法计算简单、权威性高、应用广泛、国际通用且适用范围广，但其因各地的生活方式、生产及条件存在差别，核算得到数据的准确度相较其他方法低，同时碳排放因子的不确定性也存在较大的风险。

质量平衡法分为部门方法和参考方法，总体而言虽然计算较为准确、工作量较低、适用于宏、中观，但它是基于有完备基础数据记录的统计估算法，对区域统计数据质量要求较高。

实测法虽然计算精准、适用于微观，但由于对二氧化碳需要进行单独连续监测，导致成本相当高且监测范围有限、数据获取难。

三种方法各有优劣，根据实际情况选取合适的方法或是方法的结合往往能提高结果的精确性。如曲波和杜怀勤采用的就是实测法结合物料衡算法的方式，从而核算出锅炉房中大气污染物的排放量，二者的结合使核算结果在精度上有较大的提升，获得较好的测算效果。对三种方法的固有特性对适用范畴和应用现状等方面做了归纳如表3-4。

表3-4　　　　　　　　基于领土边界的碳排放核算方法对比

类别	优点	缺点	适用尺度	适用对象	应用现状
排放因子法	①简单明确易于理解；②有成熟的核算公式和活动数据、排放因子数据库；③有大量应用实例参考	对排放系统自身发生变化时的处理能力较质量平衡法要差	宏观中观微观	社会经济排放源变化较为稳定，自然排放源不是很复杂或忽略其内部复杂性的情况	①广为应用；②方法论的认识统一；③结论权威
质量平衡法	明确区分各类设施设备和自然排放源之间的差异	需要纳入考虑范围的排放的中间过程较多，容易出现系统误差，数据获取困难且不具权威性	宏观中观	社会经济发展迅速、排放设备更换频繁，自然排放源复杂的情况	①方法论认识尚不统一；②具体操作方众多；③结论需讨论

① 刘学之、孙鑫、朱乾坤等：《中国二氧化碳排放量相关计量方法研究综述》，《生态经济》2017年第11期。

续表

类别	优点	缺点	适用尺度	适用对象	应用现状
实测法	①中间环节少；②结果准确	数据获取相对困难，投入较大受到样品采集与处理流程中涉及的样品代表性、测定精度等因素的干扰	微观	小区域、简单生产链的温室气体排放源，或小区域、有能力获取一手监测数据的自然排放源	①应用历史较长；②方法缺陷最小但数据获取最难；③应用范围窄

资料来源：刘明达、蒙吉军、刘碧寒：《国内外碳排放核算方法研究进展》，《热带地理》2014 年第 2 期。

二　生产侧碳排放核算方法及核算内容（Production-based CO$_2$ emissions inventory）

生产侧碳排放核算方法和消费侧碳排放核算方法，均是基于投入产出表来核算国家或产业层面碳排放量以及分析其影响因素的方法。

生产侧碳排放核算是指核算国家或地区行政边界内因产品或服务生产而产生的直接碳排放，和基于领土边界的核算方法一样，其核算的直接碳排放既包含供本地消费的本地区生产过程中产生的碳排放，还包括输出到外地的本地生产过程中产生的碳排放。该方法比仅基于领土边界的核算方法的范围更广，包括国际交通运输以及国际旅游中的碳排放等。该体系的核算边界和国民经济核算体系（System of National Accounts，SNA）的边界一致，也就是说，和 GDP 的计算口径一致。温室气体排放清单有时被称为包含环境账户的国民经济核算矩阵（NAMEA）。欧盟各国会向欧盟统计局报告 NAMEAs，而其他发达国家，虽然也会建立 NAMEAs，但是并不对国际社会公开。NAMEAs 就是生产侧碳排放核算体系的典型代表。

由于国家间的国际交通运输中能源消耗和碳排放责任难以分配，地域数据难以获得，尤其是公海等地属于"公共池塘"，各国碳排放量和责任分担存在争议。根据 SNA 体系，国际交通运输中的碳排放按运营者所属国家算，国际旅游按居民地址算，而不是按旅游目的地算。

国际交通运输方式主要包括航海和航空两部分，其碳排放的核算方法仍然主要采用排放因子法，但是特定活动水平数据会依据交通方式的差异而不同。

（一）航空碳排放的核算方法

欧盟的碳排放权交易体系（EUETS）中，利用排放因子法计算国际交通舱载燃料碳排放，其中每个航班和每种燃料都需要单独计算，燃料消耗量必须包括辅助动力装置的燃料消耗。

航空经营者可以根据每个飞机类型从以下两种计算方法中任选其一计算燃料消耗量，并作为活动水平数据带入排放因子法进一步核算碳排放量。

方法 1：$M = M_a - M_b + F_a$ （式 3 - 4）

式中：M 是每次飞行的燃料消耗量，M_a 是完成一次飞行的燃料完全消耗量，M_b 是下次飞行的燃料完全消耗量，F_a 是下次飞行的燃料量。

方法 2：$M = R_c + F_b - R_d$ （式 3 - 5）

式中：M 是每次飞行的燃料消耗量，R_c 是上次飞行后的燃料剩余量，F_b 是本次飞行的燃料量，R_d 是本次飞行结束后的燃料剩余量。[①]

需要注意的是：每次飞行排放的碳排放量的计算必须是航班的燃料消耗量乘以标准航空燃料监测和报告准则确定的排放系数（单位质量燃油排放二氧化碳的量，为 3.15），替代燃料的排放因子必须按照程序的规定确定；飞行燃料的确定由燃料供应商提供或者根据飞机机载测量系统确定，燃料罐中的燃料剩余量则由飞机机载测量系统确定；数据可能来源于燃料供应商，飞机运营商通过大众、平衡文档或电子传输方式获得数据；如果飞行燃料（或在容器里的剩余燃料量）的数量是由单位体积（L 或 m³）确定的，飞机运营商应当将其转换为大众使用的实际密度值，这项工作由机载测量系统完成。实际密度值由燃料在使用过程中温度的标准密度来确定，当无法获取实际密度值时采用标准密度系数：0.8kg/L（但此系数的应用须经过主管机关的协商）。[②]

（二）航海碳排放的核算方法

参考 Warren B.[③]等人的研究，一次航海旅程中的碳排放进行计算公式为：

$$E_{CO_2} = P \times \frac{D}{v} \times R \times S_{FOC} \times \frac{M_i}{M_t \times U} \times F_{CO_2}$$ （式 3 - 6）

式中：E_{CO_2} 代表一次航海旅程中产生的二氧化碳总排放量（g）；P 是主

① 耿丽敏、付加锋、宋玉祥：《消费型碳排放及其核算体系研究》，《东北师大学报》（自然科学版）2012 年第 2 期。

② 耿丽敏、付加锋、宋玉祥：《消费型碳排放及其核算体系研究》，《东北师大学报》（自然科学版）2012 年第 2 期。

③ Warren B., Fitzgerald, Oliver J. A., Howitt, Inga J., Smith, "Greenhouse Gas Emissions from the International Maritime Transport of New Zealand's Imports and Exports", *Energy Policy*, Vol. 39, 2011, pp. 1521 - 1531.

要或者辅助发动机的额定功率的最大值（kW）；D 是航行的总距离（km）；v 是船航行的平均速度（km/m）；R 是主要或辅助引擎的平均负荷，R_{mc} 代表最大持续速率（maximum continuous rate）；S_{FOC} 是具体使用的燃油发动机油消耗率（kW·h）；M_i 是船所载的从某个国家或区域进出口商品的质量（t）；M_t 是船所拥有的最大承载量（t）；U 是船载货能力的平均利用分数；F_{CO_2} 是主要或辅助发动机使用燃料的碳排放因子，即燃料燃烧排放的二氧化碳排放量（g/g）。[1]

此外，国际航海组织采取自上而下排放的计算方法，主要通过消费石油数量来计算排放总量，这种方法需要精确并且相对完整的石油部门统计数据以及比较标准的航运业排放率估算。

三　消费侧碳排放核算方法及核算内容（Consumption-based CO_2 emissions inventory）

在实际核算中，生产侧碳排放核算具有统计制度较完备、基础数据量可获得性强的优点，但随着碳泄露等问题受到重视，生产侧碳排放测算方法的不足之处逐渐凸显。由于国际、区域贸易碳排放的存在，生产侧碳排放核算可能导致一国或者区域为满足其消费需求，通过从另一个国家或者区域进口碳密集型产品、转移高碳密集产业来减少本国或者本地区碳排放，即"碳泄漏"现象。因此生产侧碳排放核算方法对净碳出口国家、区域不公平。消费侧碳排放核算从最终需求角度核算国家或地区碳排放，并指出考虑产品跨区域流动隐含碳排放和消费地的减排责任，充分体现消费者减排责任，有利于弱化"碳泄漏"问题，因而更加具有公平性。[2]

消费侧碳排放核算方法是从商品消费（而非能源消费）角度对一个国家或区域的二氧化碳排放量进行核算，是用一个国家、区域的经济贸易去取代地域限制，从而解决国际、区域贸易的分配问题。该方法将生产和分销链发生的所有排放均分配给最终产品消费者，也就是说，是计算一个国家/区域消费了多少碳排放，而不是生产了多少碳排放；谁从过程中受益，谁就应当承担与之

① 耿丽敏、付加锋、宋玉祥：《消费型碳排放及其核算体系研究》，《东北师大学报》（自然科学版）2012 年第 2 期。

② 王育宝、何宇鹏：《中国省域净碳转移测算研究》，《管理学刊》2020 年第 2 期。

相关的排放责任。例如出口国认为其产品与服务是为满足进口国的消费需求，因此，生产过程中的碳排放应由进口国承担，即消费者责任制。即沿着生产和分销链发生的所有排放均分配给最终产品消费者。一个国家的消费侧排放清单，扣除出口所体现的排放量而包括进口体现的排放量。这意味着一个国家的出口产品所产生的温室气体排放量须分配给进口这个产品的国家，每个国家都应为进口产品所产生的排放量负责。

消费侧的碳排放核算有多种计算方法，简而言之，即"消费侧碳排放量＝生产侧碳排放＋进口产品的隐含碳－出口产品的隐含碳"。具体核算过程可以基于国际贸易数据和投入产出数据，运用诸如投入产出法、生命周期评价法（LCA）等经济学方法来计算。投入产出法（input-output，I-O）是瓦西里·里昂惕夫[1]创建的研究经济体系中各部分之间投入与产出相互依存关系的数量分析方法，由于其直观、简明，被广泛应用于各产业的碳排放量估算，也是目前测算隐含碳的主流方法。当前，投入产出模型可分为单区域投入产出模型和多区域投入产出模型：单区域投入产出模型更适合分析碳排放对一个国家或区域产生的影响，而多区域投入产出模型则考虑了区域间的投入产出关系，故更适合分析碳排放对多个国家或多区域产生的影响，与现实更为接近，但是多区域需要多国的投入产出分析表，实际操作具有困难性。[2]

本书第九章将详细介绍贸易隐含碳的核算原理以及投入产出分析方法。

专栏 3 - 2　消费侧碳排放核算的其他研究方法

关于贸易隐含碳排放的计算方法主要有两种，除了投入产出分析方法，另外一种就是生命周期评价法（life cycle assessment，LCA），该方法可以

---

① 瓦西里·里昂惕夫（Wassily W. Leontief，1906—1999），美籍俄裔著名经济学家，1973 年诺贝尔经济学奖获得者。重要贡献之一是投入产出理论及其分析方法，里昂惕夫逆矩阵是其中的核心概念。不仅仅是在碳排放核算领域，投入产出分析方法在经济分析、政策模拟、计划论证和经济预测等方面得到广泛的应用。

② 耿丽敏、付加锋、宋玉祥：《消费型碳排放及其核算体系研究》，《东北师大学报》（自然科学版）2012 年第 2 期。

用来评估整个生命周期内，活动、服务、过程或产品相关的全部产出和投入对环境间接或直接造成影响，比较适用于特定商品的量化评估，但该方法对数据的要求很高使得应用受到较大的限制。

目前，已有一些成熟的碳足迹估算方面的标准是基于 LCA 法，由表 1 可见。如 2006 年由 ISO 发布的 ISO14040、2006 年由世界资源研究所（WRI）和世界可持续发展工商理事会（WBCSD）发布的 GHG Protocol，2008 年由英国标准协会（BSI）发布的 PAS 2050 等均是基于 LCA 法。

表 1　　　　　　　　　**基于 LCA 法气候相关标准和政策**

名称	发布单位及年份
ISO14040《环境管理生命周期评价原则与框架》	2006 年 ISO（国际标准化组织）
GHG Protocol《温室气体核算体系》	2006 年 WRI（世界资源研究所） WBCSD（世界可持续发展工商理事会）
PAS 2050《商品和服务在生命周期内的温室气体排放规范》	2008 年 BSI（英国标准协会）

刘强等（2008）利用生命周期评价方法对中国 46 种主要的出口贸易产品的出口含载能量进行了分析，结果表明，这些产品在出口的过程中消耗了大约 13.4% 的国内一次能源，碳排放量约占全国碳排放量的 14.4%。另外也有些学者为使研究结论更能符合实际，从自己的研究目标出发对碳排放的研究方法进行了探索。樊纲等（2010）采取先计算全球总消费排放，再得到各国消费排放的方法，计算了 1950—2005 年世界各国的累积消费排放量，发现中国有 14%—33%（或超过 20%）的国内实际排放是由他国消费所致，而大部分发达国家如英国、法国和意大利则相反，并从福利角度讨论了消费排放作为公平分配指标的重要性。

资料来源：刘学之、孙鑫、朱乾坤等：《中国二氧化碳排放量相关计量方法研究综述》，《生态经济》2017 年第 11 期。耿丽敏、付加锋、宋玉祥：《消费型碳排放及其核算体系研究》，《东北师大学报》（自然科学版）2012 年第 2 期。

第四节　碳排放核算数据统计方法

　　国内外现有的碳核算标准、指南、规范等都涵盖了全球、大陆、国家等宏观层次碳排放核算，城市、产业园、社区的中观层次碳排放核算，企业、项目、建筑物、家庭、产品等微观层次碳排放核算。碳排放核算过程中，有效的基础数据是至关重要的一环。从数据统计和数据搜集的角度来说，一般可以分为自上而下和自下而上两种数据统计方法，用以支撑各种用途的碳排放核算。本书在第十一章专门介绍国内外各种数据库及其特点，这里仅介绍这两种数据统计方法。

一　自上而下数据统计方法

　　自上而下以 IPCC 的《国家温室气体清单指南》为代表，它通过对国家主要的碳排放源进行分类，在部门分类下再构建子目录，直到将排放源都包括进来，由此可见，它是通过自上而下层层分解来进行核算的，具有广泛的一致性，并在获取国家温室气体排放信息方面具有明显的优势。① 目前，我国的区域、省级及城市的碳排放核算一般也采用自上而下的碳排放核算。

二　自下而上数据统计方法

　　企业、产品和项目的碳排放核算可以采用自下而上的核算。通过对于企业和产品碳足迹的核算，了解各类微观主体包括企业、组织和消费者在生产过程或消费过程中的碳排放情况（减排项目可以看作企业的负排放增量），理论上可以汇总得到关于一定区域内的碳排放总量。但目前的自下而上的核算实践尚不能涵盖经济生活的各个方面，对于产品和企业的碳核算还不能覆盖所有的产品和企业（组织），因而只有部分的信息，无法汇总得到区域层面的总碳排放情况。同时，现有的各类标准、指南也只是尝试，在核算范围、生命周期、核算环节、处理碳抵消活动、信息报告要求等方面还存在大量分歧，尚未形成国

---

　　① 陈红敏：《国际碳核算体系发展及其评价》，《中国人口·资源与环境》2011 年第 9 期。

际普遍接受的规范标准，未来这一领域具有很大的发展空间。[①]

　　总体来说，自上而下方法适宜于国家或者区域尺度等宏观层次的碳排放核算。而自下而上方法适宜于家庭、项目等微观层次的碳排放核算。中观层次的碳排放核算可以采用自上而下、自下而上相互结合的形式进行。

延伸阅读

　　1. 国家发展和改革委员会应对气候变化司：《省级温室气体清单编制指南（试行）》，2011 年。

　　2. 丛建辉、刘学敏、赵雪如：《城市碳排放核算的边界界定及其测度方法》，《中国人口·资源与环境》2014 年第 4 期。

　　3. Liu，Z.，Feng，K.，Hubacek，K.，Liang，S.，Anadon，L. D.，Zhang，C.，& Guan，D.，"Four System Boundaries for Carbon Accounts"，*Ecological Modelling*，2015.

　　4. Meng Jing，Mi Zhifu，Guan Dabo，Li Jiashuo，Tao Shu，Li Yuan，Feng Kuishuang，Liu Junfeng，Liu Zhu，Wang Xuejun，Zhang Qiang，Davis Steven J.，"The Rise of South-South Trade and Its Effect on Global CO_2 Emissions"，*Nature Communications*，No. 1，2018.

　　5. Yuli Shan，Dabo Guan，Klaus Hubacek，Bo Zheng，Steven J. Davis，Lichao Jia，Jianghua Liu，Zhu Liu，Neil Fromer，Zhifu Mi，Jing Meng，Xiangzheng Deng，Yuan Li，Jintai Lin，Heike Schroeder，Helga Weisz，Hans Joachim Schellnhuber，"City-level Climate Change Mitigation in China"，*Science Advances*，No. 1，2018.

练习题

　　1. 请比较核算碳排放时范围 1、范围 2 和范围 3 的不同之处。

　　2. 排放因子法的思路是什么？为什么同一个排放源存在不同的排放因子？实际核算的时候如何选择？

　　3. 从排放责任分担角度来看，污染者付费观念和消费者付费观念分别采用哪种碳排放核算方法？为什么？

――――――――――

　　① 陈红敏：《国际碳核算体系发展及其评价》，《中国人口·资源与环境》2011 年第 9 期。

第 四 章

能源活动碳排放核算

　　能源是可产生各种能量（如热量、电能、光能和机械能等）或可做功的物质的统称。目前，使用的主要能源包括煤炭、原油、天然气、煤气、水能、核能、风能、太阳能、地热能、生物质能等一次能源和电力、热力等二次能源，以及其他新能源和可再生能源。能源活动泛指所有与能源生产、运输、加工转换和使用的过程相关活动。能源活动是温室气体排放的最重要来源。从全球看，在发达国家，其贡献量一般占 CO_2 排放量的 90% 以上和温室气体排放量的 75%。[1] 我国能源活动温室气体排放一般占 85% 以上。从核算层次看，国家、区域、城市、企业、产品等不同层次的碳排放核算均有可能涉及能源活动碳排放，而且一般来讲，能源活动温室气体排放的贡献量均不低。从核算范围看，无论是直接排放还是间接排放，都有可能涉及能源活动碳排放。因此，能源活动碳排放核算是整个碳排放核算和减排措施制定的关键和基础。

第一节　能源活动碳排放识别

　　目前，能源活动碳排放核算主要包括以下排放源：化石燃料燃烧活动产生的二氧化碳、甲烷和氧化亚氮排放，生物质燃料燃烧活动产生的甲烷和氧化亚氮排放，煤矿和矿后活动产生的甲烷逃逸排放，石油和天然气系统产生的甲烷逃逸排放，以及由于电力（热力）消费发生的间接排放等。[2]

---

　　[1]　IPCC，Climate Change 2007：Synthesis Report；杨喜爱、崔胜辉、林剑艺、徐礼来：《能源活动 CO2 排放不同核算方法比较和减排策略选择》，《生态学报》2012 年第 22 期。
　　[2]　白卫国、庄贵阳、朱守先、刘德润：《中国城市温室气体清单核算研究——以广元市为例》，《城市问题》2013 年第 8 期。

一 排放环节

（一）化石燃料燃烧

燃料一般是指通过燃烧能获得大量热能，且这些热能能为人们以各种方式所利用的可燃物质。[①] 在工业上一般仅指在燃烧过程中以氧气（空气）做氧化剂的物质。化石燃料主要是由碳和氢两种可燃元素组成，还含有少量的硫、氧以及一些不可燃的氮、灰分和水分等。按物态分为固态、液态、气态 3 类化石燃料。例如：煤的成分包括固定碳、挥发分、灰分和水分。灰分是煤的主要组成部分之一，其在煤中的含量从百分之几到百分之五十以上，它对煤的燃烧有害无益，如妨碍正常燃烧、加大不完全燃烧损失，等等。煤中还含有 0.1%—8% 的硫。石油相对于煤炭来说，含碳量少，含有一定的硫分，基本不含灰分。经过分馏后，一般轻质产品用于交通运输工具使用，重质产品用于锅炉燃烧。湿性天然气以甲烷为主，以及一定量的乙烷、丙烷和丁烷，干性天然气几乎都是甲烷。天然气是高发热量的气体燃料，相对含碳量也很低，是比较清洁的燃料。

化石燃料完全燃烧时，碳、氢、硫的燃烧反应方程式如下：

$$C + O_2 \rightarrow CO_2 \uparrow$$

$$2H_2 + O_2 \rightarrow 2H_2O$$

$$S + O_2 \rightarrow SO_2 \uparrow$$

化石燃料中的碳和氢将被氧化成 CO_2 和 H_2O，同时随着空气的进入，空气中 N_2 在高温条件下还会被氧化为 NO_x。在燃烧产物排入大气前，NO_x 的主要成分是 NO 和少量的 NO_2，其他 NO_x 含量甚微，排入大气后 NO 会转化为 NO_2。如果燃料燃烧不完全，则会增加 CO、CH_4 等排放。[②] 因此化石燃料燃烧后产生的碳排放主要包括 CO_2、NO_2 和 CH_4 等。

化石燃料燃烧碳排放一般涉及能源工业、制造业、建筑业、农业、服务业、居民生活的 CO_2 排放，电力和热力部门的 N_2O 排放，以及交通运输部门的 CO_2、CH_4 和 N_2O 的排放，其中能源工业、制造业、建筑业、农业、服务业、居民生活的 CO_2 排放，电力和热力部门的 N_2O 排放一般被称为固定源或者静止源排放，

[①] 蒋家超编著：《工业领域温室气体减排与控制技术》，化学工业出版社 2009 年版，第 43 页。

[②] 梅娟、范钦华、赵由才等编：《交通运输领域温室气体减排与控制技术》，化学工业出版社 2009 年版。

交通运输部门的 CO_2、CH_4 和 N_2O 的排放一般被称为移动源排放。

1. 固定源排放环节

（1）锅炉[①]

锅炉是将燃料的化学能安全可靠、经济有效地转化成热能，以生产热水或蒸汽的设备。一般将动力、发电用锅炉称为动力锅炉或电站锅炉，工业和采暖用锅炉称为工业锅炉或供热锅炉。此外，以矿物油为介质的导热油炉也归属于锅炉。

锅炉按照工作压力可分为真空热水锅炉、无压或常压热水锅炉、低压锅炉、中压锅炉、高压锅炉、超高压锅炉、亚临界锅炉、超临界锅炉和超超临界锅炉等。按照燃烧形式可分为：①层燃炉。将燃用固体燃料层铺在炉排上进行燃烧，一般作为工业锅炉使用。②室燃炉。可燃用各种燃料，燃用固体燃料时需将之磨碎成粉状，将燃料喷入炉膛呈悬浮状燃烧，一般作为动力锅炉使用。③流化床炉。流化床炉是指层燃炉在通风速度达到煤粒沉降速度时的临界状态下进行燃烧，具有可燃烧劣质固体燃料、易于添加脱硫剂和控制 NO_2 的排放、燃烧热强度大等特点。

（2）工业窑炉[②]

工业生产使用的燃烧加热装置称为火焰炉（或称燃料炉）。一般将火焰炉和高温电加热装置（电炉）统称为工业窑炉，其中冶金行业多称为炉，如高炉、转炉等；硅酸盐行业多称为窑，如回转窑、立窑等。大部分工业窑炉都是常压运行，只有高炉等具有低正压。

表 4 - 1　固定源主要排放环节

主要排放源		主要设备
固定源	公用电力热力	电站锅炉、供热锅炉等设备
	钢铁行业	高炉、电站锅炉（自用）、供热锅炉等设备
	建材行业	水泥窑、电站锅炉（自用）、供热锅炉等设备
	化工行业	合成氨造气炉、电站锅炉（自用）、供热锅炉等设备
	其他行业	电站锅炉（自用）、供热锅炉等设备
	居民生活	民用炉灶

资料来源：国家发展和改革委员会应对气候变化司：《2005 年中国温室气体清单研究》，中国环境出版社 2014 年版。

---

① 王承阳编著：《热能与动力工程基础》，冶金工业出版社 2010 年版，第 95—100 页。
② 王承阳编著：《热能与动力工程基础》，冶金工业出版社 2010 年版，第 107—108 页。

2. 移动源排放环节

移动源的能源消费排放主要有：（1）道路交通。汽车、电车、拖拉机、摩托车、助力车等各种类型道路机动交通工具能源消费产生的排放。燃料类型包括汽油、柴油、电力、压缩天然气、液化石油气、燃料电池、甲醇、乙醇等。目前我国机动车燃料以汽油和柴油为主，但天然气、液化石油气、乙醇汽油使用量逐步提升。[①]（2）铁路运输。包括蒸汽机车、内燃机车和电力机车三种类型铁路机车能源消费产生的排放。燃料类型（能源）以煤炭、柴油、电力为主。2002 年以后，我国基本淘汰了蒸汽机车，内燃机车成为铁路运输唯一的直接排放源。[②]（3）民用航空。各种民用飞行器能源消费产生的排放，燃料类型以航空煤油为主。（4）水路运输。各种内河、湖泊、远近洋运输船舶以及以不同类型燃料作为动力源的港口装卸作业设施等能源消费产生的排放，燃料类型有柴油、重油、汽油、电力等。涉及的排放设备主要包括汽油机、柴油机等。

表 4 - 2 　　　　　　　　　　　移动源主要排放环节

移动源	道路交通	汽车、电车、拖拉机、摩托车、助力车等各种类型道路机动交通工具
	铁路运输	蒸汽机车、内燃机车和电力机车
	民用航空	民用飞行器
	水路运输	内河、湖泊、远近洋运输的船舶等设备

资料来源：国家发展和改革委员会应对气候变化司：《2005 年中国温室气体清单研究》，中国环境出版社 2014 年版。

（二）生物质燃烧

我国是一个农业大国，生物质资源丰富，能源化利用潜力巨大。全国可作为能源利用的农作物秸秆及农产品加工剩余物、林业剩余物和能源作物、生活垃圾与有机废弃物等生物质资源总量每年约 4.6 亿吨标准煤。[③]

生物质燃料的来源较多，最常用的有树皮、树叶、林木、秸秆、稻草等，

---

① 蔡博峰：《国际城市 CO2 排放清单研究进展及评述》，《中国人口·资源与环境》2013 年第 10 期。

② 蔡博峰：《城市温室气体清单核心问题研究》，化学工业出版社 2014 年版，第 98 页。

③ 张世红、廖新杰、张雄等：《生物质燃料转化利用技术的现状、发展与锅炉行业的选择》，《工业锅炉》2019 年第 2 期。

易燃部分以纤维素、半纤维素和木质素为主。生物质燃料具有含热值低、挥发分高、密度低、易燃尽、含硫量低等特点。生物质燃料是我国农村居民的主要能源来源，秸秆和薪柴是最主要的两种生物质燃料，在燃烧过程中会产生大量的碳排放。《省级温室气体排放指南》中生物质燃料燃烧的排放源主要包括居民生活用的省柴灶、传统灶等炉灶，燃用木炭的火盆和火锅以及牧区燃用动物粪便的灶具，工商业部门燃用农业废弃物、薪柴的炒茶灶、烤烟房、砖瓦窑等。考虑到生物质燃料生产与消费的总体平衡，其燃烧所产生的二氧化碳与生长过程中光合作用所吸收的碳两者基本抵消，一般仅核算甲烷和氧化亚氮的排放。

（三）煤炭开采和矿后活动逃逸

井工开采和露天开采是两种主要的原煤开采方式。井工开采是通过开挖井巷将不同埋藏深度的地下煤炭开采并运输至地面。我国原煤开采以井工开采为主，露天开采产量逐年增加。目前全国露天煤矿产量占全国煤炭产量的15%—17%。截至2018年10月底，全国共有露天煤矿424处，占全国煤矿总数量的6.65%，生产能力8.97亿t/a，占全国煤矿总能力的16.9%。[1]

甲烷逃逸排放涉及井下开采、露天开采、矿后活动、废弃矿井等甲烷逃逸排放[2]。具体有：井工开采中矿井通风系统和抽气系统的逃逸排放；露天开采释放的甲烷和邻近暴露煤层释放的甲烷；洗选、储存、运输及燃烧前的粉碎等煤炭加工、运输和使用过程产生的逃逸排放。

（四）石油和天然气系统逃逸

石油和天然气系统甲烷逃逸排放是指石油和天然气从勘探开发到消费的全过程的甲烷排放，主要包括钻井、天然气开采、天然气的加工处理、天然气的输送、原油开采、原油输送、石油炼制、油气消费等活动环节的逃逸排放[3]；其中常规原油中伴生的天然气，随着开采活动也会产生甲烷的逃逸排放。我国油气系统逃逸排放源涉及的设施主要包括：勘探和开发设备、天然气生产各类井口装置，集气系统的管线加热器和脱水器、加压站、注入站、计量站和调节站、阀门等附属设施，天然气集输、加工处理和分销使用的储气罐、处理罐、储液罐和火炬设施等，石油炼制装置，油气的终端消费设施等。具体来讲，石油系

① 赵浩：《新时代露天煤矿发展趋势、面临的问题及相关建议》，《煤炭经济研究》2019年第4期。
② 马翠梅等：《中国煤炭开采和矿后活动甲烷逃逸排放研究》，《资源科学》2020年第2期。
③ 朱松丽：《加拿大油气系统温室气体逃逸排放清单简述》，《油气田环境保护》2005年第4期。

统甲烷排放。开采过程中主要排放是伴生气排放、放空或点火炬、完井、试井、增产作业（如压裂）、管道泄漏、原油储罐设施以及设备维修等；储运过程中主要包括设备的长期性泄漏、压缩机的逃逸性排放、放气孔以及气动设备等。天然气系统甲烷排放。天然气开采甲烷排放大多发生在钻井、试油、设备维修、气体生产、气体处理及油田水等环节；储运过程中逃逸性设备泄漏，如法兰、接头和密封；处理过程中的主要排放有压缩机逃逸性排放、压缩机废气等。[①]

（五）其他排放

一般包括电力、蒸汽、供热等产生的排放。在区域核算中，外购蒸汽、供热、供冷等情况非常少，而电力的调入调出现象相对普遍。在企业核算中应考虑外购蒸汽、供热、供冷等情况。

二　排放特征

（一）化石燃料燃烧

1. 全球能源消费及其碳排放持续增长，我国已成为碳排放总量第一的国家

全球经济发展带动了能源消费及其碳排放的持续增长。2010 年全球碳排放中，能源活动排放占 68.5%。亚太地区增长加快。2000 年以来，我国 CO_2 排放逐渐增长，目前已成为碳排放总量第一的国家。相关研究表明经济增长是碳排放持续增长的主要因素。从我国看，经济规模扩张是我国碳排放增长的最大驱动因素，它导致碳排放在 1995—2014 年间增加了 220.5%。从趋势上看，在 1995—2002 年期间，经济规模扩张对碳排放增长的拉动作用比较平缓，2002 年后，其成为驱动中国碳排放增长的主要因素，但由于 2008 年国际金融危机的冲击，经济规模的扩张对中国碳排放的拉动有放缓趋势。[②]

2. 化石燃料燃烧碳排放是最主要的能源活动碳排放，电力、交通、制造业等行业化石燃料燃烧排放量较大

据 IEA 测算，2014 年全球化石燃料燃烧排放 $32GtCO_2$。2005 年中国化石燃料燃烧碳排放 54.94 亿 t 二氧化碳当量，占能源活动碳排放量的 95.2%。2012 年

---

① 杨巍、陈国俊、张铭杰、王作栋等：《美国和中国油气系统甲烷排放状况》，《油气田环境保护》2012 年第 2 期。

② 谢锐、王振国、张彬彬：《中国碳排放增长驱动因素及其关键路径研究》，《中国管理科学》2017 年第 10 期。

中国化石燃料燃烧排放 88.13 亿 t 二氧化碳当量，占能源活动碳排放量的 94.4%。2002—2013 年内化石能源消费量保持着 5% 以上的高速增长。电力、交通、制造业作为能源密集型行业，是主要的碳排放部门。2014 年，全球电力、交通、制造业化石燃料燃烧碳排放占化石燃料燃烧碳排放的 84%，其中电力行业比重最高，达到 42%；其次是交通部门，占 23%，制造业占 19%。

3. CO_2 是化石燃料燃烧碳排放的主要气体，煤炭利用是最主要的排放源

据 IEA 测算，2016 年全球 CO_2 排放量为 323 亿 t，全部来自化石燃料燃烧。煤炭燃烧导致的碳排放在世界排放总量的比例不断上升，并在 2004 年超过石油，成为世界最大的碳排放源。2014 年，占全球能源消费 29% 的煤炭消费贡献了 46% 的全球能源消费碳排放，石油、天然气消费碳排放的比例分别为 34%、19%。2013 年中国碳排放增长 5.3%，而其中煤炭消耗引起的排放增长 4.9%；印度碳排放增长 4.9%，其中煤炭消耗引起的排放增长 7.2%。

（二）生物质燃烧

根据《2005 年中国温室气体清单研究》[①]，我国生物质燃烧甲烷排放量约为 216.3 万 t，氧化亚氮 6.4 万 t。在燃料品种中，秸秆的甲烷排放量占甲烷总排放量的 70.1%；其次为薪柴，占总排放量的 28.2%。秸秆 N_2O 排放量占 72.9%，薪柴占 26.3%。在燃烧设备中，省柴灶是最主要的排放源，占甲烷总排放量 64.5%；其次为老式柴灶，占总排放量的 27.3%。

（三）煤炭开采和矿后活动逃逸

我国煤炭资源分布地域广阔，煤层赋存条件差异大，含甲烷煤层多，甲烷储存量大，矿井瓦斯突出严重。矿井瓦斯分布的区域特征与煤炭资源量的分布正好相反，即华南、东北两区煤炭资源少，而高突瓦斯矿井比重高。华北和西北煤炭资源十分丰富，而高突瓦斯矿井的比例却很低。[②] 2012 年逃逸排放 5.24 亿吨二氧化碳当量，占 5.6%。我国煤矿煤层瓦斯含量范围较大（0—30m^3/t），其中低瓦斯矿井煤层瓦斯含量一般在 2—3m^3/t，最大不超过 5m^3/t；高瓦斯矿井煤层瓦斯含量一般在 5m^3/t 以上，最大可达 20—30m^3/t；突出矿井煤层瓦斯含量一般在 10m^3/t 以上。平均每开采 1t 煤，大约排放瓦斯 7—8m^3，

---

① 国家发展和改革委员会应对气候变化司：《2005 年中国温室气体清单研究》，中国环境出版社 2014 年版。
② 郑爽：《我国煤层甲烷类温室气体排放及清单编制》，《中国煤炭》2002 年第 5 期。

二氧化碳 6m³。[①]

表 4－3　　　　　　2005—2013 年全国原煤产量及甲烷产生量

年份	原煤产量/亿 t	甲烷产生（涌出）量	
		亿 m³	万 tCO₂ 当量
2005	21.10	134.68	18949.48
2006	23.25	140.20	19725.96
2007	25.23	149.21	20993.23
2008	27.93	163.57	23014.71
2009	30.50	176.87	24884.92
2010	32.35	177.00	24903.90
2011	35.16	185.30	26071.20
2012	36.45	192.10	27027.94
2013	37.50	197.63	27806.31

资料来源：徐东耀等：《中国煤炭生产甲烷排放现状及对策研究》，《绿色科技》2015 年第 6 期。

（四）石油和天然气系统逃逸

我国油气系统甲烷排放中，天然气开采、常规原油开采和天然气输送是主要的排放源。2005 年我国油气系统甲烷逃逸排放量约为 21.81 万 t，其中天然气开采、常规原油开采和天然气输送所产生的排放量占比分别为 26.2%、22.8% 和 16.1%。[②]

第二节　化石燃料燃烧排放

一　核算公式

（一）固定源

1. 固定源二氧化碳排放

（1）方法 1。方法 1 是直接基于化石燃料消耗量的计算方法，将分品种燃

[①]　国家发展和改革委员会应对气候变化司：《2005 年中国温室气体清单研究》，中国环境出版社 2014 年版。

[②]　国家发展和改革委员会应对气候变化司：《2005 年中国温室气体清单研究》，中国环境出版社 2014 年版。

料消耗量作为活动水平量，乘以分品种燃料的排放因子。计算公式如下：

$$E_{CO_2} = \sum_i AD_i \times EF_i \qquad （式4-1）$$

式中，E_{CO_2} 为 CO_2 排放量，单位为 t；AD_i 为化石燃料消耗量，单位为 TJ；EF_i 为排放因子，单位为 tCO_2/TJ；i 为燃料类型。

涉及的化石燃料品种包括：①煤炭、焦炭、型煤等，煤炭可细分为无烟煤、烟煤、炼焦煤、褐煤等。②原油、燃料油、汽油、柴油、煤油、喷气煤油、其他煤油、液化石油气、石脑油、其他油品等。③天然气、炼厂干气、焦炉煤气、其他燃气等。

该方法忽略了部门差异与燃烧技术差异，相对简单，但计算不确定性随之增大。适用于国家或者区域的二氧化碳排放估算。

（2）方法2。方法2是基于部门划分的计算方法。该方法考虑部门差异，将化石燃料消耗分品种划分到不同部门，乘以各个部门化石燃料平均排放因子得出分部门分燃料品种碳排放量。计算公式如下：

$$E_{CO_2} = \sum_i \sum_j \sum_k AD_{i,j,k} \times EF_{i,j,k} \qquad （式4-2）$$

式中，E_{CO_2} 为 CO_2 排放量，单位为 t；$AD_{i,j,k}$ 为化石燃料消耗量，单位为 TJ；$EF_{i,j,k}$ 为排放因子，单位为 tCO_2/TJ；i 为燃料类型，j 为部门活动，k 为设备类型。

该方法一般用于国家、区域温室气体排放核算。为力求符合核算区域的实际，可开展核算区域内相关活动水平数据行业比例、排放因子等数据的抽样调查。

（3）方法3。方法3是基于详细技术的计算方法。

$$CO_2 \text{ 排放量} = \sum \sum \sum （\text{化石燃料消耗量}_{i,j,k,l} \times \text{排放因子}_{i,j,k,l}）$$

$$E_{CO_2} = \sum_i \sum_j \sum_k \sum_l AD_{i,j,k,l} \times EF_{i,j,k,l} \qquad （式4-3）$$

式中，E_{CO_2} 为 CO_2 排放量，单位为 t；$AD_{i,j,k,l}$ 为化石燃料消耗量，单位为 TJ；$EF_{i,j,k,l}$ 为排放因子，单位为 tCO_2/TJ；i 为燃料类型，j 为部门活动，k 为设备类型，l 为不同技术条件。

该方法考虑不同技术差异，进一步将排放源细分到设备级或者单个企业（工厂）级，可根据不同技术条件，采用不同的排放因子数据。该方法详细程度最高，难度最大。排放因子数据一般需要通过抽样调查、碳平衡测试等方法得到，或者专业监测设备实时监测得到。相对前两个方法，该方法需要花费较大人力及经费。

2. 固定源氧化亚氮排放

目前，主要考虑的是燃煤锅炉氧化亚氮的排放，其核算方法可参考化石燃料燃烧二氧化碳的核算方法，一般按照以下公式计算。

$$E_{N_2O} = \sum_i AD_i \times EF_i \qquad （式4-4）$$

E_{N_2O} 为 N_2O 排放量，单位为 t；AD_i 为化石燃料消耗量，单位为 TJ；EF_i 为排放因子，单位为 tN_2O/TJ。

具体核算时，应将燃煤锅炉划分为燃煤流化床锅炉和其他燃煤锅炉，分别进行核算后汇总得到总排放量。

（二）移动源

1. 移动源燃料燃烧二氧化碳排放

以道路运输为例，方法1仅区分燃料类型、不区分技术（设备）类型。方法2区分燃料类型、技术（设备）类型。方法3是更为详细的技术方法。

方法1的计算公式如下：

$$E_{CO_2} = \sum_i AD_i \times EF_i \qquad （式4-5）$$

式中，E_{CO_2} 为 CO_2 排放量，单位为 t；AD_i 为化石燃料消耗量，单位为 TJ；EF_i 为排放因子，单位为 tCO_2/TJ；i 为燃料类型。

方法2的计算公式如下：

$$E_{CO_2} = \sum_i \sum_j \sum_k AD_{i,j,k} \times EF_{i,j,k} \qquad （式4-6）$$

式中，E_{CO_2} 为 CO_2 排放量，单位为 t；$AD_{i,j,k}$ 为化石燃料消耗量，单位为 TJ；$EF_{i,j,k}$ 为排放因子，单位为 tCO_2/TJ；i 为燃料类型，j 为机动车类型，k 为排放控制技术类型。

方法3计算公式如下：

$$E_{CO_2} = \sum \sum \sum （车辆保有量 \times 年平均行驶里程_{i,j,k} \times 百公里燃料消耗 \times 排放因子_{i,j,k}） \qquad （式4-7）$$

式中，CO_2 排放量单位为 t；车辆保有量单位为辆；年平均行驶里程单位为 km；百公里燃料消耗需根据具体车辆类型，将百公里油耗、气耗和电耗等转化为热值，单位为 TJ；排放因子单位为 tCO_2/TJ；i 为燃料类型；j 为机动车类型；k 为排放控制技术类型。

道路运输 CO_2 排放，方法 1 仅需要汽油、柴油等化石燃料消耗量，排放因子采用缺省值。方法 2 则需要区分技术类型，需要获取不同类型机动车燃料消耗水平和对应的排放因子。方法 3 即根据不同燃料类型的车辆保有量、年均行驶里程及该类车型的燃料消耗量，结合相应的排放因子等参数，通过逐项累加计算得出碳排放总量。[①]

铁路运输直接 CO_2 排放的活动水平数据主要是内燃机车的柴油消耗量，目前公开数据中均没有我国铁路运输柴油消耗量数据，一般可通过统计年鉴中铁路交通总换算周转量与单位换算周转量能耗，间接获得铁路交通能源消费活动水平数据。

航空运输主要活动水平数据是航空煤油。目前，煤油在其他行业消耗较小，因此交通运输、仓储及邮电通信业煤油消费基本上等于航空运输燃料消耗量。当然，具体核算时，可开展相关调研，获得核算区域内各航空公司的航空煤油数据，与统计数据进行交叉核对。

2. 移动源甲烷和氧化亚氮排放

移动源 CH_4 和 N_2O 排放取决于机动车燃烧和排放控制技术。主要有两种核算方法。

方法 1 的计算公式如下：

$$E_{CH_4/N_2O} = \sum_i AD_i \times EF_i \qquad (式 4-8)$$

式中，E_{CH_4/N_2O} 为 CH_4/N_2O 排放量，单位为 t；AD_i 为化石燃料消耗量，单位为 TJ；EF_i 为排放因子，单位为 tCH_4（N_2O）/TJ；i 为燃料类型。

方法 2 的计算公式如下：

$$E_{CH_4/N_2O} = \sum_i \sum_j \sum_k AD_{i,j,k} \times EF_{i,j,k} \qquad (式 4-9)$$

式中，E_{CH_4/N_2O} 为 CH_4/N_2O 排放量，单位为 t；$AD_{i,j,k}$ 为化石燃料消耗量，单位为 TJ；$EF_{i,j,k}$ 为排放因子，单位为 tCH_4（N_2O）/TJ；i 为燃料类型，j 为机动车类型，k 为排放控制技术类型。

方法 1 和方法 2 均是基于燃料消耗量的核算，区别在于方法 2 分机动车类型进行核算，无法获得分车辆类型燃料消耗量时，可采用方法 1。

[①]　李振宇、李超、廖凯等编著：《城市交通碳排放监测评估研究与实践》，人民交通出版社 2017 年版，第 49-50 页。

二　活动水平和排放因子确定

（一）活动水平数据确定

1. 活动水平数据范围

方法 1 需要的活动数据一般来自统计机构编制的能源统计资料。方法 2 需要收集分部门、分能源品种、分主要燃烧设备的能源活动水平数据。化石燃料品种可结合中国能源统计年鉴中的能源分类划分；设备则可根据重点排放源分类划分。方法 3 需要纳入各个设施级的数据，例如行业主要耗能设备的化石能源消费量、车辆所行驶的公里数等，可根据具体核算情况进行收集或者实测。

2. 数据获取

目前活动水平数据主要依赖于核算范围内的能源统计数据。例如在开展省区、城市等区域核算时，可获取的数据包括省市能源平衡表和工业分行业终端能源消费，电力、交通、航空公司等行业相关统计资料；具体拆分到部门如钢铁、有色、化工等行业时，还需根据相应行业统计数据及专家估算。[①] 在进行企业核算时，可获得企业综合能源月报、年报等统计资料。

专栏 4 - 1　部门划分与活动水平数据分类

我国现有统计体系中的部门划分与国际通行的划分不同。例如国际通行的交通部门划分包括所有的交通运输工具，即从事运营的交通运输工具、非运营的企事业单位和私人所拥有的交通工具以及农业机械中的运输机械。在此基础上，将交通部门按两个类别进行分类：一是按照交通运输工具所属者的经营属性，分为营运交通和非营运交通；二是按照交通运输工具的运输对象，分为客运交通和货运交通。我国现有统计体系中，大量的社会交通用能统计在居民部门、商业部门和工业部门，应重新调整部门间汽柴油消费量，单列国际航空和航海煤油和柴油消费量。例如农业、渔业等部门运输柴油、汽油消费应划归于交通部门，单列国际航空和航海煤油和柴油消费量。因此，需要对温室气体排放部门进行重新划分。

在部门划分的基础上，基于能源平衡表的能源消费数据，通过"油品分摊方法"，将工业，建筑业，批发、零售业和住宿、餐饮业，生活消费

---

① 国家发展和改革委员会应对气候变化司：《省级温室气体清单编制指南（试行）》，2011 年。

等产业用于交通的能源消费（如汽油、柴油）拆分出来，划入新的交通部门。其核心是确定油品分摊比例。油品分摊比例可以通过专家咨询等方式获得；如果条件允许，建议对核算区域内的工业，建筑业，批发、零售业和住宿、餐饮业，生活消费的交通运输能源消费比例开展专项调研来获得油品分摊比例，当然，也可开展交通运输车辆汽油柴油消费、农用运输车辆柴油消费等专项调查。

表1　　　　　　　各部门与能源平衡表中对应部门对比

部门	子部门	能源平衡表中对应部门
电力生产	电力生产	加工转换投入（-）产出（+）量—火力发电
热力生产	热力生产	加工转换投入（-）产出（+）量—供热
农业	农业	终端消费量—第一产业—农业
工业	工业	终端消费量—第二产业—工业
交通	营运交通	终端消费量—第三产业—交通运输、仓储和邮政业
	非营运交通	终端消费量—第一产业—农、林、牧、渔业
		终端消费量—第二产业—工业
		终端消费量—第二产业—建筑业
		终端消费量—第三产业—批发、零售业和住宿、餐饮业
		终端消费量—第三产业—其他
		终端消费量—生活消费
建筑	住宅建筑	终端消费量—生活消费
	公共建筑	终端消费量—第三产业—批发、零售业和住宿、餐饮业
		终端消费量—第三产业—其他
		终端消费量—第三产业—交通运输、仓储和邮政业

资料来源：王克、邹骥：《中国城市温室气体清单编制指南》，中国环境出版社2014年版。

（二）排放因子的确定
1. 化石燃料燃烧 CO_2 排放因子
化石燃料燃烧 CO_2 排放因子一般通过直接测量法或者基于燃料特性的计

算方法获得。

（1）直接测量法。利用烟气排放连续监测系统等实时排放监测系统直接测量和追踪排气管道中二氧化碳的排放情况。根据连续监测排放气体的流量、二氧化碳浓度和时间长度，以及该段时间内投入的燃料量等参数得到二氧化碳排放因子。

$$CO_2 \text{ 排放因子（tCO}_2\text{/TJ）} = CO_2 \text{ 浓度} \times CO_2 \text{ 流量} \times$$
$$\text{时间段长度/投入的燃料量（热值单位 TJ）} \qquad \text{（式 4 - 10）}$$

此方法优点是结果精确、质量等级高，缺点是监测成本较高。我国目前尚未普及。

（2）基于燃料特性的计算方法。采用燃料特性数据计算二氧化碳排放因子是一种比较常见的方法。根据检测得到的燃料特性计算二氧化碳排放因子的公式如下。

$$\text{排放因子（tCO}_2\text{/TJ）} = \text{单位热值含碳量（tC/TJ）} \times$$
$$\text{碳氧化率（\%）} \times 44 \div 12 \qquad \text{（式 4 - 11）}$$

该方法需要分类型对燃料的单位热值含碳量、碳氧化率等数据进行调查和测量。碳氧化率是指燃料在燃烧过程中的氧化程度，需要对分类型燃烧设备进行调查和测量，计算得到该类型设备的碳氧化率。

（3）缺省值的获得。不同液体燃烧设备的碳氧化率差异不大，对于各部门不同设备液体（原油、燃料油、柴油、煤油等）碳氧化率取值范围在98%—99%，气体燃料（包括焦炉煤气、天然气及其他气体等）的碳氧化率取值为99%；[①] 而煤炭等固体燃料的碳氧化率变化范围较大，建议实测。国家发展和改革委员会根据1994年和2005年国家清单编制研究也提供了适用于中国国内的排放因子数据。

2. 化石燃料燃烧非 CO_2 排放因子

《省级温室气体清单编制指南（试行）》中固定源氧化亚氮排放的排放因子缺省值，对于燃煤流化床锅炉采用61kg/TJ，其他燃煤锅炉为1.4kg/TJ，燃油锅炉和燃气锅炉分别为0.4kg/TJ和1kg/TJ。移动源甲烷和氧化亚氮排放的排放因子可参考 IPCC 指南缺省值。《2005中国温室气体清单研究》指出我国实施的污染排放标准基本等同于欧洲标准，仅实施时间有所差别。

---

① 国家发展和改革委员会应对气候变化司：《省级温室气体清单编制指南（试行）》，2011年。

表4－4　分部门、分燃料品种化石燃料单位热值含碳量（吨碳/TJ）

分类	部门	无烟煤	烟煤	褐煤	洗精煤	其他洗煤	型煤	焦炭	原油	燃料油	汽油	柴油	喷气煤油	一般煤油	NGL	LPG	炼厂干气	其他石油制品	天然气	焦炉煤气	其他
能源加工转换	煤炭开采加工		25.77	28.07	25.41	25.41		29.42		21.10	18.90	20.20					18.20	20.00	15.32	13.58	12.20
	油气开采加工	27.34	27.02	28.53	25.41	25.41		29.42	20.08	21.10	18.90	20.20			17.20		18.20	20.00	15.32	13.58	12.20
	公共电力与热力	27.49	26.18	27.97	25.41	25.41	33.56	29.42	20.08	20.10	18.90	20.20					18.20	20.00	15.32	13.58	12.20
	炼焦、煤制气等		25.77		25.41	25.41		29.42		21.10	18.90	20.20				17.20	18.20	20.00	15.32	13.58	12.20
工业	钢铁	27.40	25.80	27.07	25.41	25.41	33.56	29.42	20.08	21.10	18.90	20.20					18.20	20.00	15.32	13.58	12.20
	有色	26.80	26.59	28.22	25.41	25.41	33.56	29.42	20.08	21.10	18.90	20.20					18.20	20.00	15.32	13.58	12.20
	化工	27.65	25.77	28.15	25.41	25.41	33.56	29.42	20.08	21.10	18.90	20.20					18.20	20.00	15.32	13.58	12.20
	建材	27.29	26.24	28.05	25.41	25.41	33.56	29.42	20.08	21.10	18.90	20.20					18.20	20.00	15.32	13.58	12.20
	建筑		25.77		25.41	25.41		29.42	20.08	21.10	18.90	20.20					18.20	20.00	15.32	13.58	12.20
	其他		25.77		25.41	25.41	33.56	29.42	20.08	21.10	18.90	20.20		19.60			18.20	20.00	15.32	13.58	12.20
交通运输	公路										18.90	20.20							15.32		
	铁路											20.20									
	水运									20.10		20.20									
	航空												19.50								
农业			25.77		25.41	25.41				21.10	18.90	20.20		19.60					15.32		
居民生活		26.97	25.77		25.41	25.41	33.56				18.90	20.20		19.60		17.20			15.32	13.58	12.20
服务业		26.97	25.77		25.41	25.41	33.56				18.90	20.20		19.60		17.20			15.32	13.58	12.20

注：原煤单位热值含碳量约为 26.37 吨碳/TJ。

资料来源：《省级温室气体清单编制指南（试行）》，2011 年 5 月。

三 调查与方法

（一）活动水平数据调查

1. 固定源

固定源活动水平数据调查一般包括发电、钢铁、化工、建材（水泥、石灰）等行业分设备能源消费比例调查和行业分设备分品种燃料低位发热量调查。

（1）行业分设备能源消费比例调查

主要行业设备一般包括电力行业的发电锅炉、水泥行业的水泥回转窑、石灰行业的石灰窑、钢铁行业的高炉、化工行业的合成氨造气炉等。通过对核算区域内规模较大的行业企业的调查，形成电力行业的发电锅炉、水泥行业的水泥回转窑、石灰行业的石灰窑、钢铁行业的高炉、化工行业的合成氨造气炉等分设备能源消费量和能源消费比例的实测数据。能源分类一般应满足方法2的相关活动水平数据要求。例如原煤分为无烟煤、一般烟煤、炼焦烟煤、褐煤等。

行业分设备能源消费比例调查的难点是调查对象的选取。国家、省级、城市等不同的核算层次，选取的难度不同。核算区域越大，选取难度越大。以省市核算为例，在考虑设备具体技术类型的基础上，建议按照以下条件选取调查对象。

一是按照分布区域选取。根据发电、水泥、石灰行业的生产特点，选取核算区域内的调查对象，应兼顾区域平衡，生产工艺平衡。

二是按照产能条件选取。对于钢铁行业，建议按照产能条件选取代表性的调查对象，对核算区域内的钢铁企业，根据产能和近几年的产量，从大到小排列，选取具体的调查对象。

（2）行业分设备分品种燃料低位发热量调查

主要调查发电、建材、钢铁、化工等行业的主要耗能设备化石能源的低位发热值。

分品种燃料低位发热量数据可以通过燃料分析与测试或者对燃料供应商所提供数据的分析来获得。燃料的取样和分析测试应定期进行，具体频率可依据燃料类型而定。也可以根据行业认可的国内外技术标准所规定的取样频率、程序来收集和分析燃料特性。每种燃料的热值通常表示为单位质量或体积燃料所含的能量。

燃煤低位发热值的具体测量方法和实验室及设备仪器标准应遵循 GB/T 213—2008《煤的发热量测定方法》的相关规定。燃油低位发热值的测量方法和实验室及设备仪器标准应遵循 DL/T 567.8—95《燃油发热量的测定》的相关规定。天然气低位发热值测量方法和实验室及设备仪器标准应遵循 GB/T 11062—1998《天然气发热量、密度、相对密度和沃泊指数的计算方法》的相关规定。[①]

专栏 4 - 2　燃煤低位发热量调查

根据《省级温室气体清单编制指南（试行）》要求，在化石燃料燃烧温室气体清单编制过程中，需要将以实物量表示的活动水平数据转换成热值数据。气体和液体的热值相对比较稳定，而固体燃料的热值波动性较大，对清单计算结果有重大影响。某省能源消费以烟煤为主，占能源消费总量的80%左右，其中公用电力、建材等行业能源消费比例较大。因此，需要准确地确定反映某省实际的电力、建材等主要行业的烟煤热值，这对于降低清单的不确定性具有重大意义。为此，对水泥、石灰、钢铁等行业进行调研，收集企业主要用煤样本，并委托相关检测机构进行检测分析，得到各类煤炭的低位发热量等煤质数据。

根据选取条件，选取了某省13家建材、钢铁企业开展煤炭低位发热量调研，主要调查煤种包括烟煤、无烟煤、洗精煤。

表1　　　　　　　　**烟煤（粉）的低位发热量**

行业	低位发热量（TJ/万 t）
水泥行业	206.68
钢铁行业	236.71

表2　　　　　　　　**无烟煤的低位发热量**

行业	低位发热量（TJ/万 t）
石灰行业	253.21
钢铁行业	268.30

---

① 不同发电能源温室气体排放关键问题研究项目组：《中国不同发电能源的温室气体排放》，中国原子能出版社2015年版。

表3	洗精煤的低位发热量
行业	低位发热量（TJ/万 t）
钢铁行业	259.67

2. 移动源

移动源活动水平数据调查一般包括分类型机动车保有量、机动车年运行公里数和机动车百公里油耗的调查。

（1）分类型机动车保有量调查

目前，我国机动车主要分为六大类21小类：汽车、电车、摩托车、拖拉机、挂车和其他类型车。汽车分为载客汽车、载货汽车、其他汽车，其中，载客汽车分为大型、中型、小型、轻型载客汽车及轿车，载货汽车分为重型、中型、轻型、微型载货汽车以及普通载货汽车，其他汽车包括三轮汽车和低速货车；电车分为有轨电车和无轨电车；摩托车分为普通摩托车和轻便摩托车；拖拉机分为大中型拖拉机和小型方向盘式拖拉机。[①]

主要调查内容包括各类机动车总量、营运机动车总量、非营运机动车总量、进口机动车总量、个人机动车总量、新注册机动车数量、报废机动车数量等。一般运输管理部门、交警部门的数据相对详细。

（2）分类型机动车年运行公里数和百公里油耗调查

分类型机动车年运行公里数和百公里耗油量调查主要是通过对交通运输、道路运输管理部门及各类机动车检测站点进行调研，获取机动车辆总里程数、年检期限及耗油量数据等年检数据。分类型机动车年运行公里数和百公里油耗调查均采用简单随机抽样方法。

各类机动车年运行公里数的确定。根据分类型机动车总里程数、机动车年检期限计算得出各类型机动车年运行公里数。

机动车百公里油耗的确定。根据机动车总里程数耗油量数据及年检期限计算得出各类型机动车百公里油耗。

---

① 刘佳、余家燕、刘芮伶等：《重庆市主城区移动源排放清单建立与分布模拟》，《环境科学与技术》2018年第5期。

表 4 - 5　　　　　　　　化石燃料燃烧排放部分活动水平数据调查内容

序号	调查任务	调查内容	调查对象
1	钢铁行业分设备能源消费比例	开展高炉及其他设备能源消费量调查，推算本行业分设备分能源消费量比例。	核算区域内代表性企业
2	化工行业分设备能源消费比例	开展合成氨造气炉以及其他设备能源消费量调查，推算本行业分设备分能源消费量比例。	核算区域内代表性企业
3	建材行业分设备能源消费比例	开展水泥回转窑、水泥立窑以及其他设备能源消费量调查，推算本行业分设备分能源消费量比例。	核算区域内代表性企业
4	分类型机动车年运行公里数和机动车百公里耗油量	开展各类机动车年运行公里数以及各类机动车百公里耗油量抽样调查，估算移动源主要燃烧设备分能源品种消费情况。	核算区域内交通管理、车管所等部门
5	非交通营运部门用能情况	调查工业、建筑业、服务业、居民生活、农林牧渔业非交通营运部门汽油、柴油消费比例。	核算区域内相关部门

（二）排放因子调查

排放因子在碳排放的量化和核查中都起着至关重要的作用，会涉及多类排放因子的计算与选取。排放因子数据一般应通过实地测量来获得，其方式包括自行组织测量、委托第三方机构测量等，测量工作应遵循相关的标准方法规定。若使用其他相关方提供的数值时，应说明具体来源。

1. 分行业燃煤含碳量调查

燃煤单位热值含碳量的测量关键在于合理地抽取煤样。为了选取具有代表性的原始煤样，需要通过破碎、筛分、混合、缩分等操作，对燃煤进行样品制备。样品的制备应符合 GB474 要求[①]。具体测量标准应符合 GB/T 476—2008《煤中碳和氢的测定方法》。

2. 分行业设备燃煤碳氧化率调查

主要行业设备一般包括电力行业的发电锅炉、水泥行业的水泥回转窑、石灰行业的石灰窑、钢铁行业的高炉、化工行业的合成氨造气炉等。主要调查发电锅炉、水泥行业的水泥回转窑、石灰行业的石灰窑、钢铁行业的高炉、化工行业的合成氨造气炉等设备用煤量、排渣量、漏煤量、飞灰量及其含碳量。

设备燃煤碳氧化率可以通过以下计算公式得到：

① 韩立亭、皮中原、段云龙：《GB 474—2008 煤样的制备方法》，中国标准出版社 2008 年版。

碳氧化率 =（用煤量×煤炭含碳量 − 漏煤量×漏煤含碳量 − 排渣量×排渣含碳量 − 飞灰量×飞灰含碳量）/用煤量×煤炭含碳量。　　　　（式4 – 12）

专栏4 – 3　主要设备碳氧化率调研

不同液体燃烧设备的碳氧化率差异不大，各部门不同设备液体燃料（原油、燃料油、柴油、煤油等）的碳氧化率取值范围在98%—99%，气体燃料（包括焦炉煤气、天然气及其他气体等）的碳氧化率取值为99%，而煤炭等固体燃料的碳氧化率变化范围较大。为此，对某省主要耗能设备的碳氧化率参数进行调研，包括电力行业的发电锅炉、化工行业的合成氨造气炉等，获得相关样本数据，形成重点行业主要设备碳氧化率的实测数据。

主要设备碳氧化率可以通过以下方法计算得到：

发电锅炉或工业锅（窑）炉碳氧化率 =（用煤量×煤炭含碳量 − 漏煤量×漏煤含碳量 − 排渣量×排渣含碳量 − 飞灰量×飞灰含碳量）/用煤量×煤炭含碳量。

选取了某省13家企业开展调研。

1. 某省电力行业发电锅炉碳氧化率

通过计算，2010年、2011年、2012年、2013年、2014年某省发电行业发电锅炉平均碳氧化率分别为0.987、0.987、0.988、0.988、0.988，具体见表1。

表1　　　　　　　　电力行业发电锅炉碳氧化率

企业　＼　年份	2010	2011	2012	2013	2014
发电企业1	—	0.994	0.993	0.995	0.995
发电企业2	0.992	0.992	0.993	0.995	0.996
发电企业3	0.986	0.987	0.987	0.987	0.984
发电企业4	0.994	0.992	0.993	0.995	0.994
发电企业5	0.969	0.970	0.975	0.973	0.975
发电企业6	—	—	—	0.984	0.979
发电企业7	0.995	0.995	0.992	0.997	0.998
发电企业8	0.985	0.982	0.985	0.982	0.982
平均值	0.987	0.987	0.988	0.988	0.988

2. 某省化工行业合成氨造气炉碳氧化率

通过计算，2010 年、2011 年、2012 年、2013 年、2014 年某省化工行业合成氨造气炉平均碳氧化率分别为 0.952、0.945、0.943、0.940、0.952，具体见表 2。

表 2　　　　　　　　　　化工行业合成氨造气炉碳氧化率

企业＼年份	2010	2011	2012	2013	2014
化工企业 1	0.952	0.945	0.947	0.942	0.948
化工企业 2	—	—	0.938	0.938	0.955
平均值	0.952	0.945	0.943	0.940	0.952

第三节　生物质燃烧排放

一　核算公式

生物质燃烧排放的核算方法可参照化石燃料燃烧排放的核算方法。以生物质燃烧 CO_2 排放为例，对应的有三种核算方法。

方法 1。方法 1 是直接基于生物质燃料消耗量的计算方法，用分品种生物质燃料消耗量作为活动水平量，乘以分品种生物质燃料的排放因子。计算公式如下：

$$E_{CO_2} = \sum_i AD_i \times EF_i \qquad （式 4 - 13）$$

式中，E_{CO_2} 为 CO_2 排放量，单位为 t；AD_i 为生物质燃料消耗量，单位为 TJ；EF_i 为排放因子，单位为 tCO_2/TJ；i 为生物质燃料类型。其中生物质燃料消耗量以热值表示，需要通过将实物消耗量数据乘以折算系数获得。

方法 2。方法 2 是基于部门划分的计算方法。该方法考虑部门差异，将生物质燃料消耗分品种划分到不同部门，乘以各个部门生物质燃料平均排放因子得出分部门分燃料品种碳排放量。计算公式如下：

$$E_{CO_2} = \sum_i \sum_j \sum_k AD_{i,j,k} \times EF_{i,j,k} \qquad (式4-14)$$

式中，E_{CO_2} 为 CO_2 排放量，单位为 t；$AD_{i,j,k}$ 为生物质燃料消耗量，单位为 TJ；$EF_{i,j,k}$ 为排放因子，单位为 tCO_2/TJ；i 为生物质燃料类型，j 为部门活动，k 为设备类型。

涉及的燃烧设备包括利用生物质燃料的发电锅炉、工业锅炉、户用炉灶等。由于利用生物质燃料的发电锅炉、工业锅炉，在点火等环节可能存在掺烧化石燃料现象，因此，对该设备应分开核算化石燃料燃烧排放和生物质燃料燃烧排放。

方法3。方法3是基于详细技术的计算方法。

$$E_{CO_2} = \sum_i \sum_j \sum_k \sum_l AD_{i,j,k,l} \times EF_{i,j,k,l} \qquad (式4-15)$$

式中，E_{CO_2} 为 CO_2 排放量，单位为 t；$AD_{i,j,k,l}$ 为生物质燃料消耗量，单位为 TJ；$EF_{i,j,k,l}$ 为排放因子，单位为 tCO_2/TJ；i 为生物质燃料类型，j 为部门活动，k 为设备类型，l 为不同技术条件。

二　活动水平和排放因子确定

（一）活动水平数据确定

1. 活动水平数据范围

《省级温室气体排放清单编制指南（试行）》中主要包括秸秆、薪柴的热值，动物粪便、木炭、城市垃圾等生物质燃烧消耗量，生物质成型燃料的成分构成（例如玉米秸、麦秸的比例）等。

2. 数据获取

活动水平数据来源，一是相关统计资料。例如能源统计年鉴、农业统计年鉴、农村能源统计年鉴、林业年鉴等行业统计资料。二是相关生物质燃料企业的统计资料。三是通过问卷调查、专家咨询以及相关研究成果等。

（二）排放因子的确定

考虑到不同地区不同时间生物质燃料排放因子的具体情况差异较大，建议采用当地的实测因子。如实测实在困难，可参考《省级温室气体清单编制指南（试行）》或 IPCC 提供的缺省值，或者国内相关研究的部分测试数据。

第四节　煤炭开采和矿后活动逃逸

一　核算公式

（一）井工开采

方法 1 和方法 2 均为排放因子法。方法 1 和方法 2 的区别在于排放因子的选取，前者选取全球平均排放因子，依据具体国家情况从其范围值中选取，不确定性较大；后者选用国家或特定煤田的排放因子，提高了计算的准确性。[①]

$$E_{CH_4} = AD \times EF \qquad (\text{式} 4-16)$$

式中，E_{CH_4} 为井工开采 CH_4 排放量，单位为 kg；AD 为井工开采原煤产量，单位为 t；EF 为 CH_4 逃逸排放因子，指原煤产量 CH_4 逃逸排放因子，单位为 $m^3 CH_4/t$ 煤炭。

实际核算时，如果存在 CH_4 回收利用，应扣除回收利用量。同时可以将 CH_4 体积转换为 CH_4 质量。在 20℃、1 个大气压的常温常压条件下，CH_4 密度取值为 0.67×10^{-3} kg/m^3

方法 3 为实测法，即利用实测数据进行瓦斯排放量计算，具体过程是获得核算区域内各矿井的实测甲烷涌出量，利用各个矿井的实测甲烷涌出量，求和计算地区的甲烷排放量。该方法是较理想的碳排放计算方法，但需长期监测，而且监测过程不易实施。当矿井数量较多时，实施成本大。

我国煤矿产地分布广泛，各地区不同矿井瓦斯涌出量及涌出形式不同，因此各矿井 CH_4 排放量存在很大差异。在省级温室气体清单编制等核算实践中，如果核算区域内获得甲烷排放量实测数据较为困难，一般将煤矿分为国有重点、国有地方和乡镇（包括个体）煤矿三大类，应用方法 2，分别确定排放因子和产量，加总汇合得到总排放量。

（二）露天开采

与井工开采类似，露天开采过程 CH_4 排放核算有三种方法：方法 1 和方法 2 均为排放因子法。方法 1 和方法 2 的区别在于排放因子的选取，前者选取全球平均排放因子，后者选用国家或特定煤田的排放因子；方法 3 为实测法。

---

① 刘岩：《井工矿井煤炭开发中瓦斯排放量计算方法研究》，硕士学位论文，青岛理工大学，2015 年。

目前普遍采用方法 2，具体公式如下。

$$E_{CH_4} = AD \times EF \qquad (式 4 - 17)$$

式中，E_{CH_4} 为露天开采过程 CH_4 排放量，单位为 kg；AD 为露天开采原煤产量，单位为 t；EF 为露天开采原煤产量 CH_4 逃逸排放因子，单位为 $m^3 CH_4/t$ 煤炭。同时可以将 CH_4 体积转换为 CH_4 质量。

（三）矿后活动

井工开采和露天开采的矿后活动逃逸核算方法 1 和方法 2 均为排放因子法。方法 1 和方法 2 的区别在于排放因子的选取，前者选取全球平均排放因子，后者选用国家或特定煤田的排放因子。目前普遍采用方法 2，具体公式如下。

$$E_{CH_4} = AD \times EF \qquad (式 4 - 18)$$

式中，E_{CH_4} 为井工开采/露天开采过程 CH_4 排放量，单位为 kg；AD 为井工开采/露天开采原煤产量，单位为 t；EF 为井工开采/露天开采矿后活动 CH_4 逃逸排放因子，单位为 $m^3 CH_4/t$ 煤炭。同时可以将 CH_4 体积转换为 CH_4 质量。

二　活动水平和排放因子确定

（一）活动水平数据确定

1. 活动水平数据范围

考虑到各地煤层赋存条件差异，建议采用实测法，对甲烷逃逸排放量进行实测。实测法活动水平数据为区域内各个矿井甲烷排放量实测值和甲烷实际利用量。

非实测法需要的活动水平数据包括：不同类型煤矿的甲烷等级鉴定结果和分类型矿井的原煤产量、部分煤矿的实测煤矿甲烷排放量和抽放量、甲烷实际利用量等方面的数据。

2. 数据获取

国家层面数据来源包括《中国煤炭工业年鉴》《矿井瓦斯等级鉴定结果统计》。区域层面数据来源包括能源、经信部门掌握的煤矿统计资料以及重点煤矿统计资料等。必要时，可通过专家咨询、实地调查等方式，获得所需要的高/低甲烷矿井原煤产量、露天矿原煤产量等数据，或者实测的煤矿甲烷排放量、甲烷涌出量和抽放量、抽放甲烷利用量等数据。

（二）排放因子的确定

应用实测法时，实测的甲烷涌出量即为甲烷排放量，无须确定排放因子。

当无法获得井工开采、露天开采的实测数据时，则可以参考 IPCC 指南或者《省级温室气体清单编制指南（试行）》推荐的甲烷排放因子。

IPCC 指南井工开采 CH_4 排放因子低值为 $10m^3/t$，平均值为 $18m^3/t$，高值为 $25m^3/t$；露天开采 CH_4 排放因子低值为 $0.9m^3/t$，平均值为 $2.5m^3/t$，高值为 $4.0m^3/t$；井工开采矿后活动 CH_4 排放因子低值为 $0.3m^3/t$，平均值为 $1.2m^3/t$，高值为 $2.0m^3/t$。露天开采矿后活动 CH_4 排放因子低值为 $0.3m^3/t$，平均值为 $1.2m^3/t$，高值为 $2.0m^3/t$。

我国重点煤矿、地方煤矿和乡镇煤矿井工开采分别为 $8.37m^3/t$、$8.35m^3/t$ 和 $6.93m^3/t$；露天开采为 $2m^3/t$；高瓦斯矿、低瓦斯矿和露天矿矿后活动分别为 $3m^3/t$、$0.9m^3/t$ 和 $0.5m^3/t$。

专栏 4 - 4　煤炭开采逸散排放估算的相关方法学

目前，煤矿开采和矿后甲烷逃逸排放核算方法有排放因子法、实测法以及利用地质统计数据的地质统计方法，各方法的用途、适用条件不一样。

1. 排放因子法

IPCC 推荐方法。特点：数据较易获取，方法简单，易建立时间序列；排放因子对估算结果影响较大，不确定性较高，需要对排放因子进行分地域细化。使用范围：主要产煤国均将其用于国家碳排放核算。

2. 实测法

（1）地下、废弃煤矿实测通风抽放或者通道系统碳排放。数据较难获取，成本大，不易建立时间序列，需建立长期测量体系；估算结果精度高。主要用于矿井瓦斯等级鉴定和煤层气利用，辅助用于国家、区域碳排放核算。（2）露天煤矿面积或长度因子法、点位测量煤堆低温氧化逃逸量、遥感监测统计自燃逃逸量。测量过程不易实施，成本大。估算结果精度较高，但测量数据不具有普适性。适用于单个矿井或煤质逃逸核算。美国、澳大利亚、中国等将其辅助用于碳排放核算。

3. 地质统计法

构建与埋深、瓦斯含量等参数相关的地质统计模型，主要用于地下和露天煤矿瓦斯防治与利用，辅助用于矿井碳排放核算。数据需求量大，估算结果精度较高。适用于单个矿井瓦斯涌出预测或逃逸核算。

资料来源：杨永均、张绍良、侯湖平：《煤炭开采的温室气体逃逸排放估算研究》，《中国煤炭》2014 年第 1 期。

第五节　石油和天然气系统逃逸

一　核算公式

总体来讲，目前石油和天然气系统逃逸排放核算方法主要有三种。方法 1 是基于产量的排放因子法，方法 2 是质量平衡法，方法 3 是基于精确排放源的排放因子方法。

方法 1 的计算公式如下：

$$E_{CH_4} = AD \times EF \qquad (式4-19)$$

式中，E_{CH_4} 为油气系统 CH_4 逃逸排放总量，单位为 t；AD 为油气产量，单位为 t；EF 为油气系统 CH_4 逃逸排放因子，单位为 t CH_4/t 油气产量。

方法 2 采用质量平衡法计算石油系统的逃逸排放，必须考虑所有已生产气体和蒸气的去向。具体原理及相关公式可参照 IPCC 指南。

方法 3 的计算公式如下：

$$E_{CH_4} = \sum_i AD_i \times EF_i \qquad (式4-20)$$

式中，E_{CH_4} 为油气系统 CH_4 逃逸排放总量，单位为 t；AD_i 为设施 i 油气产量（处理量），单位为 t；EF_i 为设施 i 的 CH_4 逃逸排放因子，单位为 t CH_4/t 油气产量。

方法 1 是最简单的应用方法，但易受诸多不确定性的影响。方法 2 仅适用于石油系统。方法 3 基于设施，对排放源严格按照从下到上的评估计算，辅以计算临时和次要装置的排放。

二　活动水平和排放因子确定

（一）活动水平数据确定

1. 活动水平数据范围

用于方法 3 计算需要的数据包括油气系统基础设施的数量和种类等具体信息，如油气井、小型现场安装设备、主要生产和加工设备等数据。还收集油气产量、放空及火炬气体量、燃料气消耗量等生产活动水平数据，以及井喷和管线破损等事故排放量数据。

表 4 - 6   油气系统主要活动水平数据

分类	活动水平数据范围	单位
天然气系统	天然气产量	亿立方米
	（1）天然气开采环节	
	井口装置	个
	集气系统	个
	计量/配气站	个
	贮气总站	个
	（2）加工处理环节	
	处理量	亿立方米
	（3）天然气输送环节	
	输送量	亿立方米
	压气站/增压站	个
	计量设施	个
	管线（逆止阀）	个
	清管站	个
	（4）天然气民用消费环节	
	天然气民用消费总量	亿立方米
石油系统	（1）常规原油开采活动	
	井口装置	个
	单井储油装置	个
	接转站	个
	联合站	个
	（2）稠油开采环节	
	稠油开采装置	万吨
	（3）原油储运及输送环节	
	原油输送管道	亿吨
	成品油输送管道	亿吨
	（4）原油进口环节	
	储油罐	个
	（5）原油炼制加工环节	
	炼制加工	亿吨

　　资料来源：国家发展和改革委员会应对气候变化司：《2005 年中国温室气体清单研究》，中国环境出版社 2014 年版。

2. 数据获取

目前，有关活动水平数据获取途径，一是相关统计年鉴、行业协会统计资料，二是各大石油公司统计资料，同时可辅以相关学术资源检索、专业书籍和必要相关专家咨询、评估数据。

（二）排放因子的确定

油气系统逃逸排放的排放源分布极其分散，监测的难度大、成本高。而且其排放量在各国排放清单中的比例偏小。在加拿大、美国这样的油气生产大国，其排放比例在2%—7%之间，欧盟不到2%；很多国家甚至没有油气生产系统；全球比例不超过5%。因此，除美国、加拿大之外的国家很少在这方面倾注太多努力。[①] 石油和天然气系统逃逸的排放因子相关研究较缺乏。《2005中国温室气体排放清单研究》在参考 IPCC 指南、《省级温室气体排放清单编制指南（试行）》基础上，给出了相关数据，如表4-7所示。

表4-7　　　　　　　　　石油和天然气系统逃逸排放因子

分类	数据范围	设施/设备排放因子	
		设施渗漏	工艺排空
天然气系统	（1）天然气开采环节		
	井口装置	2.50（t/a 个）	—
	集气系统	27.90（t/a 个）	23.6（t/a 个）
	计量/配气站	8.47（t/a 个）	—
	贮气总站	58.37（t/a 个）	10.00（t/a 个）
	（2）加工处理环节	403.41（t/10 亿 m³）	138.33（t/10 亿 m³）
	（3）天然气输送环节	367（t/10 亿 m³）	283（t/10 亿 m³）
	压气站/增压站	85.05（t/a 个）	10.05（t/a 个）
	计量设施	31.50（t/a 个）	13.52（t/a 个）
	管线（逆止阀）	0.85（t/a 个）	5.49（t/a 个）
	清管站	0	0.001（t/a 个）
	（4）天然气民用消费环节		
	天然气民用消费总量	133（t/10 亿 m³）	

[①] 朱松丽、蔡博峰、朱建华、高庆先等：《IPCC 国家温室气体清单指南精细化的主要内容和启示》，《气候变化研究进展》2018 年第 1 期。

续表

分类	数据范围	设施/设备排放因子	
		设施渗漏	工艺排空
石油系统	（1）常规原油开采活动		
	井口装置	0.23（t/a 个）	—
	单井储油装置	0.38（t/a 个）	0.22（t/a 个）
	接转站	0.18（t/a 个）	0.11（t/a 个）
	联合站	1.40（t/a 个）	0.45（t/a 个）
	（2）稠油开采环节		
	稠油开采装置	14.31（t/万 t）	
	（3）原油储运及输送环节		
	原油输送管道	753.29（t/亿 t）	
	成品油输送管道	—	—
	（4）原油进口环节		
	储油罐	0.38（t/a 个）	0.22（t/a 个）
	（5）原油炼制加工环节		
	炼制加工	5000（t/亿 t）	—

资料来源：国家发展和改革委员会应对气候变化司：《2005 年中国温室气体清单研究》，中国环境出版社 2014 年版。

第六节　电力、热力调入调出所产生的排放

一　核算公式

净购入的生产用电力、热力（如蒸汽）隐含产生的 CO_2 排放量按以下公式计算：

$$E_{CO_2}, = AD \times EF \qquad\qquad （式 4-21）$$

式中，E_{CO_2}, 为净购入电力（热力）隐含产生的 CO_2 排放量，单位为吨（$t\ CO_2$）。AD 为电力（热力）净消耗量，单位为兆瓦时（百万千焦）。EF 为电力（热力）的 CO_2 排放因子，电力和热力 CO_2 排放因子单位分别为吨 CO_2/兆瓦时（$t\ CO_2/MWh$）和吨 CO_2/百万千焦（$t\ CO_2/GJ$）。

二 活动水平和排放因子确定

（一）活动水平数据确定

1. 活动水平数据范围

活动水平数据包括核算区域的电力、热力净消耗量。因此需要根据核算区域内电力、热力调入调出量计算得到。

2. 数据获取

根据不同核算区域，电力消费活动水平数据的确定方法不同。一般省、市电力活动水平数据即调入或调出电量数据可以从各省、市能源平衡表或电力平衡表获得。企业、产品等隐含电力排放活动水平数据需要根据企业生产报表和生产工艺等进行核实、计算。

（二）排放因子的确定

1. 电力排放因子

电力排放因子主要取决于核算区域所在的电网情况。但是我国不同电网之间存在相互电力调入和调出。例如华中电网向华东电网调出电力，同时也会从西北电网调入电力。因此清晰、准确地确定区域电网排放因子十分关键。目前，相关研究机构和学者考虑不同区域电网发电能源结构以及电网间相互电力调入调出情况，从不同角度对我国区域电网排放因子计算方法和结果进行了研究。[①]

为规范地区、行业、企业及其他单位核实电力消费所隐含的 CO_2 排放，国家发展和改革委员会组织国家应对气候变化战略研究和国际合作中心研究确定了中国区域电网的 2011 年和 2012 年中国区域及省级电网平均 CO_2 排放因子，其区域电网覆盖范围划分比较符合我国实际。

表 4 - 8   2011 年和 2012 年中国区域电网平均 CO_2 排放因子（kgCO₂/kWh）

电网名称	覆盖的地理范围	2011	2012
华北区域电网	北京市、天津市、河北省、山西省、山东省、蒙西（除赤峰、通辽、呼伦贝尔和兴安盟外的内蒙古其他地区）	0.8967	0.8843

① 付坤、齐绍洲：《中国省级电力碳排放责任核算方法及应用》，《中国人口·资源与环境》2014 年第 4 期。

续表

电网名称	覆盖的地理范围	2011	2012
东北区域电网	辽宁省、吉林省、黑龙江省、蒙东（赤峰、通辽、呼伦贝尔和兴安盟）	0.8189	0.7769
华东区域电网	上海市、江苏省、浙江省、安徽省、福建省	0.7129	0.7035
华中区域电网	河南省、湖北省、湖南省、江西省、四川省、重庆市	0.5955	0.5257
西北区域电网	陕西省、甘肃省、青海省、宁夏自治区、新疆自治区	0.6860	0.6671
南方区域电网	广东省、广西自治区、云南省、贵州省、海南省	0.5748	0.5271

资料来源：国家发展和改革委员会网站。

2. 热力潜在 CO_2 排放因子

由于有关部门发布的外购热力排放因子数据不全，部分地区发布的以热量为基准的排放因子数据缺乏通用性，[①] 使得不同机构对外购热力导致的间接排放因子的核算结果差异很大。《上海市温室气体排放核算与报告指南》规定上海市外购热力排放因子数据为 $0.11tCO_2/GJ$。世界资源研究所通过对《中国能源统计年鉴》相关年度数据的收集整理，给出了我国不同省、市、自治区 2006—2009 年的外购热力排放因子，不同地区外购热力的排放因子在 0.110—$0.180tCO_2/GJ$ 之间。国家发展和改革委员会在企业温室气体排放报告相关标准规定热力供应的 CO_2 排放因子暂按 $0.11tCO_2/GJ$。

专栏 4-5　某省能源活动领域温室气体清单编制

第一部分　化石燃料燃烧温室气体排放清单编制

一　排放源界定

根据《省级温室气体清单编制指南（试行）》（以下简称《指南（试行）》）的要求，某省化石燃料燃烧温室气体排放源界定为全省境内不同燃烧设备燃烧不同化石燃料的活动和过程，排放的温室气体主要包括二氧化碳、甲烷和氧化亚氮。具体包括静止源的二氧化碳排放、移动源的二氧化

[①]　胡永飞、张海滨：《外购热力导致的间接温室气体排放量计算方法》，《中外能源》2014 年第 3 期。

碳、甲烷和氧化亚氮排放、电力和热力部门的氧化亚氮排放，其中能源工业、制造业和交通运输部门还要进行更详细的部门划分。国际航空航海等国际燃料舱的化石燃料燃烧活动所排放的温室气体不计算在某省境内，而火力发电厂的化石燃料燃烧排放应该计算在电厂所在地，尽管其生产的电力并不一定在本地消费。同时，为了保证清单的完整性，对化石燃料的非能源利用排放也将进行计算。

二　二氧化碳排放量计算

（一）部门法编制二氧化碳清单的过程和结果

1. 编制方法说明

（1）化石燃料燃烧二氧化碳排放计算方法

某省化石燃料燃烧二氧化碳排放量计算方法采用《指南（试行）》推荐的方法，即以详细技术为基础的部门方法。该方法基于分部门、分燃料品种、分设备的燃料消费量等活动水平数据以及相应的排放因子等参数，通过逐层累加综合计算得到总排放量。

①部门分类

按照所在的行业、产业将排放源划分为：能源生产与加工转换；工业和建筑部门；交通运输部门；服务部门（第三产业中扣除交通运输部分）及其他部门；居民生活部门；农业部门。其中工业部门进一步细分为钢铁、有色金属、化工、建材和其他工业行业等，交通运输部门进一步细分为民航、公路、铁路、水运等。从部门来看，能源生产与加工转换中的电力生产过程所燃烧化石燃料需要核算二氧化碳和氮氧化物等两种温室气体，交通运输部门所燃烧的化石燃料需要核算二氧化碳、甲烷和氧化亚氮等三种温室气体，其他部门仅需要核算二氧化碳一种温室气体。

②设备分类

按照设备（技术）的不同将排放源划分为静止源燃烧设备和移动源燃烧设备两大类。其中静止源燃烧设备主要包括：发电锅炉、工业锅炉、工业窑炉、户用炉灶、农用机械、发电内燃机、其他设备等；移动源燃烧设备主要包括：各类型航空器、公路运输车辆、铁路运输车辆和船舶运输机具等。从设备来看，电厂发电锅炉需要核算二氧化碳和氧化亚氮等两种温室气体，移动排放源设备需要核算二氧化碳、甲烷和氧化亚氮等三种温室气体，其他设备仅需要核算二氧化碳一种温室气体。

③燃料分类

按照燃料品种的不同将排放源划分为固体、液体和气体等三类燃料。其中固体燃料分为无烟煤、烟煤、炼焦煤、褐煤、洗精煤、其他洗煤、焦炭、型煤等；液体燃料分为原油、汽油、柴油、煤油、喷气煤油、其他煤油、燃料油、液化石油气、炼厂干气、其他油品等；气体燃料分为天然气、焦炉煤气、其他煤气等。从燃料品种来看，电厂的燃煤、燃油和燃气发电锅炉需要核算二氧化碳和氧化亚氮等两种温室气体，交通运输部门的汽油和柴油内燃机需要核算二氧化碳、甲烷和氧化亚氮等三种气体，其他部门的燃料仅需要核算二氧化碳一种温室气体。

在核算过程中，活动水平和排放因子是需要收集计算的核心基础数据。具体核算步骤如下：

步骤1：确定清单采用的技术分类，基于某省能源平衡表及分行业、分品种终端能源消费量，确定分部门、分品种主要设备的燃料燃烧量，并扣除化石燃料非能源利用量。

步骤2：基于设备的燃烧特点，确定分部门、分品种主要设备相应的排放因子数据。对于二氧化碳排放因子，也可以基于各种燃料品种的低位发热量、含碳量以及主要燃烧设备的碳氧化率确定。

步骤3：根据分部门、分燃料品种、分设备的活动水平与排放因子数据，估算每种主要能源活动设备的温室气体排放量。

步骤4：加总计算出化石燃料燃烧的温室气体排放量。

（2）化石燃料的非能源利用二氧化碳排放计算方法

除了作为能源被直接燃烧之外，化石燃料也被用于原料、还原剂或直接用作非能源产品等非能源使用目的，根据《2006 年 IPCC 国家温室气体清单指南》，化石燃料的非能源利用具有固碳作用，但固碳率并不总是等于 1，因此化石燃料的非能源利用也会产生 CO_2 排放。为了保持能源活动排放清单的完整性，本次清单编制也对化石燃料的非能源利用碳排放进行计算。

根据《2005年中国温室气体清单研究》，化石燃料的非能源利用 CO_2 排放量估算采用类似于参考方法的固碳量计算方法。其计算公式如下：

化石燃料非能源利用 CO_2 排放量＝化石燃料的非能源利用量（热量单位）×燃料的单位热值含碳量×（1－固碳率）÷12×44

其中：化石燃料的非能源利用量主要包括能源平衡表工业部门终端消费中"用于原料、材料"量（不包括天然气）和建筑业中"其他石油制品"消费量。固碳率是指各种化石燃料在作为非能源使用过程中，被固定下来的碳的比率。

2. 活动水平数据的处理和确定

（1）2005年化石能源消费简况

根据《某省统计年鉴2006》，2005年某省能源消费总量约为6506万吨标准煤（以等价热值计）。煤炭占能源消费总量的89.35%，石油占能源消费总量的10.48%，天然气占能源消费总量的0.17%，可见煤炭是某省能源消费的主要化石燃料，也是能源活动温室气体排放的主要来源。

煤炭实物消费量为7515.44万吨，煤炭主要消费部门为工业和能源生产转换两大领域，分别占煤炭总消费量的45.5%和45%，居民生活占7.9%，服务业及其他占1.1%，农林牧渔业占0.5%。

石油消费量为436.91万吨，石油主要消费部门为交通运输业，占石油消费总量的57%，其中能源生产转换占19.1%，工业和建筑业占11.5%，居民生活占6.4%，农林牧渔业占5.9%，服务业及其他占0.1%。

天然气消费量为0.45亿立方米，天然气消费全部集中在工业和建筑业部门。

应用详细技术为基础的部门方法估算化石燃料燃烧温室气体排放量时，需要收集分部门分品种的能源活动的基础数据。工业等固定源活动水平基础数据主要来自某省统计局提供的2005年某省能源平衡表、分行业分品种能源终端消费表、工业领域用于原材料和运输工具的能源消费表、分行业能源加工转换投入产出表等。交通运输等移动源活动水平基础数据主要来源于统计部门和交通部门提供的统计数据。

这些基础数据需要通过一系列处理转化为清单编制所需要的活动水平

数据。数据处理包括对移动源活动水平的整合、终端能源消费数据处理、发电和供热能源消费数据处理、原煤重新分类等环节。经过处理的各部门终端能源消费量和各部门发电、供热能源消费量分别相加即为各部门的活动水平数据。以下各部分是对这些处理过程的说明。

（2）移动源活动水平数据来源

《指南（试行）》所指的交通运输泛指所有借助交通工具的客货运输活动，而某省能源统计体系中交通运输部门一般只包含交通营运部门的能源消费量，大量的社会交通用能统计在居民部门、商业部门和工业部门，为了比较全面反映我省全社会交通运输的能源消耗和排放情况，需要收集相关数据，对交通用能进行整合和处理，包括对汽柴油消费量在部门间进行重新调整，以及国际航空和航海煤油和柴油消费量的单列，从而确定交通运输部门的活动水平。

①航空运输

2005年某省拥有三个民航机场，开通63条航线，其中57条国内航线，完成旅客周转量238451万人公里，货（邮）周转量3661万吨公里。某省航空运输部门喷气煤油总消费量数据来自统计部门。由于统计基础薄弱，无法直接获取不同类型航班的燃料活动水平数据。经交通运输部门的若干专家估算出2005年不同类型航班喷气煤油的百分比，从而计算得到不同类型航班的燃料活动水平数据。

②铁路运输

2005年某省铁路营业里程2353公里，完成旅客周转量3008651万人公里，货物周转量8837574万吨公里。通过调研得知，2005年某省境内燃煤蒸汽机车基本淘汰，铁路牵引动力以内燃机车为主。

由于统计部门提供的分行业分品种能源终端消费表中铁路运输业没有柴油消费数据统计，和其他相关部门联系也无法获取相关数据。本清单内燃机车的能源消费量通过某省铁路客货周转量占所属铁路局客货周转量的比重进行估算得到，数据来源于《中国铁道年鉴2006》和《某省统计年鉴2006》。内燃机车消耗柴油38.88万吨。为了保持柴油消费总量的平衡，将从其他相关部门抽取这一部分柴油消费量，同时将铁路运输业原煤消费量归并到服务业消费量中。

③水路运输

2005 年某省内河航道通航里程有 5587 公里，居全国第八位，完成旅客周转量 3093 万人公里，货物周转量 2596868 万吨公里。拥有各类民用运输船舶 33372 艘，其中机动船 30439 艘，驳船 2933 艘。

水路运输部门 2005 年不同船舶类型的燃料活动水平数据由某省地方海事局统计提供，其中无国际航运船舶能源消费量。经计算，内河近海内燃机消耗柴油 57.53 万吨。由于某省统计部门提供的能源终端消费量中，水上运输业无柴油消费统计，为了保持柴油消费总量的平衡，将从其他相关部门抽取这一部分柴油消费量。

④公路交通

2005 年某省公路总里程达 72807 公里，其中高速公路 1501 公里，完成公路旅客周转量 4812462 万人公里，货物周转量 4226699 万吨公里。各类型机动车保有量达到约 352.35 万辆，数据来自交通管理部门。

根据《指南（试行）》要求，公路交通运输部门能源消费量除了能源统计中道路交通运输业汽、柴油消费量，还需要从工业、服务业、建筑业、居民生活、农林牧渔业等其他行业按一定比例抽取。具体过程和结果详见下文"非交通营运部门移动源活动水平处理"部分。

（3）部门的整合

根据《指南（试行）》编制要求，需要将国家统计工业行业分类按照表 1 的对应关系进行重新拆分与合并，形成所需的能源活动水平部门分类。石油加工、炼焦及核燃料加工业需要拆分为原油加工及石油制品制造、人造原油生产、炼焦和核燃料加工等行业。其中某省没有人造原油生产和核燃料加工业。根据省统计部门专家的意见，将石油加工、炼焦及核燃料加工业能源消费量按照 4:1 划分到石油加工及石油制品制造业和炼焦业。同时，将交通运输储运业和邮政业中的道路交通、铁路交通、水路交通和航空运输用能剥离出来，将剩余部分与批发、零售业，住宿、餐饮业合并为服务业。

将某省统计部门提供的分行业终端能源消费量按上述分类拆分加总后即得到各部门活动水平数据。

表1	活动水平数据部门分类与国家工业行业分类对应关系
活动水平数据部门分类	国家工业行业分类
公用电力与热力部门	电力、热力的生产和供应业
石油天然气开采与加工业	石油和天然气开采业原油加工及石油制品制造 人造原油生产
固体燃料和其他能源工业	煤炭开采和洗选业 炼焦 燃气生产和供应业 核燃料加工
钢铁工业	黑色金属矿采选业 黑色金属冶炼及压延加工
有色金属	有色金属矿采选业 有色金属冶炼及压延加工
化学工业	化学原料及化学制品制造业 橡胶制品业
建筑材料	非金属矿采选业 非金属矿物制品业
建筑业	建筑业
其他工业部门	国家工业行业分类中上述分类之外的分类

（4）扣除非能源利用量

非能源利用量主要指工业部门能源消费中用于原料、材料量（不包括天然气）和建筑业中"其他石油制品"消费量。将2005年非能源利用从工业各部门的终端消费量中扣除。

（5）非交通营运部门移动源活动水平处理

根据《指南（试行）》要求，由于非交通营运部门能源统计中包含大量交通用能，需要从交通运输部门以外的部门行业抽取汽油和柴油的活动水平，归并到交通运输部门。参照省统计部门规模以上工业企业运输工具汽油、柴油消费量占总消费量的比重，确定工业各行业需要抽取的交通运输用能。参考国家2005年温室气体清单的抽取比例和行业专家估算，汽油从居民生活抽取99%，服务业抽取98%，农林牧渔业抽取80%，建筑抽取 70%。柴油从居民生活抽取 99%，服务业抽取 98%，农林牧渔业抽取 50%，建筑业抽取 40%。最终得到公路交通的汽油和柴油消费量，分别占汽油和柴油终端消费总量的 93.0% 和 29.6%。根据《指南（试行）》要求，组织交通领域专家对不同类型机动车的汽油和柴油消费比重进行了划分，由此计算得到不同类型机动车的能源消费量。

经以上对终端能源消费数据的处理形成分部门分品种终端能源活动水平数据。

（6）分部门分设备能源消费量计算

首先根据某省统计部门提供的分行业火力发电和供热投入产出表，将能源平衡表中的发电和供热能源总投入量分解到能源生产与加工转换部门和终端各行业，与前面的分部门分品种终端能源活动水平数据整合建立分部门的发电锅炉、供热锅炉和其他设备三类活动水平数据。

根据《指南（试行）》要求，还需要从钢铁、有色、化工及建材等行业的其他设备能源消费量中分解出高炉、氧化铝回转窑、合成氨造气炉、水泥回转窑、水泥立窑等工业窑炉的能源消费量。经调研发现，统计部门及行业协会等对 2005 年电力与热力、钢铁、有色、化工及建材等行业主要耗能设备能源消费量没有进行相应的统计或记录。同时得知某省有色金属行业以铜冶炼为主，没有铝冶炼行业，所以也就没有氧化铝回转窑。

开始阶段，清单编制组从某省"万家企业节能低碳行动"名单选取了 2010 年各大行业综合能源消费量前 10 位的企业进行了调研和问卷调查，但是问卷反馈结果不理想，数据不能满足清单编制要求，无法计算得到主要耗能设备的能源消费比例。后来借鉴其他省市的编制经验，从某省环保厅获取了 2007 年某省污染源普查的相关数据，该普查数据包含了某省各行业工业企业的所有锅炉和窑炉的能源消费信息，可信度较高。通过数据整理得到钢铁、化工和建材等行业中高炉、合成氨造气炉、水泥窑的原煤消费量占行业总消费量的比重分别为 31.5%、5.4%、79.2%。以此来推算 2005 年某省钢铁、化工和建材等行业中高炉、合成氨造气炉、水泥窑的原煤消费量。

（7）煤炭品种重新分类

某省 2005 年的能源消费统计中，煤炭按照原煤、洗精煤和其他洗煤分类，并没有按照无烟煤、烟煤、炼焦煤、褐煤统计，考虑到不同煤种的热值和含碳量差别较大，根据《指南（试行）》要求，需要将统计中的原煤消费量拆分为无烟煤、烟煤和褐煤。通过调研得知，2005年某省以烟煤消费为主，有少量无烟煤消费，基本没有褐煤消费，因此以下主要将原煤拆分为无烟煤和烟煤。

原煤拆分一方面主要参考了某省统计部门提供的2010年各行业无烟煤、烟煤的消费比例。另一方面根据各工业部门燃煤设备对煤种的工艺需求，如造气炉消费无烟煤、水泥立窑消费无烟煤、水泥回转窑消费烟煤，对原煤拆分比例进行适当调整。服务业、居民生活、农林牧渔业的原煤拆分比例主要参考了2005年国家能源活动温室气体清单。

（8）电煤及其他原煤热值的确定

根据《指南（试行）》要求，在化石燃料燃烧温室气体清单编制过程中，需要将以实物量表示的活动水平数据转换成热值数据。气体和液体燃料热值相对比较稳定，固体燃料的热值波动较大，对清单计算结果有重大影响。某省能源消费以烟煤为主，占能源消费总量的78%左右，其中公用电力和建材行业的烟煤消费比例最大，分别占60%和10%左右。因此，需要准确地确定反映某省实际的电力、建材等主要行业的烟煤热值，这对于降低清单的不确定性具有重大意义。

清单编制组委托某省煤炭质量监督检验机构，基于其2005年煤炭检测样本数据，对某省电力、石化、建材等重点行业的烟煤煤质数据进行了分析研究。根据专家意见，决定采用这些煤质数据。

（9）最终确定的分部门、分主要设备活动水平数据

经过以上环节的处理后，得到某省2005年分部门、分燃料品种、分主要设备的化石燃料燃烧活动水平数据。根据《指南（试行）》要求，活动水平要用热值单位表示。除电力、石化、建材行业的烟煤热值，其他部门的各化石燃料的平均低位发热量都采用国家2005年温室气体清单的数据。由此计算得到以热值表示的活动水平数据。

3. 排放因子的确定

排放因子主要由两部分构成，分别是分部门、分燃料品种的潜在排放

因子和分部门、分设备不同燃料品种的碳氧化率。

（1）分部门、分煤种潜在排放因子

燃料的潜在排放因子即燃料含碳量，化石燃料温室气体清单中对燃料含碳量的定义为"单位热值（TJ）燃料所含碳元素的质量（tC）"，本清单中电力、石化、建材行业烟煤的潜在排放因子采用某省煤炭质量监督检验站提供的数据。其他部门、分煤种潜在排放因子采用《指南（试行）》的推荐值。

（2）分部门、分设备碳氧化率数据

考虑到不同油气燃烧设备的碳氧化率差异不大，对于各部门不同设备油品（原油、燃料油、柴油、煤油等）碳氧化率取值为98%，气体燃料（包括焦炉煤气、天然气及其他气体等）的碳氧化率取值为99%，对于煤炭等固体燃料的碳氧化率，清单编制组组织了多个调研组对某省五大行业的重点企业和某省电力科学研究院、某省特种设备检测院等相关研究院所进行了专题调研，与企业和行业专家进行了充分沟通和讨论，虽然无法获取有效的样本数据，但一致认为某省重点行业的主要设备的碳氧化率达到了全国平均水平，部分领域甚至更高。因此，本清单基本采用了《指南（试行）》的推荐值和国家2005年温室气体清单数据，部分数据根据实际进行了调整。

（3）最终确定的实际排放因子

由已确定的潜在排放因子乘以碳氧化率数据即获得分部门、分燃料品种、分主要设备的实际排放因子。

4. 采用化石燃料燃烧活动部门的二氧化碳排放计算结果

根据上述活动水平数据乘以排放因子得到分部门、分燃料品种、分主要设备化石燃料燃烧二氧化碳排放量，其中航空国际燃料舱二氧化碳排放量单列。

5. 电力调入调出二氧化碳间接排放量核算

根据《指南（试行）》要求，需要核算某省由电力调入调出所带来的二氧化碳间接排放量。具体核算方法可以利用某省境内电力调入或调出电量乘以所在区域电网供电平均排放因子，由此得到该省由于电力调入或调出所带来的所有间接二氧化碳排放。计算公式如下：

电力调入（出）二氧化碳间接排放＝调入（出）电量×区域电网供电平均排放因子

其中调入或调出电量数据从某省能源平衡表获得。调入电力的排放因子应当按照调入电量所属区域电网的平均供电排放因子，由于能源平衡表中无法对此区分，且某省电力调入量很小，故在核算时调入、调出电量均采用 2005 年某省所属区域电网平均供电排放因子 0.928 千克/千瓦时。

（二）参考方法对二氧化碳排放清单编制过程和结果

省级能源活动二氧化碳排放量也可以采用参考方法进行检验（也称 IPCC 方法 1），参考方法是基于各种化石燃料的表观消费量，与各种燃料品种的单位发热量、含碳量，以及燃烧各种燃料的主要设备的平均氧化率，并扣除化石燃料非能源用途的固碳量等参数综合计算得到的。具体方法可参考《指南（试行）》。

第二部分　生物质燃烧温室气体排放清单编制

一　排放源界定

根据《指南（试行）》要求，在考虑生物质燃料生产与消费的总体平衡时，其燃烧所产生的二氧化碳与生长过程中光合作用所吸收的碳两者基本抵消，不需要进行温室气体核算，某省生物质燃料燃烧需要核算和报告的温室气体为甲烷和氧化亚氮的排放量。某省生物质燃料主要是农村居民生活消费的秸秆和薪柴，其中秸秆以水稻、小麦、玉米、油菜等秸秆为主，主要燃烧设备为传统灶和省柴灶。木炭由于缺乏相关统计资料，而且燃烧量相对较小，暂不考虑。人畜和动物粪便燃烧量极少，忽略不计。

二　清单编制方法

考虑到生物质燃料燃烧的甲烷和氧化亚氮排放与燃料种类、燃烧技术与设备类型等因素紧密相关，生物质燃料燃烧温室气体清单编制采用《指南》推荐的设备法。

三　活动水平数据

2005 年某省秸秆、薪柴总消费量数据来源于《中国能源统计年鉴 2006》，对于分设备的秸秆和薪柴消费量，由于没有相关统计资料，按照某省农村能源专家估算，按2005年省柴灶70%、传统灶30%的比例对秸秆和薪柴燃烧量进行划分。

四　排放因子数据

由于实测排放因子获取难度较大，因此采用《指南（试行）》推荐的排放因子。

五　生物质燃烧温室气体排放清单

根据2005年某省生物质燃烧活动水平数据和排放因子数据，计算得出生物质燃烧甲烷排放量和氧化亚氮排放量。从燃料品种看，其中秸秆的甲烷排放量占甲烷总排放量的88.6%，薪柴占11.4%；秸秆的氧化亚氮排放量占氧化亚氮总排放量的89.5%，薪柴占10.5%。从燃烧设备看，省柴灶的甲烷排放量占甲烷总排放量的80%，传统灶占20%。

第三部分　煤炭开采和矿后活动甲烷排放清单编制

一　排放源界定

某省煤炭开采和矿后活动的甲烷排放源主要分为井工开采和矿后活动，无露天开采。井工开采过程排放是指在煤炭井下采掘过程中，煤层甲烷伴随着煤层开采不断涌入煤矿巷道和采掘空间，并通过通风、抽气系统排放到大气中形成的甲烷排放。矿后活动排放是指煤炭加工、运输和使用过程，即煤炭的洗选、储存、运输及燃烧前的粉碎等过程中产生的甲烷排放。此外近年来煤层气抽放利用的规模不断扩大，需要从逃逸总量中扣除。

二　清单编制方法

某省煤炭开采甲烷逃逸排放量采用方法为：煤矿分为国有重点、国有地方和乡镇（包括个体）煤矿三大类，分别根据排放因子和2005年产量计算排放量，三类排放量加总汇合得到总排放量。

矿后活动甲烷逃逸排放量是将煤矿分为低瓦斯、高瓦斯两大类，分别确定排放因子和产量，加总汇合得到总排放量。

三　活动水平数据

（一）煤炭开采基本情况

某省是煤炭大省，煤炭资源丰富。全省含煤面积1.8万平方公里，现已探明煤炭保有储量529亿吨，99%集中在两大煤田。2005年，某省共有各类煤矿295个，原煤总产量达到7836.01万吨，其中烟煤占原煤生产总量的92%左右，无烟煤约占原煤生产总量的8%，无褐煤生产。

（二）各类矿井煤炭产量

2005年某省不同类型矿井煤炭产量数据来源于该省经信主管部门。

（三）甲烷抽放和利用数量

某省煤矿开采条件复杂，瓦斯威胁尤为突出。为了加大瓦斯治理力度，2005年，全省国有重点煤矿初步建立起以地面钻孔抽放为主的瓦斯抽放系统。

四 排放因子数据

（一）井工开采甲烷逃逸排放因子

井工开采甲烷逃逸排放因子采用《指南（试行）》推荐值。重点煤矿、地方煤矿和乡镇煤矿井工开采排放因子分别为8.37立方米/吨、8.35立方米/吨和6.93立方米/吨。

（二）矿后活动

井工开采煤炭矿后活动排放因子采用《指南（试行）》推荐值，高瓦斯矿、低瓦斯矿矿后活动分别为3立方米/吨和0.9立方米/吨。

五 煤炭开采甲烷逃逸排放清单

通过加总各类型煤矿井工开采和矿后活动甲烷逃逸排放量，并扣除利用量，得到2005年某省煤炭开采和矿后活动甲烷逃逸排放量。井工开采为煤炭逃逸排放的关键排放源，不考虑利用量，其排放量占总排放量的75.5%；矿后活动占24.5%。

第四部分 油气系统甲烷逃逸排放清单编制

一 排放源界定

石油和天然气系统甲烷逃逸排放是指油气从勘探开发到消费的全过程的甲烷排放，主要包括钻井、天然气开采、天然气的加工处理、天然气的输送、原油开采、原油输送、石油炼制、油气消费等活动，其中常规原油中伴生的天然气，随着开采活动也会产生甲烷的逃逸排放。某省没有石油、天然气的开采活动，油气系统逃逸排放源涉及的设施主要包括：天然气输送的加压站、注入站、计量站和调节站、阀门等附属设施，天然气集输、加工处理和分销使用的储气罐、处理罐、储液罐和火炬设施等，石油炼制装置，油气的终端消费设施等。

二　清单编制方法

省级石油和天然气系统甲烷逃逸排放估算方法，主要基于所收集到的以下表征活动水平的数据：一是油气系统基础设施（如油气井、小型现场安装设备、主要生产和加工设备等）的数量和种类的详细清单；二是生产活动水平（如油气产量；放空及火炬气体量；燃料气消耗量等）；三是事故排放量（如井喷和管线破损等）；四是典型设计和操作活动及其对整体排放控制的影响，再根据合适的排放因子确定各个设施及活动的实际排放量，最后把上述排放量汇总得到总排放量。

三　活动水平数据

某省石油和天然气系统甲烷逃逸排放清单编制需要的活动水平数据主要包括油气输送、加工等各个环节的设备数量或活动水平（例如天然气加工处理量、原油运输量等）数据。活动水平数据主要来源于某省能源管理部门。

四　排放因子数据

某省油气系统排放因子采用《指南（试行）》推荐值。

五　油气系统甲烷逃逸排放清单

根据活动水平和排放因子数据汇总计算得到 2005 年石油和天然气系统逃逸温室气体排放量。

延伸阅读

1. 国家发展和改革委员会应对气候变化司：《省级温室气体清单编制指南（试行）》，2011 年。

2. 国家发展和改革委员会应对气候变化司：《2005 中国温室气体清单研究》，中国环境出版社 2014 年版。

3. 政府间气候变化专门委员会（IPCC）：《2006 年 IPCC 国家温室气体清单指南》，2006 年。

4. 不同发电能源温室气体排放关键问题研究项目组：《中国不同发电能源

的温室气体排放》，中国原子能出版社 2015 年版。

练习题

1. 能源活动碳排放涉及哪些方面？具体的排放环节是什么？

2. 试论省级能源碳排放核算与行业企业能源碳排放核算的异同。

3. 为开展本省能源活动碳排放核算，需开展哪些活动水平数据和排放因子参数调查？

4. 某电力企业主要能源品种为烟煤，其月度烟煤消耗量及低位热值检测数据如表所示，试计算该年电力企业能源活动所产生的碳排放。（相关参数可采用省级温室气体排放编制指南提供的缺省值）

烟煤消耗量　　　　　　　　　　　　　　（单位：吨）

月份	1#机组	2#机组
1	99903	101596
2	131588	87797
3	18855	151772
4	132780	50354
5	140120	0
6	136851	72648
7	137300	111049
8	120769	130139
9	20960	80838
10	127114	18737
11	127285	89775
12	134005	134195

烟煤检测参数

月份	1#低位发热量（GJ/t）	2#低位发热量（GJ/t）
1	20.606	20.607
2	20.500	20.498
3	21.067	21.069
4	20.465	20.467
5	20.762	—
6	20.142	20.145
7	20.452	20.453
8	19.890	19.891
9	20.105	20.004
10	19.185	19.183
11	20.368	20.365
12	20.457	20.457

第 五 章

工业生产过程碳排放核算

　　工业生产过程碳排放指的是工业企业的原材料在工业生产加工过程中除燃料燃烧之外的物理或化学变化造成的温室气体排放。根据 IPCC 清单编写指南和 IPCC 清单编制中的良好做法和不确定性管理指南，以及国家发展和改革委员会三批次共 24 个行业的企业碳排放核算方法与报告指南①，依据国民经济系统分类②、运用决策树程序等方法，选择确定可纳入碳排放核算的行业有煤炭开采和洗选业、石油和天然气开采、石油加工、电力生产、电力供应、炼焦、化学原料和化学制品、非金属矿物制造、炼铁炼钢、有色金属冶炼和压延、汽车制造、通用设备制造、造纸和纸制品、电气机构与器材设备、电子设备生产、航空运输、公共设施管理、铁路和道路运输及食品、烟草、酒饮料及精制茶等 19 个类别。

　　按《省级温室气体清单编制指南（试行）》，本章工业生产过程主要包括水泥生产过程、石灰生产过程、钢铁生产过程、电石生产过程、己二酸生产过程、硝酸生产过程、一氯二氟甲烷生产过程、铝生产过程、镁生产过程、电力设备生产过程、半导体生产过程及氢氟烃生产过程的碳排放核算。

---

　　① 分别为《关于印发首批 10 个行业企业温室气体排放核算方法与报告指南（试行）的通知》《关于印发第二批 4 个行业企业温室气体排放核算方法与报告指南（试行）的通知》《关于印发第三批 10 个行业企业温室气体排放核算方法与报告指南（试行）的通知》。

　　② 行业划分参照国家质监总局、国家标准化管理委员会《2017 年国民经济行业分类（GBT 4754—2017）》。

第一节　工业生产过程碳排放识别

一　排放环节

（一）水泥生产过程

水泥生产过程碳排放环节主要是石灰石中的碳酸钙和少量的碳酸镁在煅烧过程中分解释放出二氧化碳。水泥制造流程是通过对水泥生料进行高温处理，生成中间产品——熟料，将熟料和其他产品混合粉磨制成水泥。目前，水泥制造工艺主要是新型干法生产（如图 5 - 1），湿法生产已经逐步淘汰。水泥生产过程中的二氧化碳排放来自水泥熟料的生产过程，从熟料配置水泥开始并不排放。

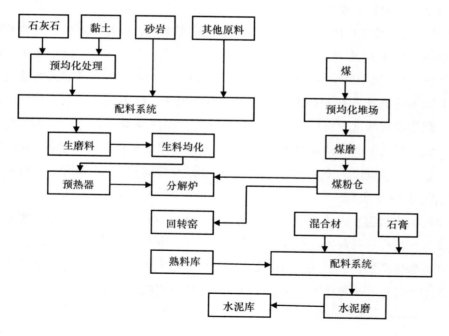

图 5 - 1　新型干法水泥生产工艺流程

资料来源：中国质量认证中心：《〈中国水泥生产企业温室气体排放核算方法与报告指南（试行）〉解析》，2016 年。

水泥生料是用适当比例的石灰石、黏土、少量铁矿石及其他配料配制而成。石灰石的主要组成是碳酸钙和少量的碳酸镁，黏土的主要组成矿物是高岭石及蒙脱石等，铁矿石主要组成是氧化铁。水泥生产过程中的二氧化碳排放量与生料中的碳酸钙和碳酸镁含量密切相关。水泥熟料是水泥生产的中间产品，由水泥生料经高温煅烧发生物理化学反应后形成。石灰石中的碳酸钙和少量的碳酸镁在煅烧过程中都要分解释放出二氧化碳，其反应式如下[①]：

$$CaCO_3 \rightarrow CaO + CO_2 \uparrow$$

$$MgCO_3 \rightarrow MgO + CO_2 \uparrow$$

熟料从窑炉中取出，冷却后研磨，至适宜的粒度细粉，再掺入一定比例的其他矿物质（如石膏等），就成为水泥的最终产品。当水泥浇注混凝土凝固时，会从大气中吸收二氧化碳，但吸收量远低于生产水泥时的二氧化碳排放量。因此计算时可忽略不计。

（二）石灰生产过程

石灰生产过程碳排放环节主要是石灰石中碳酸钙（$CaCO_3$）的热分解，或者生产镁质生石灰时白云石 $[CaMg(CO_3)_2]$ 的热分解过程二氧化碳排放。石灰是一种以氧化钙（CaO）为主要成分的气硬性无机胶凝材料，是用石灰石、白云石、白垩、贝壳等 $CaCO_3$ 含量高的原料，经 900℃—1100℃煅烧而成。石灰有生石灰和熟石灰（即消石灰），按其氧化镁含量（以5%为限）又可分为钙质石灰和镁质石灰。生石灰生产时石灰石中碳酸钙热分解，或者生产镁质生石灰时白云石热分解产生二氧化碳。其工艺可参考图5-2。

$$CaCO_3 \rightarrow CaO + CO_2 \uparrow$$

$$CaMg(CO_3)_2 \rightarrow CaO + MgO + 2CO_2 \uparrow$$

（三）钢铁生产过程

钢铁生产过程碳排放环节主要是炼铁熔剂高温分解和炼钢降碳过程二氧化碳排放。钢铁生产主要工艺流程如图5-3所示，包括混矿、烧结、球团、炼钢、炼铁及轧钢等。钢铁生产过程中石灰石和白云石等作为熔剂被消耗，其中的碳酸钙和碳酸镁在高温下会发生分解反应，排放出二氧化碳。而炼钢降碳是指在高温下用氧化剂把生铁里过多的碳和其他杂质氧化成二氧化碳排放或炉渣除去。本章核算的钢铁生产过程碳排放源与《IPCC清单指南》排放源比较，

---

① 国家发展和改革委员会应对气候变化司：《省级温室气体清单编制指南（试行）》，2011年。

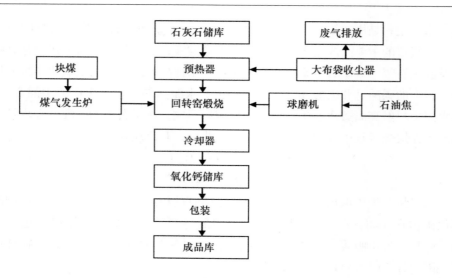

图 5-2   活性氧化钙回转窑生产工艺流程

资料来源：胡永安：《活性氧化钙回转窑煅烧工艺的优化设计》，《安庆师范学院学报》（自然科学版）2010 年第 8 期。

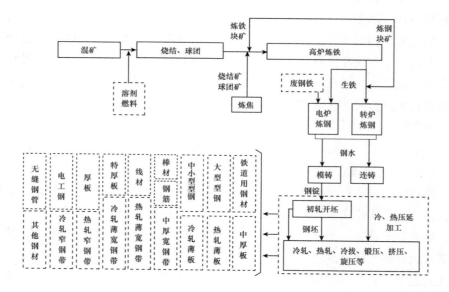

图 5-3   钢铁生产主要工艺流程

资料来源：中国质量论证中心：《〈中国钢铁生产企业温室气体排放核算方法与报告指南（试行）〉解析》，2016 年。

不仅包括了炼钢降碳过程的二氧化碳排放，而且包括了《IPCC 清单指南》中石灰石利用部分。一方面要求核算钢铁工业消耗石灰石、白云石等熔剂所排放的二氧化碳的量，另一方面也要核算炼钢过程中所排放的二氧化碳的量。

据调查，熔剂分解排放二氧化碳的排放源主要是：烧结机、平炉、转炉、电炉、高炉、铁合金炉等；降碳工艺排放二氧化碳的排放源是三种炼钢炉。沿袭 1994 年中国温室气体清单的研究方式进行调查，得知消耗石灰石、白云石的关键排放源是生产烧结矿的烧结机，其次是高炉、铁合金炉、炼钢炉。

（四）电石生产过程

电石生产过程碳排放环节主要是电热法生产电石产生二氧化碳排放。在生产中作为主要含碳原料的石油焦可能含有少量氢挥发性物质，也产生少量的甲烷。电石生产方法有氧热法和电热法，在实际工业生产中一般采用电热法。电热法分为两步：第一步，石灰石加热生成生石灰和二氧化碳（此过程碳排放归结为生石灰生产过程，本过程不予考虑）；第二步，让生石灰和含碳原料（石油焦、焦炭或无烟煤）在电石炉内依靠电弧高温熔化反应生成电石，同时产生一氧化碳。反应中生成的一氧化碳则根据电石炉的类型以不同方式排出：在开放炉中，一氧化碳在料面上燃烧，产生的火焰随同粉尘一起向外四散；在半密闭炉中，一氧化碳的一部分被安置于炉上的吸气罩抽出，剩余的部分仍在料面燃烧；在密闭炉中，全部一氧化碳被抽出。无论是直接燃烧还是部分或全部抽出，最终排入到大气的均为二氧化碳。

（五）己二酸生产过程

己二酸生产过程碳排放环节主要是生产己二酸放入催化剂，经硝酸氧化过程生成的氧化亚氮（N_2O）排放。另外己二酸生产还会导致 NMVOC（非甲烷挥发性有机物）、CO 和 NOx 的排放。己二酸用于包括合成纤维、涂料、塑料、聚氨酯泡沫、人造橡胶和合成润滑剂。[①] 尼龙 6.6 的生产要考虑批量使用己二酸。作为尼龙 6.6 生产中的己二酸，很大一部分直接消耗掉，但相当部分己二酸被进一步处理以生产需要的另一单体环己胺。还有少量己二酸转化为二乙基己基酯或双己基酯，在柔性 PVC 中用作可塑剂或作为合成电机油的高熔点成分。

己二酸是由环己酮/环己醇混合物制造的二羧酸，放入催化剂由硝酸氧化形成己二酸。氧化亚氮（N_2O）作为硝酸氧化阶段意外的副产品。

---

① 国家发展和改革委员会应对气候变化司：《省级温室气体清单编制指南（试行）》，2011 年。

$$（CH_2）_5CO + （CH_2）_5CHOH + wHNO_3 → HOOC（CH_2）_4COOH + xN_2O + yH_2O$$

己二酸生产还会导致 NMVOC（非甲烷挥发性有机物）、CO 和 NOx 的排放。

（六）硝酸生产过程

硝酸生产过程碳排放环节主要是硝酸（HNO_3）生产中氨气（NH_3）高温催化氧化排放氧化亚氮（N_2O），以及在使用氮氧化物或硝酸作为原料的其他工业过程中（例如己内酰胺、乙二醛的制造和核燃料的再处理）产生的氧化亚氮。硝酸是基本化学工业的重要产品之一，也是一种重要的化工原料，产量在各类酸中仅次于硫酸。硝酸广泛用于生产化肥、炸药、无机盐，也可用于贵金属分离、机械刻蚀等。稀硝酸大部分用于制造硝酸铵、硝酸磷肥和各种硝酸盐。浓硝酸最主要用于国防工业，是生产三硝基甲苯（TNT）、硝化纤维、硝化甘油等的主要原料。生产硝酸的中间产物——液体四氧化二氮是火箭、导弹发射的高能燃料。硝酸还广泛用于有机合成工业；用硝酸将苯硝化并经还原制得苯胺，用硝酸氧化，苯可制造邻苯二甲酸，均用于染料生产。此外，制药、塑料、有色金属冶炼等方面都需要用到硝酸。

工业上生产硝酸的原料主要是氨和空气，采用氨的接触催化氧化的方法进行生产。其总反应式为：

$$NH_3 + 2O_2 = HNO_3 + H_2O$$

此反应由 3 步组成，在催化剂的作用下，氨氧化为一氧化氮；一氧化氮进一步氧化为二氧化氮；二氧化氮被水吸收生成硝酸。可用下列反应式表示：

$$4NH_3 + 5O_2 = 4NO + 6H_2O$$

$$2NO + O_2 = 2NO_2$$

$$3NO_2 + H_2O = 2HNO_3 + NO$$

生产硝酸（HNO_3）时，氨气（NH_3）高温催化氧化会生成氧化亚氮（N_2O）。

$$NH_3 + O_2 = 0.5N_2O + 1.5H_2O$$

$$NH_3 + 4NO = 2.5N_2O + 1.5H_2O$$

$$NH_3 + NO + 0.75O_2 = N_2O + 1.5H_2O$$

（七）一氯二氟甲烷生产过程

一氯二氟甲烷（HCFC－22）是无色气体，有轻微的甜气味，用作制冷剂及气溶杀虫药发射剂，对大气臭氧层有极强的破坏力。一氯二氟甲烷的生产过程中会排放三氟甲烷（HFC－23）。三氟甲烷，又称三氟甲，是一种无色，微味，不导电的气体，是理想的卤代烷替代物。用作低温制冷剂、电子工业等离子体化学蚀刻剂及氟有机化合物的原料。

三氟甲烷是强力的温室气体。依据《京都议定书》中清洁发展机制的评估，其100年的全球变暖潜势（Global Warming Potential，GWP）为11700。

（八）其他工业生产过程

铝生产过程碳排放环节主要来自电解槽的电解反应。排放出的温室气体主要是阳极效应中产生的四氟化碳（CF_4，PFC－14）和六氟乙烷（C_2F_6，PFC－116）两种全氟化碳（PFCs）气体。另外铝电解生产中排出的废气还有CO_2。铝电解工业生产采用霍尔－埃鲁冰晶石—氧化铝融盐电解法，即以冰晶石（Na_2AlF_6）为主的氟化盐作为熔剂，氧化铝为溶质组成多相电解质体系，以碳素体作为阳极，铝液作为阴极，通入强大的直流电后，在950℃—970℃下，在电解槽内的两极上进行电化学反应。其中 Na_2AlF_6－Al_2O_3 二元系和 Na_3AlF_6－AlF_3－Al_2O_3 三元系是工业电解质的基础。2005年起，我国原铝生产采用的技术类型是点式下料预焙槽技术（PFPB）和侧插阳极棒自焙槽技术（HSS），并以点式下料预焙槽技术为主。点式下料预焙槽技术是中间加工操作预焙槽技术（CWPB）的一种，是目前最先进的技术类型。两种不同技术类型下温室气体的排放因子和排放量不同。

镁生产过程碳排放环节主要来自原镁生产中的粗镁精炼，以及镁或镁合金加工过程中的熔炼和铸造过程六氟化硫排放。由于镁和镁合金的化学性质都比较活泼，在熔化状态时，容易氧化和燃烧，需要采取保护措施防止熔融金属表面氧化。此外，熔融的镁合金极易和水发生剧烈反应生成氢气，并有可能导致爆炸。因此，对镁合金熔体和精炼镁采用保护气——六氟化硫来隔绝氧气或水汽。在实际生产中SF_6常和其他气体混合在一起通入到熔炼炉，常用的混合方式有空气/SF_6、SF_6/N_2 或者空气/CO_2/SF_6。六氟化硫具有优异的绝缘性能和良好的灭弧性能，在高压开关断路器及封闭式气体绝缘组合电器设备等电力设备生产过程中得到广泛使用。电器设备内SF_6气体在电弧中的分解和与氧的反应：

$$2SF_6 + O_2 \rightarrow 2SOF_2 + 8F \quad （氟化亚硫酰）$$
$$2SF_6 + O_2 \rightarrow 2SOF_4 + 4F \quad （四氟化硫酰）$$
$$SF_6 \rightarrow SF_4 + 2F \quad （四氟化硫酰）$$
$$SF_6 \rightarrow S + 6F \quad （硫）$$

$$2SOF_4 + O_2 \rightarrow 2SO_2F_2 + 4F \quad （氟化硫酰）$$

半导体生产过程采用多种含氟气体。含氟气体主要用于半导体制造业的晶圆制作过程中，具体用在等离子刻蚀和化学蒸汽沉积（CVD）反应腔体的电浆清洁和电浆蚀刻。半导体产业制造排放的温室气体，主要为全氟碳化物（Perfluorocarbons，PFCs）及六氟化硫（SF_6）。相较于传统耗能产业，其整体温室气体排放比例偏低，由于PFCs及SF_6的全球变暖潜势相当高且大气生命周期长久，因此对全球温室效应的影响十分深远。

二　排放特征

工业生产环节多，过程复杂，其碳排放与生产设备、工艺流程和生产技术紧密相关。不同生产过程呈现不同的排放特征。

水泥生产过程中的二氧化碳的排放是全球工业生产过程二氧化碳的主要排放源。水泥生产过程中碳排放来自物理或化学变化产生的碳排放，包括原料碳酸盐分解产生的排放和生料中非燃料碳燃烧产生的碳排放等。在生产水泥的中间产品水泥熟料时，石灰石中的碳酸钙和少量的碳酸镁在煅烧过程中都要分解释放出二氧化碳。若在生料中采用配料，如钢渣、煤矸石、高碳粉煤灰等，含有非燃料碳，这些碳在生料高温煅烧过程中可转化为二氧化碳。

石灰生产采用机械化、半机械化立窑以及回转窑、沸腾炉或横流式、双斜坡式及烧油环行立窑、带预热器的短回转窑中煅烧石灰石的生产方式进行。其排放特征是企业生产规模小，二氧化碳排放贯穿整个石灰生产过程。涵盖全部建筑石灰、冶金石灰、化工石灰等生产过程的二氧化碳排放。

钢铁工业生产过程中碳排放涉及环节和设备较多。主要是石灰石、白云石使用过程排放，电极消耗产生的排放，炼钢降碳过程含碳量变化产生的排放。电石生产过程的二氧化碳排放以石灰和碳素如焦炭、无烟煤、石油焦等为原料生产电石的排放。

己二酸生产过程中产生的氧化亚氮，如果不减排，将是大气中N_2O的重要来源。N_2O的排放量主要取决于生产过程产生的量以及任何后续减排过程中去除的量。通过安装专门设计用于去除N_2O的设备，可有计划地实现N_2O减排。己二酸生产的过程排放会随着采用的排放控制级别而有明显差异。

硝酸（HNO_3）生产过程中，氨气（NH_3）高温催化氧化生成氧化亚氮（N_2O），其生成的N_2O量取决于燃烧条件（压力、温度）、催化成分、火炉设计以及任何后续减排过程中去除的量。此外生成某些 NOx 时。当过程极不稳定，启动和关闭时形成的 NOx 最明显（EFMA，2000b；第 15 页）。N_2O 还生成在使用氮氧化物或硝酸作为原料的其他工业过程中（例如己内酰胺、乙二醛的制造和核燃料的再处理）。如果不减排，则硝酸同样是大气中 N_2O 的重要来源，也是化学工业中 N_2O 排放的主要来源。近年来已经开发了对硝酸生产期间 N_2O 减排的大量技术，可以同时减少 N_2O 和 NO 排放的尾气过程（需要将氨气添加到尾气）。

第二节　水泥生产过程排放

一　核算公式[①]

（一）基于水泥产量数据核算公式

$$E_{CO_2,工业生产过程} = \left[\sum_i (m_{ci} \times C_{cli}) - Im + Ex \right] \times EF_{clc} \qquad （式 5-1）$$

其中：

$E_{CO_2,工业生产过程}$ 为核算期内水泥生产过程中 CO_2 排放量，t；

m_{ci} 为生产的 i 类水泥重量（质量），t；

C_{cli} 为 i 类水泥的熟料比例，%；

Im 为熟料消耗的进口量，t；

Ex 为熟料的出口量，t；

EF_{clc} 为特定水泥中熟料的排放因子，t CO_2/t 熟料。

（二）基于熟料生产数据核算公式

$$E_{CO_2,工业生产过程} = m_c \times EF_{cl} \times EF_{CKD} \qquad （式 5-2）$$

其中：

$E_{CO_2,工业生产过程}$ 为核算期内水泥生产过程中 CO_2 排放量，t；

m_c 为生产的熟料重量（质量），t；

EF_{cl} 为熟料的排放因子，t CO_2/t 熟料；

EF_{CKD} 为水泥窑尘的排放修正因子，无量纲，如果无修改实测数据，可采

---

① 《国家温室气体清单优良作法指南和不确定性管理》，2006 年。

用缺省值 1.02。

$$EF_{Cl} = 0.7857 \times C_1 + 1.092 \times C_2$$

其中：

C_1 为熟料中 CaO 的质量百分比，%；

C_2 为熟料中 MgO 的质量百分比，%。

（三）基于碳酸盐给料数据核算公式

具体计算范围为：

1. 窑炉内生料煅烧过程中碳酸盐分解产生的 CO_2 排放

$$E_{Cal, CO_2} = Q_1 \times (1 - k) \times EF_{RM} \qquad （式 5 - 3）$$

其中：

E_{Cal, CO_2} 为煅烧分解过程中 CO_2 排放量，t；

Q_1 为由生料均化库入窑生料量，包含窑灰回收系统收集的窑灰和原始生料两部分，t；

k 为由生料均化库入窑生料中窑灰占生料量的质量分数，%，根据企业实际监测数据确定 K；如无法获得实际数据，采用 0 以保守计算；

EF_{RM} 为生料 CO_2 排放因子，tCO_2/t 生料。

$$EF_{RM} = 0.44 \times C_1 + 0.522 \times C_2 + 0.38 \times C_3 + 44/12 \times C_c \qquad （式 5 - 4）$$

其中，

C_1 为生料中 $CaCO_3$ 的质量百分比，%；

C_2 为生料中 $MgCO_3$ 的质量百分比，%；

C_3 为生料中 $FeCO_3$ 的质量百分比，%；

C_c 为生料中有机碳含量（%）。

2. 水泥窑粉尘煅烧产生的 CO_2 排放

水泥窑粉尘煅烧排放计算公式：

$$E_{粉尘, CO_2} = Q_3 \times EF_{CKD} \quad (5.14) \quad E_{粉尘, CO_2} = Q_3 \times EF_{CKD} \qquad （式 5 - 5）$$

其中，

$E_{粉尘, CO_2}$ 为水泥窑粉尘煅烧产生的 CO_2 排放量，t；

Q_3 为水泥窑粉尘量，即窑尾除尘器处理后收集下来的粉尘，t；

EF_{CKD} 为水泥窑粉尘的排放因子，tCO_2/t 水泥窑粉尘。

$$EF_{CKD} = \frac{(EF_{Cli}/(1 + EF_{Cli})) \times d}{1 - (EF_{Cli}/(1 + EF_{Cli})) \times d} \qquad （式 5 - 6）$$

其中，

EF_{CKD} 为部分煅烧水泥窑粉尘的排放因子，tCO_2/t 水泥窑粉尘；

EF_{Cli} 为熟料排放因子，tCO_2/t 熟料；

d 为水泥窑粉尘煅烧程度（释放的 CO_2 占原混料中总碳酸盐 CO_2 的百分比），d 应先优先基于工厂数据，在没有此类数据的情况下，应使用默认值 1。

3. 旁路粉尘煅烧产生的 CO_2 排放

由于旁路粉尘只存在于湿法生产工艺，且排放占的比例很小，本章忽略不算。

考虑到目前我国水泥行业现状，可将上述三个方面的排放，简化为：

$$E_{CO_2,工业生产过程} = 1.02 \times E_{Cal,CO_2}$$

4. 水泥生产的生料中非燃料碳煅烧产生的二氧化碳排放量

可用如下公式计算：

$$E_{工艺2} = Q \times FR_0 \times \frac{44}{12}$$

式中：

$E_{工艺2}$ 为核算和报告期内生料中非燃料碳煅烧产生的二氧化碳排放量，单位为吨（tCO_2）；

Q 为生料的数量，单位为吨（t），可采用核算和报告期内企业的生产记录数据；

FR_0 为生料中非燃料碳含量，单位为%；如缺少测量数据，可取 0.1%—0.3%（干基），生料采用煤矸石、高碳粉煤灰等配料时取高值，否则取低值；

$\frac{44}{12}$ 为二氧化碳与碳的数量换算。

（四）方法适用性讨论[①]

1. 方法 1 适用性讨论

直接根据水泥产量计算 CO_2 排放量并不是 IPCC 推荐的优良做法。但是在缺少碳酸盐给料或熟料生产数据情况，通过考虑水泥产量和类型、熟料含量并按熟料进出口量进行修正，可使用水泥产量数据估算熟料产量。

此时应考虑熟料的进、出口量。进口熟料生产中的排放不应列入国家排放

---

① IPCC：《国家温室气体清单优良作法指南和不确定性管理》，2006 年；刘立涛、张艳、沈镭等：《水泥生产的碳排放因子研究进展》，《资源科学》2014 年第 1 期。

估算，而应列入出口国进行核算。

2. 方法 2 适用性讨论

在缺乏熟料生产中消耗的碳酸盐详尽数据（包括权重和组成成分），或者缺乏方法 3 的适用条件时，可采用方法 2，使用综合工厂或国家熟料生产数据以及熟料中 CaO 含量的数据。在核算中，还应减去水泥窑尘内未返回炉窑的未煅烧的碳酸盐。在此情况下，方法 2 是 IPCC 推荐的优良做法。

3. 方法 3 适用性讨论

方法 3 具有较严格的适应条件：能够获得生产熟料时消耗的碳酸盐类型和数量相关的原料数据，以及所消耗的碳酸盐各个排放因子。

石灰石和页岩（原材料）还可能包含一定比例的有机碳，而其他原材料（例如烟灰）可能含碳残渣，这些物质会在燃烧时产生额外的 CO_2。通常能源活动排放中不考虑此类排放，如果此类数据较大，在此核算时应考虑该部分排放。

目前实践中，一般国家、省级等区域温室气体清单核算时，采用方法 2。企业温室气体排放核算时采用方法 3。

二　活动水平和排放因子确定

（一）活动水平数据确定

主要指水泥生产过程碳排放核算所涉及的活动水平数据。水泥粉磨、配制等工艺环节所消耗的能源以电力为主，不属于生产过程排放。根据不同核算方法，需统计的活动水平数据有：

方法 1：各类水泥产量及熟料比例，核算区域水泥熟料进、出口量。

方法 2：熟料产量，应扣除用电石渣生产的熟料产量。

方法 3：石灰石等碳酸盐消耗量，窑炉内生料煅烧过程石灰石、白云石等碳酸盐的消耗量，单位为吨；水泥窑粉尘量，窑尾除尘器处理后收集下来的粉尘，源于企业自测，单位为吨。

国家、区域的水泥生产过程活动水平数据的获取依赖于统计数据、部门数据和行业数据（《中国水泥年鉴》），以及调查所核算区域内扣除了用电石渣生产的熟料数量之后的水泥熟料数据。

企业核算水泥生产过程的活动水平数据依赖于具体核算企业的核算期内企业生产记录。水泥窑粉尘量可采用企业生产记录，根据物料衡算方法获取，也可采用企业测量数据。

（二）排放因子确定

1. 熟料排放因子

水泥生产过程中的二氧化碳排放来自水泥熟料的生产过程。熟料是水泥生产的中间产品，它是由水泥生料经高温煅烧发生物理化学变化后形成的。水泥生料主要由石灰石及其他配料配制而成。在煅烧过程中，生料中碳酸钙和碳酸镁会分解排放出二氧化碳。

计算排放因子 EF = 熟料中 CaO 含量 × M_{CO_2}/M_{CaO} + 熟料中 MgO 含量 × M_{CO_2}/M_{MgO} = 熟料中 CaO 含量 ×44.0/56 + 熟料中 MgO 含量 ×44.0/40

若无本地实测排放因子，建议采用表 5 – 1《省级温室气体清单编制指南（试行）》推荐的排放因子估算水泥生产过程排放量。

表 5 – 1　　　　　　　　　　推荐的水泥生产过程排放因子

类别	单位	数值
水泥生产过程排放因子	吨二氧化碳/吨熟料	0.538

资料来源：国家发展和改革委员会应对气候变化司：《省级温室气体清单编制指南（试行）》，2011 年。

2. 水泥窑尘的排放因子修正

排放因子公式基于假设熟料中的所有 CaO 均来源于 $CaCO_3$ 石灰石及相关的碳酸盐物质，但对某些企业可能有其他来源例如含铁炉渣，如果已知大量的 CaO 的其他来源物质被用作原料，这部分非碳酸盐来源 CaO 应从熟料中扣除。[1]

三　调查与方法

（一）调查内容

计算排放因子 EF = 熟料中 CaO 含量 × MCO₂/MCaO + 熟料中 MgO 含量 × MCO₂/MMgO = 熟料中 CaO 含量 ×44.0/56 + 熟料中 MgO 含量 ×44.0/40[2]

上式中 CaO 和 MgO 含量的获得来源于抽样调查。因此水泥生产过程排放

---

① 国家发展和改革委员会应对气候变化司：《省级温室气体清单编制指南（试行）》，2011 年。

② 国家发展和改革委员会应对气候变化司：《省级温室气体清单编制指南（试行）》，2011 年。

因子调查的核心是 CaO 和 MgO 含量。一般通过实地熟料采样，将采来的样品进行氧化钙和氧化镁的含量检测。检测应遵循《GB/T3286.1 石灰石、白云石化学分析方法氧化钙和氧化镁含量的测定》标准进行。

（二）氧化钙和氧化镁检测的一般方法

试料用碳酸钠—硼酸混合熔剂熔融，稀盐酸浸取。分取部分试液，以三乙醇胺掩蔽铁、铝、锰等离子，在强碱介质中，以钙羧酸作为指示剂，用乙二胺四乙酸（EDTA）或乙二醇二乙醚二胺四乙酸（EGTA）标准滴定溶液滴定氧化钙量。对高镁试样，在试液调节至碱性前预置 90%—95% 的 EDTA 或 EGTA 标准液，以消除大量镁的影响。另取部分试剂，以三乙醇胺掩蔽铁、锰、铝等离子，在 pH 值为 10 的氨性缓冲液中，以酸性铬蓝 K 和萘酚绿 B 做混合指示剂，用 EDTA 标准液滴定氧化钙和氧化镁的含量，或以稍过量的 EGTA 标准液掩蔽钙，用环己烷二胺四乙酸（CyDTA）标准滴定溶液滴定氧化镁量。

试样中氧化铁、氧化铝含量大于 2.0% 或氧化锰含量大于 0.10%，用二乙胺二硫代甲酸钠沉淀分离铁、铝和锰离子，分取滤液用 EDTA 或 EGTA 和 CyDTA 标准液滴定氧化钙量和氧化镁量。

第三节　石灰生产过程排放

一　核算公式[①]

方法 1：基于石灰产品产量核算公式：

$$E_{CO_2,工业生产过程} = \sum (AD \times EF) \qquad (式 5-7)$$

其中，

$E_{CO_2,工业生产过程}$ 为核算期内石灰生产过程中 CO_2 排放量，t；

AD 为石灰产量，t；

EF 为石灰排放因子，tCO_2/t 石灰。

方法 2：基于 CaO 和 CaO. MgO 的含量估算石灰产量核算公式：

---

　　① IPCC：《国家温室气体清单指南》，2006 年；IPCC：《国家温室气体清单优良作法指南和不确定性管理》，2006 年；国家发展和改革委员会应对气候变化司：《省级温室气体清单编制指南（试行）》，2011 年。

$$E_{CO_2,工业生产过程} = \sum (AD_i \times EF_i) \qquad (式 5-8)$$

其中，

$E_{CO_2,工业生产过程}$ 为核算期内石灰生产过程中 CO_2 排放量，t；

AD_i 为类型 i 的石灰产量，t；

EF_i 为类型 i 的石灰排放因子，tCO_2/t 石灰。

方法 3：基于输入的碳酸盐估算公式：

其排放量可按下式计算：

$$E_{CO_2,工艺排放} = \sum (AD_i \times EF_i \times F_i) \qquad (式 5-9)$$

其中，

$E_{CO_2,工艺排放}$ 为核算期内石灰生产过程中 CO_2 排放量，t；

AD_i 为消耗的碳酸盐 i 质量，t；

EF_i 为特定碳酸盐 i 的排放因子，tCO_2/t 碳酸盐；

F_i 为碳酸盐 i 的煅烧比例，若无法获得实测值，可取 1。

方法适应性讨论[①]：

在实际核算中，应根据核算对象不同以及活动水平数据获取的难易程度来选择具体的核算方法。

区域碳排放核算（例如省级温室气体清单编制）一般依赖于部门和行业统计数据。目前大部分部门、行业数据仅统计石灰产量或者分类型的石灰产量，一般可选择方法 1 或者方法 2。

在企业、项目或者产品碳排放核算中，如能获得各类碳酸盐的消耗量，可以采用方法 3 来进行核算。

二　活动水平和排放因子确定

（一）活动水平数据确定

1. 活动水平数据范围

不同的核算方法所对应的活动水平数据不同。方法 1 需要收集不同用途的石灰产量，并汇总得到总产量。方法 2 需要收集不同类型石灰（钙质石灰、镁

---

① IPCC：《国家温室气体清单指南》，2006 年；IPCC：《国家温室气体清单优良作法指南和不确定性管理》，2006 年。

质石灰）的产量。方法 3 需要不同碳酸盐 ［$CaCO_3$、$CaMg (CO_3)_2$］ 的用量。

2. 数据获取

目前实践中，缺乏准确的石灰统计数据是核算中遇到的共性问题。由于石灰生产的现状是小而散，管理水平和技术水平差异很大，统计部门以及冶金、化工和建筑等行业协会的统计活动断断续续，数据资料较缺乏。因此在开展国家、省级、地市的石灰生产过程排放核算时一般应开展石灰产量的抽样调查，以便获得较准确的石灰产量数据。

（二）排放因子确定

1. 方法 1 的排放因子

石灰排放因子根据石灰产品中的氧化钙和氧化镁的含量来进行计算，因此建议实测区域石灰排放因子。在缺乏具体的石灰产品数据或不具备实测条件时，可以假定 85% 钙质石灰产量和 15% 镁质石灰产量,[①] 计算公式为：

$$EF_{石灰} = 0.85 \times EF_{钙质石灰} + 0.15 \times EF_{镁质石灰}$$
$$= 0.85 \times 0.75 + 0.15 \times 0.77$$
$$= 0.75 \ tCO_2/t \ 石灰$$

2. 方法 2 的排放因子

主要包括钙质石灰和镁质石灰排放因子，其缺省值如表 5 - 2 所示。

表 5 - 2　　　　　　　　　　　主要石灰产品缺省排放因子

石灰类型	分子量比（每吨 CaO 或 CaO. MgO)	CaO 含量 范围%	MgO 含量 范围%	CaO 或 CaO. MgO 含量缺省值	缺省排放因子
钙质石灰	0.785	93—98	0.3—2.5	0.95	0.75
镁质石灰	0.913	55—57	38—41	0.95 或 0.85	0.86 或 0.77

资料来源：国家发展和改革委员会应对气候变化司：《省级温室气体清单编制指南（试行）》，2011 年；国家气候变化对策协调小组办公室、国家发展和改革委员会能源研究所：《中国温室气体清单研究》，2007 年。

三　调查与方法

（一）活动水平数据调查

若无法通过统计数据获得某个区域的石灰产量数据，需要进行抽样调查，

---

① 国家发展和改革委员会应对气候变化司：《省级温室气体清单编制指南（试行）》，2011 年。

估计石灰产量。《省级温室气体清单编制指南（试行）》建议的调查步骤是：

首先，通过调查，确定所在省区内的石灰企业数量。其次，对于每个市区县，调查20%左右有代表性的企业，并据此确定每个市区县平均每个企业的石灰产量。然后，利用每个市区县的石灰企业数量乘该市平均每个企业的石灰产量，得到该市的石灰产量。最后，对于所有市（区、县）的产量加总，得到省级辖区内的石灰产量。

在调查过程中，如有条件，应按照不同石灰类型或者不同用途进行分类调查。例如在国家温室气体清单和省市温室气体排放清单编制中，分别调查了建筑石灰、化工石灰、冶金石灰的产量。

（二）排放因子调查

与活动水平数据调查相对应，可开展不同石灰的排放因子调查。

1. 调查内容

石灰生产过程的二氧化碳排放来源于石灰石中的碳酸钙和碳酸镁的热分解。石灰中的 CaO 和 MgO 含量不同将影响其排放因子。对于每种类型的石灰，其排放因子 EF 可通过以下公式计算得出。[①]

EF = 石灰中 CaO 含量 $\times M_{CO_2}/M_{CaO}$ + 石灰中 MgO 含量 $\times M_{CO_2}/M_{MgO}$ =
石灰中 CaO 含量 $\times 44.0/56.1$ + 石灰中 MgO 含量 $\times 44.0/40.3$

上式中 CaO 和 MgO 含量的获得来源于抽样调查。因此可知，石灰生产过程排放因子调查的核心是 CaO 和 MgO 含量。一般通过实地石灰采样，将采来的样品进行氧化钙和氧化镁的含量检测。

2. 氧化钙和氧化镁分析的一般方法

见上节水泥生产过程的排放因子调查。

第四节　钢铁生产过程排放

一　核算公式

钢铁生产过程二氧化碳排放量的计算公式（式 5 - 10）如下。此方法是我

---

① 国家发展和改革委员会应对气候变化司：《省级温室气体清单编制指南（试行）》，2011 年。

国国家温室气体清单编制所采用的方法。[1]

$$E_{\mathrm{CO_2}} = AD_1 \times EF_1 + AD_d \times EF_d + (AD_r \times F_r - AD_s \times F_s) \times \frac{44}{12}$$

（式5-10）

式中，$E_{\mathrm{CO_2}}$是钢铁生产过程二氧化碳排放量；AD_1是所在省级辖区内钢铁企业消费的作为熔剂的石灰石的数量；EF_1是作为熔剂的石灰石消耗的排放因子；AD_d是所在省级辖区内钢铁企业消费的作为熔剂的白云石的数量；EF_d是作为熔剂的白云石消耗的排放因子；AD_r是所在省级辖区内炼钢用生铁的数量；F_r是炼钢用生铁的平均含碳率；AD_s是所在省级辖区内炼钢的钢材产量；F_s是炼钢的钢材产品的平均含碳率。

二 活动水平和排放因子确定

（一）活动水平数据确定

需要的活动水平数据包括石灰石、白云石的年消耗量，炼钢用生铁年消耗量和钢材年产量。可通过《中国钢铁工业年鉴》、省市统计部门或行业协会等相关统计资料、专家估算或典型调查方法及典型企业资料获取。钢铁工业生产过程活动水平数据见表5-3。

表5-3   钢铁生产过程活动水平数据

类别	单位	数值	类别	单位	数值
石灰石消耗量	万吨		炼钢用生铁量	万吨	
白云石消耗量	万吨		钢材产量	万吨	

（二）排放因子确定[2]

1. 石灰石和白云石消耗的排放因子（EF_1、EF_d）

EF_1 = 石灰石中二氧化碳所含质量/石灰石质量

EF_d = 白云石中二氧化碳所含质量/白云石质量

2. 生铁、钢材的平均含碳率（F_r、F_s）

---

[1] 国家发展和改革委员会应对气候变化司：《省级温室气体清单编制指南（试行）》，2011年。

[2] 国家发展和改革委员会应对气候变化司：《省级温室气体清单编制指南（试行）》，2011年。

　　生铁、钢材的平均含碳率（F_r、F_s）排放因子采用《中国钢铁生产企业温室气体排放核算方法与报告指南（试行）》推荐方法，采用理论摩尔比计算得出：

　　EF = 固碳产品含碳量 × 44/12。

　　石灰石和白云石消耗的排放因子（EF_1、EF_d）以及生铁、钢材的平均含碳率（F_r、F_s）排放因子优先采用实测值。若无本地实测排放因子，建议采用《省级温室气体清单编制指南（试行）》推荐的排放因子或基本参数（表 5 - 4）估算钢铁生产过程排放量。

表 5 - 4　　　　　　　　推荐的钢铁生产过程排放因子或基本参数

类别	单位	数值	类别	单位	数值
石灰石消耗	吨二氧化碳/吨石灰石	0.430	生铁平均含碳率	%	4.1
白云石消耗	吨二氧化碳/吨白云石	0.474	钢材平均含碳率	%	0.248

　　资料来源：国家发展和改革委员会应对气候变化司：《省级温室气体清单编制指南（试行）》，2011 年。

三　调查与方法

　　石灰石和白云石消耗的排放因子（EF_1、EF_d）以及生铁、钢材的平均含碳率（F_r、F_s）排放因子，可以通过实测获得。

　　（一）基本原理

　　1. 石灰石、白云石中二氧化碳含量测定原理（GB/T3286.9—2014）

　　试料用磷酸分解，以除去二氧化碳的干燥空气作载气，所生成的二氧化碳用烧碱石棉吸收，根据其质量的增加，计算二氧化碳含量。试料分解过程中产生的水分用硫酸及高氯酸镁吸收，硫化物产生的硫化氢用三氯化铬硫酸溶液吸收去除。

　　2. 钢铁及合金碳含量测定原理（GB/T223.69—2008）

　　试料与助熔剂在高温（1200—1350℃）管式炉内通氧燃烧，碳被完全氧化成二氧化碳。除去二氧化硫后将混合气体收集于量气管中，测量其体积。然后以氢氧化钾溶液吸收二氧化碳，再测量剩余气体的体积。吸收前后气体体积之差即为二氧化碳体积，以其计算碳含量。

（二）所需试剂

石灰石、白云石中二氧化碳含量测定：高纯水、钠石灰、烧碱石棉（粒度 0.5—1.0mm）、无水高氯酸镁（粒度 0.5—1.0mm，在干燥箱内于 180℃ 干燥 2h，迅速移于干燥皿中，冷却备用）、无水氯化钙、高纯碳酸钙（含量不低于 99.99%）、脱水硫酸（将硫酸置于烧杯中，加热至冒烟并保持片刻，稍冷，置于干燥皿中，备用）、磷酸（1＋1）三氧化铬硫酸溶液 [10g/L，取 1g 三氧化铬于烧杯中，加 1ml 水，加入 100ml 硫酸（ρ＝1.84g/ml）溶解，混匀]。

钢铁及合金碳含量测定：高纯氧（纯度 ≥99.5%）、丙酮、化学级活性二氧化锰、高锰酸钾—氢氧化钾溶液（称取 30g 氢氧化钾溶于 70ml 高锰酸钾饱和溶液、硫酸封闭溶液 [1000ml 水中加入 1ml 硫酸，滴加数滴的甲基橙溶液（1g/L），滴加硫酸（1＋2）至呈稳定的浅红色]、助熔剂（锡粒、铜、氧化铜、五氧化二钒、铁粉。各助熔剂中碳的含量一般都应不超过质量分数 0.0050%，使用前做空白实验，去除背景值）。

（三）仪器与设备

石灰石、白云石中二氧化碳含量测定：微型玻璃转子流量计，干燥塔，加酸管，锥形瓶，玻璃导管，直型冷凝管，二通玻璃活塞管，气体洗瓶，U 形管，水流抽气管，弹簧夹，活塞。

钢铁及合金碳含量测定：氧气钢瓶，分压表，浮子流量计，缓冲瓶，洗气瓶，干燥塔，供氧活塞，玻璃磨口塞，管式炉，温度控制器，球形干燥管，除硫管，容量定碳仪，瓷管，瓷舟，管式炉。

（四）实测步骤

1. 石灰石、白云石中二氧化碳含量测定

称取石灰石、白云石 0.50g 试样，精确至 0.0001g。调节活塞使得气体流量在 170ml/min 至 180ml/min，保持 15min。关闭活塞，待气体洗瓶中不再有气泡时，关闭吸收二氧化碳的 U 形管和 U 形管活塞，将吸收二氧化碳的 U 形管取下。以洁净纱布轻轻擦拭，于天平箱中放置 15min，称量。再将 U 形管连接碳定仪上，称量，直至前后两次称量数相差不超过 0.005g。取最后一次称量为 U 形管吸收前的质量。连接好 U 形管，关闭加酸管活塞，取下锥形瓶，将试料转移至溶样锥形瓶中，以少量水冲洗杯壁。将锥形瓶连接进入整套装置中，打开活塞和直流冷凝管的水流。于加酸管中加入 15ml 磷酸（石灰石试样加入 30ml），打开加酸管活塞。滴加 4—5 滴磷酸，直到反应结束。将加酸管中的余酸倒入锥形瓶中，加入 10ml 水。将锥形瓶加热至沸腾并保持 2min，关闭热源。调节活塞使得气体流量在 170ml/min 至 180ml/min，保持 1.5h。关闭活塞，待气体洗瓶中不再有气泡时，关闭吸收二氧化碳的 U 形管和 U 形管活塞，将吸收二氧化碳的 U 形管取下。以洁净纱布轻轻擦拭，于天平箱中放置 15min，称量。

2. 钢铁及合金碳含量测定

装上瓷管，接通电源，将铁、碳钢和合金试样升温至 1200℃—1350℃。通入氧气，检查仪器装置是否漏气。更换水准瓶内的封闭溶液、玻璃棉、除硫剂和高锰酸钾—氢氧化钾溶液后，先燃烧几次试样，以其二氧化碳饱和后才能开始分析操作。实验前应进行几次空白试验，直到得到稳定的空白试验值。将试样置于瓷舟中，取适量助熔剂覆盖于试样上。用长钩推至瓷舟于加热区的中部，立即盖紧磨口塞，预热 1min，按照定碳仪规定操作，记录读数，并从记录中扣除空白值。

（五）分析结果及其表示

1. 石灰石、白云石中二氧化碳质量分数按下式计算：

$$CO_2\% = \frac{m_1 - m_2}{m_0} \times 100$$

式中：m_1——吸收二氧化碳 U 形管后的质量，g；

m_2——吸收二氧化碳 U 形管前的质量，g；

m_0——试样的质量，g。

2. 钢铁及合金碳含量按下式计算：

$$C\% = \frac{A \times V \times f}{m} \times 100$$

式中：A——温度 16℃，气压 101.3kPa，封闭溶液液面上每毫升二氧化碳中含碳质量（g）。用硫酸封闭溶液作封闭时，A 值为 0.0005g。用氯化钠封闭溶液时，A 值为 0.0005022g；

V——吸收前与吸收后的体积差，即二氧化碳的体积数值，ml；

f——温度、气压补正系数；

m——试样的质量，g。

第五节　电石生产过程排放

一　核算公式

核算电石生产过程二氧化碳排放量的计算公式见式 5 – 11，此方法是《1996 年 IPCC 清单指南》推荐的方法，也是我国国家温室气体清单编制所采用的方法。

$$E_{CO_2} = AD \times EF \qquad\qquad (式 5 – 11)$$

式中，E_{CO_2} 是电石生产过程二氧化碳排放量；AD 是所在省级辖区内电石产量；EF 是电石的排放因子。

二　活动水平和排放因子确定

（一）活动水平数据确定

核算电石生产过程二氧化碳排放需要的活动水平数据是年电石生产量，可通过省市统计部门或行业协会等相关统计资料、专家估算或典型调查方法及典型企业资料获取。电石工业生产过程活动水平数据见表 5 – 5。

表 5 – 5　　　　　　　　　　　电石生产过程活动水平数据

类别	单位	数值
电石产量	吨	

（二）排放因子确定

若无本地实测排放因子，建议采用《省级温室气体清单编制指南（试行）》推荐的排放因子估算电石生产过程排放量，见表 5 – 6。

表 5 – 6　　　　　　　　　推荐的电石生产过程排放因子

类别	单位	推荐数值
电石生产过程排放因子	千克二氧化碳/吨电石	1154

资料来源：国家发展和改革委员会应对气候变化司：《省级温室气体清单编制指南（试行）》，2011 年。

第六节　己二酸生产过程排放

一　核算公式

核算己二酸生产过程二氧化碳排放量的计算公式（式 5 - 12）采用《1996 年 IPCC 清单指南》推荐的方法，也是我国国家温室气体清单编制所采用的方法。

$$E_{N_2O} = AD \times EF \qquad\qquad （式 5 - 12）$$

式中，E_{N_2O} 是己二酸生产过程二氧化碳排放量；AD 是所在省级辖区内己二酸产量；EF 是己二酸的平均排放因子。

二　活动水平和排放因子确定

（一）活动水平数据确定

可通过统计部门或企业主管部门了解到所在省市区己二酸生产企业的个数和名录。调查每家企业的产量后，把每个企业的产量加总可以得到所在省市区己二酸的产量。己二酸生产过程活动水平数据见表 5 - 7。

表 5 - 7　　　　　　　　　　　　己二酸生产过程活动水平数据

类别	单位	数值
己二酸产量	吨	

（二）排放因子确定

若无本地实测排放因子，建议采用《省级温室气体清单编制指南（试行）》推荐的排放因子估算己二酸生产过程排放量。

表 5 - 8　　　　　　　　　　　　推荐的己二酸生产过程排放因子

类别	单位	推荐数值
己二酸生产过程排放因子	吨氧化亚氮/吨己二酸	0.293

资料来源：国家发展和改革委员会应对气候变化司：《省级温室气体清单编制指南（试行）》，2011 年。

第七节　硝酸生产过程排放

一　核算公式

硝酸生产过程中氨气高温催化氧化会生成副产品氧化亚氮（N_2O）。氧化亚氮的生成量取决于反应压力、温度、设备年代和设备类型等，反应压力对氧化亚氮生产影响最大。估算硝酸生产过程氧化亚氮排放量的计算公式见式 5—13。此方法是《1996 年 IPCC 清单指南》推荐的方法，也是我国国家温室气体清单编制所采用的方法。

$$E_{N_2O} = \sum_{j,k} [AD_j \times EF_j \times (1 - \eta_k \times \mu_k) \times 10^{-3}] \qquad （式 5-13）$$

式中，E_{N_2O} 是硝酸生产过程氧化亚氮排放量，单位为吨 N_2O；j 为硝酸生产技术类型；k 为 NO_x/N_2O 尾气处理设备类型；AD_j 为生产技术类型 j 的硝酸产量，单位为吨；EF_j 为生产技术类型 j 的 N_2O 生产因子，单位为 kgN_2O/吨硝酸；η_k 为尾气处理设备类型 k 的 N_2O 去除效率，单位为%；μ_k 为尾气处理设备类型 k 的使用率，单位为%。

二　活动水平和排放因子确定

（一）活动水平数据确定

所需的活动水平数据为辖区内七种技术类型的硝酸产量数据。可通过企业调查得到。把企业调查数据加总，可得到所在省市区七种技术类型的硝酸产量，并按表 5-9 的格式填写活动水平数据表。

表 5-9　　　　　　　　　硝酸生产过程活动水平数据

类别	单位	数值
高压法（没有安装非选择性尾气处理装置）产量	吨	
高压法（安装非选择性尾气处理装置）产量	吨	
中压法产量	吨	
常压法产量	吨	
双加压产量	吨	
综合法产量	吨	
低压法产量	吨	

（二）排放因子确定

硝酸生产企业的 N_2O 排放因子可以通过下式获得[①]：

$$EF_{N_2O} = \frac{E_{N_2O}}{AD_{HNO_3}} \qquad\qquad （式 5-14）$$

式中，EF_{N_2O} 是硝酸生产过程的排放因子。E_{N_2O} 是单位时间内 N_2O 的排放量（kg），AD_{HNO_3} 为单位时间内硝酸的产量（吨）。

硝酸生产企业 N_2O 排放量可由两种计算方法获得：计量法和缺省排放系数法。其中，计量法得到的排放量数据最准确，缺省法仅用于缺乏基础数据时的快速估算。

硝酸生产过程排放因子若无本地实测值，可采用《省级温室气体清单编制指南（试行）》推荐的排放因子估算硝酸生产过程排放量，见表 5-10。

表 5-10　　　　　　　　　　硝酸生产过程排放因子

类别	单位	数值
高压法产量（没有安装非选择性尾气处理装置）	千克氧化亚氮/吨硝酸	13.9
高压法产量（安装非选择性尾气处理装置）	千克氧化亚氮/吨硝酸	2.0
中压法产量	千克氧化亚氮/吨硝酸	11.77
常压法产量	千克氧化亚氮/吨硝酸	9.72
双加压产量	千克氧化亚氮/吨硝酸	8.0
综合法产量	千克氧化亚氮/吨硝酸	7.5
低压法产量	千克氧化亚氮/吨硝酸	5.0

资料来源：国家发展和改革委员会应对气候变化司：《省级温室气体清单编制指南（试行）》，2011 年。

三　调查与方法

（一）N_2O 排放量测定计量

氧化亚氮的检测和排放量计算遵循《GB/T28729 氧化亚氮》和《HG/T4488 硝酸生产企业氧化亚氮排放量计算方法》标准进行。计量法是采用对硝酸生产过程中氧化亚氮的排放量进行直接测量，并计算得到氧化亚氮的排放量。

测量方法：通过在稀硝酸生产装置的尾气出口管道安装一台大气采样器和尾气流量计，分别测量氧化亚氮浓度与尾气流量的实时数据。从而获得硝酸铵

[①]　国家发展和改革委员会应对气候变化司：《省级温室气体清单编制指南（试行）》，2011 年。

生产装置氧化亚氮排放量。测量系统如图 5 - 4 所示。

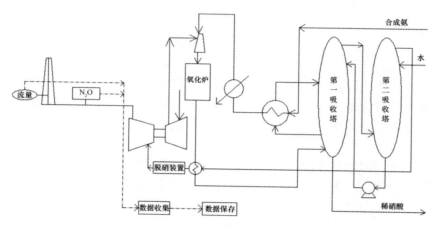

图 5 - 4 硝酸铵生产装置氧化亚氮排放测量

1. 对于没有安装非选择性尾气处理装置的高压法硝酸生产工艺

测量气流流量和总气流的 N_2O 排放浓度。以该段时间乘以该质量排放速率，可获得该段 t 时间内的 N_2O 排放量，即

$$W_t = V \times C \times t \times 10^{-6} \qquad （式 5 - 15）$$

式中：W_t 为 t 时间内某硝酸生产装置的 N_2O 排放量，单位为 kg；

V 为总气流流量，单位为标准立方米每秒（m^3/s）；

t 为取样的间隔时间，单位为 s；

C 为取样时 N_2O 的浓度，单位为毫克每标准立方米（mg/m^3）。

通常情况下，如果能够连续进行检测活动，计算某阶段时间 T 的 N_2O 排放量 W_T，只需在 T 段时间内进行连续监测相关系数，通过以下公式计算即得 N_2O 排放量的数据：

$$W_T = \sum W_{\nabla t_i} \, (i = 1, \ 2, \ 3, \ \cdots, \ T/\triangle t) \qquad （式 5 - 16）$$

式中：W_T 为报告期 T 时间内硝酸生产装置的 N_2O 排放量，单位为 kg；

$\triangle t_i$ 为监测时间间隔，单位为 s。

2. 对于安装非选择性尾气处理装置的高压法硝酸生产工艺

需要在尾气处理装置进气口和出气口分别设置大气采样器和尾气流量计进行采样。N_2O 排放量为：

$$W_t = V \times C_{in} \times t \times 10^{-6} \times (1 - \eta \times \mu) \qquad (式5-17)$$

$$\eta = \frac{C_{in} - C_{out}}{C_{in}} \times 100\% \qquad (式5-18)$$

式中：W_t 为 t 时间内某硝酸生产装置的 N_2O 排放量，单位为 kg；

V 为尾气处理装置进气口处总气流流量，单位为标准立方米每秒（m^3/s）；

t 为取样的间隔时间，单位为 s；

C_{in} 为尾气处理装置进气口处 N_2O 的浓度，单位为毫克每标准立方米（mg/m^3）；

η 为尾气处理设备的 N_2O 去除效率，单位为%；

μ 为尾气处理设备的使用率，单位为%；

C_{out} 为尾气处理装置出气口处 N_2O 的浓度，单位为毫克每标准立方米（mg/m^3）。

3. 对于中压法、常压法、双压法、综合法和低压法硝酸生产工艺

测量气流流量和总气流的 N_2O 排放浓度。以该段时间乘以该质量排放速率，可获得该段 t 时间内的 N_2O 排放量，即

$$W_t = Q \times t \times C \qquad (式5-19)$$

式中：W_t 为 t 时间内某硝酸生产装置的 N_2O 排放量，单位为 kg；

Q 为总气流流量，单位为标准立方米每秒（m^3/s）；

t 为取样的间隔时间，单位为 s；

C 为取样时 N_2O 的浓度，单位为毫克每标准立方米（mg/m^3）。

通常情况下，如果能够连续进行检测活动，计算某阶段时间 T 的 N_2O 排放量 W_T，只需在 T 段时间内进行连续监测相关系数，通过以下公式计算即得 N_2O 排放量的数据：

$$W_T = \sum W_{\nabla t_i} \quad (i = 1, 2, 3, \cdots, T/\triangle t) \qquad (式5-20)$$

式中：W_T 为报告期 T 时间内硝酸生产装置的 N_2O 排放量，单位为 kg；

$\triangle t_i$ 为监测时间间隔，单位为秒 s。

（二）用集气袋收集氧化亚氮通过气相色谱法测定浓度

1. 基本原理

利用气体热导性的不同，通过低热导性的载气氢气将通过大气采样器采得的大气样品带入色谱柱中进行分离，并依次通过热导检测器，由于气体的热导

性不同，通过生成的电信号标定氧化亚氮的浓度。

2. 仪器与设备

大气采样器（2个）。气相色谱配有TCD（热导检测器）和ECD（电子捕获器），2根Porapak Q（80—100目）不锈钢填充柱，1m×0.32mm毛细柱。气相色谱主要通过六通阀反吹，使含有N$_2$O的气体进入TCD检测器。色谱条件：柱箱初始温度80℃，停留4min，以8℃/min升温至120℃，停留2min，再以30℃/min程序升温至180℃。进样口和检测器温度分别为105℃和100℃。

3. 实验步骤

先将大气采样器对硝酸生产过程排放的氧化亚氮进行采样，用2L集气袋收集，再用60ml的注射器注入色谱中进行检测。

4. 分析结果与表示

氧化亚氮浓度按式5-21计算：

$$W_t = V \times C \times t \times 10^{-6} \qquad (式5-21)$$

其中 $C = A \times K$

式中：A——色谱峰面积；

K——为标准曲线斜率。

第八节　一氯二氟甲烷生产过程排放

一　核算公式

核算一氯二氟甲烷（HCFC-22）生产过程三氟甲烷（HFC-23）排放量，可采用《1996年IPCC清单指南》推荐的方法，与我国国家温室气体清单编制所采用的方法一致（式5-22）。

$$E_{HFC-23} = AD \times EF \qquad (式5-22)$$

式中，E_{HFC-23}是HCFC-22生产过程HFC-23排放量；AD是所在省（市）辖区内HCFC-22产量；EF是HCFC-22生产的平均排放因子。

二　活动水平和排放因子确定

（一）活动水平数据确定

HCFC-22活动水平可通过统计部门或企业主管部门了解到所在省市区

HCFC - 22 生产企业的个数和名录。然后，调查每家企业的产量。把每个企业的产量加总可以得到所在省市区 HCFC - 22 的产量，并按照表 5 - 11 的格式填写活动水平数据表。

表 5 - 11　　　　　　　　　一氯二氟甲烷生产过程活动水平数据

类别	单位	数值
HCFC - 22 产量	吨	

（二）排放因子数据确定

若无本地实测排放因子，建议采用《省级温室气体清单编制指南（试行）》推荐的排放因子估算 HCFC - 22 生产过程排放量，见表 5 - 12。

表 5 - 12　　　　　　　　　HCFC - 22 生产过程排放因子

类别	单位	数值
HCFC - 22 生产排放因子	吨 HFC - 23/吨 HCFC - 22	0.0292

资料来源：国家发展和改革委员会应对气候变化司：《省级温室气体清单编制指南（试行）》，2011 年。

第九节　其他工业生产过程排放

一　铝生产过程

（一）核算公式

铝生产过程全氟化碳排放量的计算可采用《1996 年 IPCC 清单指南》推荐的方法，也是我国国家温室气体清单编制所采用的方法（式 5 - 23）。

$$E_{CF_4} = \sum_{i=1}^{2} AD_i \times EF_{i,1} \qquad （式 5 - 23）$$

式中，E_{CF_4} 是铝生产过程中 CF_4 排放量，AD_i 分别是采用点式下料预焙槽技术生产和采用侧插阳极棒自焙槽技术生产的产量，$EF_{i,1}$ 分别是点式下料预焙槽技术和侧插阳极棒自焙槽技术的 CF_4 排放因子。

$$E_{C_2F_6} = \sum_{i=1}^{2} AD_i \times EF_i, 2 \qquad （式5-24）$$

式中，$E_{C_2F_6}$ 是铝生产过程中 C_2F_6 排放量，AD_i 分别是采用点式下料预焙槽技术生产和采用侧插阳极棒自焙槽技术生产的产量，$EF_{i,2}$ 分别是点式下料预焙槽技术和侧插阳极棒自焙槽技术的 C_2F_6 排放因子。

（二）活动水平数据及其来源

所需的活动水平数据为省级辖区内按照点式下料预焙槽技术和侧插阳极棒自焙槽技术分的原铝产量。活动水平数据可通过企业实地调查得到。铝生产过程活动水平数据见表5-13。

表5-13 铝生产过程活动水平数据

类别	单位	数值
点式下料预焙槽技术产量	万吨	
侧插阳极棒自焙槽技术产量	万吨	

（三）排放因子数据

若无本地实测排放因子，建议采用《省级温室气体清单编制指南（试行）》推荐的排放因子估算铝生产过程排放量，见表5-14。

表5-14 铝生产过程排放因子

技术类型	排放气体	单位	推荐数值
点式下料预焙槽技术	CF_4	千克 CF_4/吨铝	0.0888
	C_2F_6	千克 C_2F_6/吨铝	0.0114
侧插阳极棒自焙槽技术	CF_4	千克 CF_4/吨铝	0.6
	C_2F_6	千克 C_2F_6/吨铝	0.06

资料来源：国家发展和改革委员会应对气候变化司：《省级温室气体清单编制指南（试行）》，2011年。

二 镁生产过程

（一）核算公式

估算镁生产过程六氟化硫排放量的计算可采用《2006年IPCC清单指南》推荐的方法，也是我国国家温室气体清单编制所采用的方法（式5-25）。

$$E_{SF_6} = \sum_{i=1}^{2} AD_i \times FF_i \qquad (式 5-25)$$

式中，E_{SF_6}是镁生产过程SF_6排放量，AD_i分别是省级辖区内采用六氟化硫作为保护剂的原镁产量和镁加工的产量，EF_i分别是采用六氟化硫作为保护剂的原镁生产的SF_6排放因子和镁加工的SF_6排放因子。

（二）活动水平数据及其来源

对于原镁生产环节，所需的活动水平数据为省级辖区内采用六氟化硫作为保护剂的原镁产量。对于镁加工环节，所需的活动水平数据为辖区内镁加工产量。这些数据可以通过省市区统计部门或行业协会获得，也可采用抽样调查方法。在原始数据收集的基础上，可汇总出镁生产过程活动水平数据表。

表 5-15　　　　　　　　　镁生产过程活动水平数据

类别	单位	数值
采用六氟化硫作为保护剂的原镁产量	万吨	
镁加工产量	万吨	

（三）排放因子数据

若无本地实测排放因子，建议采用《省级温室气体清单编制指南（试行）》推荐的排放因子估算镁生产过程排放量，见表 5-16。

表 5-16　　　　　　　　　镁生产过程排放因子

类别	单位	推荐数值
原镁生产	千克SF_6/吨镁	0.490
镁加工	千克SF_6/吨镁	0.114

资料来源：国家发展和改革委员会应对气候变化司：《省级温室气体清单编制指南（试行）》，2011年。

三　电力设备生产过程

（一）核算公式

核算电力设备生产过程六氟化硫排放量的计算可采用《IPCC 优良作法指

南》推荐的方法，也是我国国家温室气体清单编制所采用的方法（式 5 – 26）。

$$E_{SF_6} = AD \times EF \qquad\text{（式 5 – 26）}$$

式中，E_{SF_6} 是电力设备生产过程的 SF_6 排放量；AD 是所在省级辖区内电力设备生产过程 SF_6 的使用量；EF 是电力设备生产过程 SF_6 的平均排放系数。

（二）活动水平数据及其来源

所需的活动水平数据为辖区内电力设备生产过程六氟化硫使用量，可通过典型调查方法获得。

表 5 – 17 　　　　　　　　　电力设备生产过程活动水平数据

类别	单位	数值
电力设备生产过程六氟化硫使用量	吨	

（三）排放因子数据

若无本地实测排放系数，建议采用《省级温室气体清单编制指南（试行）》的排放系数估算电力设备生产过程排放量，见表 5 – 18。

表 5 – 18 　　　　　　　　　电力设备生产过程排放系数

类别	单位	推荐数值
电力设备生产过程六氟化硫排放系数	%	8.6

资料来源：国家发展和改革委员会应对气候变化司：《省级温室气体清单编制指南（试行）》，2011 年。

四 半导体生产过程

（一）核算公式

核算半导体生产过程排放量可采用《IPCC 优良作法指南》与我国国家温室气体清单编制所采用的方法（式 5 – 27）。

$$E_{CF_4} = AD_{CF_4} \times EF_{CF_4} \qquad\text{（式 5 – 27）}$$

式中，E_{CF_4} 是半导体生产过程的 CF_4 排放量；AD_{CF_4} 是所在省（直辖市、自治区）辖区内半导体生产过程 CF_4 的使用量；EF_{CF_4} 是半导体生产过程 CF_4 的平均排放系数。

$$E_{HFC_3} = AD_{HFC_3} \times EF_{HFC_3} \qquad (式5-28)$$

式中，E_{HFC_3}是半导体生产过程的 HFC_3 排放量；AD_{HFC_3}是所在省（直辖市、自治区）辖区内半导体生产过程 HFC_3 的使用量；EF_{HFC_3}是半导体生产过程 HFC_3 的平均排放系数。

$$E_{C_2F_6} = AD_{C_2F_6} \times EF_{C_2F_6} \qquad (式5-29)$$

式中，$E_{C_2F_6}$是半导体生产过程的 C_2F_6 排放量；$AD_{C_2F_6}$是所在省（直辖市、自治区）辖区内半导体生产过程 C_2F_6 的使用量；$EF_{C_2F_6}$是半导体生产过程 C_2F_6 的平均排放系数。

$$E_{SF_6} = AD_{SF_6} \times EF_{SF_6} \qquad (式5-30)$$

式中，E_{SF_6}是半导体生产过程的 SF_6 排放量；AD_{SF_6}是所在省（直辖市、自治区）辖区内半导体生产过程 SF_6 的使用量；EF_{SF_6}是半导体生产过程 SF_6 的平均排放系数。

（二）活动水平数据及其来源

所需的活动水平数据为辖区内的含氟气体的使用量，可通过典型调查方法获得。

表5-19　　　　　　　半导体生产过程活动水平数据

CF_4 用量（千克）	CHF_3 用量（千克）	C_2F_6 用量（千克）	SF_6 用量（千克）

（三）排放因子数据

若无本地实测排放系数，建议采用《省级温室气体清单编制指南（试行）》推荐的系数估算半导体生产过程排放量。

表5-20　　　　　　　半导体生产过程排放系数[1]

CF_4 排放系数	CHF_3 排放系数	C_2F_6 排放系数	SF_6 排放系数
43.56%	20.95%	3.76%	19.51%

[1]　国家发展和改革委员会应对气候变化司：《省级温室气体清单编制指南（试行）》，2011年。

五　氢氟烃生产过程

（一）核算公式

核算氢氟烃生产过程排放量可采用《1996 年 IPCC 清单指南（试行）》所推荐的方法以及我国国家温室气体清单编制所采用的方法（式 5－31）。

$$E_i = AD_i \times EF_i \qquad\qquad (式 5-31)$$

式中，E_i 是第 i 类氢氟烃生产过程的同类氢氟烃排放量；AD_i 是所在省（市）辖区内第 i 类氢氟烃产量；EF_i 是第 i 类氢氟烃生产的平均排放因子。

（二）活动水平数据及其来源

氢氟烃生产过程所需的活动水平数据为省级辖区内的氢氟烃生产企业的产量，可通过企业实地调查获得。

表 5－21　　　　　　　氢氟烃生产过程活动水平数据

HFC 种类	产量（千克）	HFC 种类	产量（千克）
HFC－32		HFC－152a	
HFC－125		HFC－227ea	
HFC－134a		HFC－236fa	
HFC－143a		HFC－245fa	

（三）排放因子数据

若无本地实测排放因子，建议采用《省级温室气体清单编制指南（试行）》推荐的排放系数估算氢氟烃生产过程排放量。

表 5－22　　　　　　　氢氟烃生产过程排放系数

HFC 种类	排放系数
HFC－32，HFC－125，HFC－134a，HFC－143a，HFC－152a，HFC－227ea，HFC－236fa，HFC－245fa	0.5%

资料来源：国家发展和改革委员会应对气候变化司：《省级温室气体清单编制指南（试行）》，2011 年。

专栏5-1　某省工业生产过程领域温室气体清单编制

第一部分　报告范围

根据《省级温室气体清单编制指南（试行）》［以下简称《指南（试行）》］要求，省级工业生产过程温室气体清单编制和报告的范围应该包括十二个工业生产过程温室气体的排放：水泥生产过程二氧化碳排放，石灰生产过程二氧化碳排放，钢铁生产过程二氧化碳排放，电石生产过程二氧化碳排放，己二酸生产过程氧化亚氮排放，硝酸生产过程氧化亚氮排放，一氯二氟甲烷（HFC-22）生产过程三氟甲烷（HFC-23）排放，铝生产过程全氟化碳（PFCs）排放，镁生产过程六氟化硫排放，电力设备生产和安装过程六氟化硫排放，半导体生产过程氢氟烃、全氟化碳和六氟化硫排放，以及氢氟烃生产过程的氢氟烃排放。

根据清单编制组调查，并经有关主管部门及行业协会确认，2005年某省工业生产过程温室气体清单编制和报告的范围主要包括：水泥生产过程二氧化碳排放，石灰生产过程二氧化碳排放，钢铁生产过程二氧化碳排放，电石生产过程二氧化碳排放，硝酸生产过程一氧化二氮（N_2O）排放五个部分。其他七个行业生产过程或因不在省辖区内，或因活动水平很小可以忽略，该年度不予报告。

第二部分　水泥生产过程温室气体清单

（一）编制方法

某省CO_2排放量计算采用"熟料法"，该法比"水泥法"减少不确定性15%—30%。

（二）活动水平数据的确定

2005年的水泥熟料产量数据直接来自于中国水泥协会编制出版的《中国水泥年鉴》。

而清单编制水泥生产过程中产生的温室气体排放量核算部分涉及的"电石渣生产的水泥熟料"指的是水泥生产原料中采用电石渣替代部分石灰石，最终生产出的熟料。2005年某省电石渣生产的水泥熟料产量并没有直接的数据统计。经调研组收集资料，通过多种途径——排查，得到结论是，2005 年某省电石渣生产水泥熟料的产量只来自于某大型企业电石渣生产水泥熟料的产量。从统计部门和某大型企业收集到的活动水平数据如表 1、表 2 所示。

表 1　　　　　　　　　　水泥行业相关活动水平数据

年份	活动水平数据类型	数值	数据来源
2005	水泥熟料产量	5101 万吨	2006 年《中国水泥年鉴》
	生产水泥用的电石渣消耗量	19.63 万吨	某大型企业

表 2　　　　　　　　　　某大型企业烧成分厂生产情况

生产线	1 号	2 号
电石渣消耗量	13.87	5.76
电石渣掺量	30%	12%
水泥熟料年产量（万吨）	30.05	30.97

某大型企业烧成分厂利用电石渣生产水泥并不是用电石渣完全替代石灰石进行生产，水泥生产原料中电石渣只占一定的比例，因而该产量数值不能直接作为某省电石渣生产的水泥熟料量代入公式进行计算，需要进行一定的推理换算。根据调查，水泥生产原料中，石灰石所占的比例一般在70% 左右，因而估算电石渣完全替代石灰石生产水泥熟料产量应假设电石渣掺比为 70%，当然石灰石的纯度和电石渣的具体成分存在不确定性。首先，根据表 2-2 中电石渣消耗量和电石渣掺比计算出原料总量，从而得出原料量和水泥熟料产量的比值，最后利用该比值计算电石渣掺比为 70% 时水泥熟料产量值。推算结果如表 3 所示。

表 3　　　　　　　　　电石渣生产的水泥熟料产量估算结果

生产线	1 号	2 号
水泥熟料产量（万吨）	12.88	5.31
电石渣生产的水泥熟料产量合计（万吨）	18.19	

（三）排放因子数据的确定

考虑到无法获取 2005 年某省水泥生产时的生料样品，水泥生产过程排放因子采用《指南（试行）》中推荐的排放因子 0.538tCO$_2$/t 熟料。

（四）排放量估算结果

根据公式计算，2005 年某省水泥生产过程 CO$_2$ 排放量约 2734.55 万吨。

第三部分 石灰生产过程温室气体清单

（一）编制方法

由《指南（试行）》提供的石灰生产过程二氧化碳排放量计算公式为：

$$E_{co_2}排放量 = AD \times EF$$

式中，E_{co_2} 是石灰生产过程二氧化碳排放量；AD 是所在省级辖区内石灰产量；EF 是石灰平均排放因子。

（二）活动水平数据的确定

缺乏石灰的统计数据是各省清单编制中遇到的共性问题。由于石灰生产的现状是小而散，管理水平和技术水平差异很大，统计部门、冶金协会、化工协会和建筑工业协会等部门的统计活动也断断续续，数据资料极其缺乏，特别是建筑石灰的生产极不规范，生产情况没有记录，甚至产品质量也未进行检验。在当前的情况下，即使进行现状调查得到的结果对于清单编制也帮助有限。

因此，对于 2005 年的石灰产量，根据 2010 年统计部门关于冶金石灰产量的统计数值 96.6 万吨，参考《1994 年中国温室气体清单研究》中石灰产量的统计方法和统计结果等资料，综合考虑与新增建筑面积相关的建筑石灰消耗量和以钢材产量相关的冶金石灰消耗量，估算结果如表 4 所示。将估算结果与中国石灰协会《石灰工业技术发展规划》等所有资料进行参照比较，并请有关专家估算结果进行论证，证实估算数值有一定的可信度。

2005 年	石灰来源	数值（单位：万吨）	来源
石灰产量	冶金石灰	45.1	根据 2010 年统计数据估算获得
	建筑石灰	720	专家根据资料估算
	化工石灰	2.2	
	合计	767.3	

表4   **2005 年某省石灰产量**

（三）排放因子数据的确定

某省石灰生产主要分布在农村，由量大面广规模小的乡镇企业构成，因此与国内其他生产行业存在较大差异，而乡镇企业的数据积累和数据报告基础很差，石灰石矿的成分和石灰的质量的差异无法一一调研分析，因此我们采用《指南（试行）》中推荐的排放因子：0.683t CO_2/t 石灰。

（四）排放量估算结果

根据公式计算，2005 年某省石灰生产过程 CO_2 排放量约 524.07 万吨。

第四部分   钢铁生产过程温室气体清单

（一）编制方法

《指南（试行）》中介绍钢铁生产工业生产过程二氧化碳排放的主要计算公式：

排放量生铁 = 还原剂质量 × 排放因子还原剂

排放量粗钢 = （炼钢生铁中碳的质量 − 粗钢中碳的质量）× 44/12

总排放量 = 排放量生铁 + 排放量粗钢

根据碳酸盐类受热分解排放二氧化碳，即理论上二氧化碳的单位排放系数根据化学方程式计算得到。每吨石灰石排放二氧化碳为 440kg，每吨白云石排放二氧化碳为 477kg。这当中没有考虑到碳酸盐矿石的实际纯度。这样计算出来的二氧化碳排放系数势必偏大。考虑到石灰石、白云石、菱镁矿石的纯度，有必要对排放因子进行修正。

1. 熔剂消耗排放二氧化碳的计算方法

根据化学反应方程式可以计算得到的单位熔剂消耗的二氧化碳排放量。理论上消耗 1 吨纯熔剂的排放量计算方法：

$CaCO_3 = = CaO + CO_2$ 1t 纯石灰石排放 0.440tCO_2

$CaCO_3 \cdot MgCO_3 = MgO + CaO + 2CO_2$ 1t 纯白云石排放 0.478tCO_2

消耗 1t 实物熔剂的排放量计算方法：

a）石灰石：

CO_2 排放量 = 石灰石消耗量 × 石灰石中 CaO 成分 × 0.785 + 石灰石消耗量 × 石灰石中 MgO 成分 × 1.09 = 石灰石消耗量 × 石灰石中 $CaCO_3$ 成分 × 0.440 + 石灰石消耗量 × 石灰石中 $MgCO_3$ 成分 × 0.524

式中，0.785 为二氧化碳与氧化钙的分子量之比，1.09 为二氧化碳与氧化镁的分子量之比。以下类同。

b）白云石：

排放 CO_2 量 = 白云石消耗量 × 白云石中 $CaCO_3 \cdot MgCO_3$ 成分 × 0.478 = 白云石消耗量 × 石灰石中 MgO 成分 × 1.09 × 2 = 白云石消耗量 × 白云石中 CaO 成分 × 0.785 × 2

2. 炼钢的降碳过程排放二氧化碳的计算方法

生铁和钢都是铁元素与碳元素的合金。一般来讲，铁含碳率大于 2%，钢含碳率小于 2%。炼钢过程实际上就是一个氧化降碳的过程。

炼钢生产过程排放 CO_2 量 = （炼钢生铁含碳量 − 钢含碳量）× 44/12 = [（炼钢生铁产量 × 生铁含碳率 − 钢产量 × 钢材含碳率）] × 44/12

（二）活动水平数据的确定

需要的活动水平数据包括石灰石、白云石的年消耗量，炼钢用生铁年消耗量和钢材年产量。某省 2005 年统计有钢铁生产企业 126 家，其中钢铁公司 1 的钢材产量约占该省总产量的 77%，其他钢材产量 5 万吨以上的企业有 5 家，收集到活动水平数据如表 5、表 6 所示。

由于某省冶金工业协会没有石灰石、白云石以及炼钢用生铁的年消耗量的统计指标，清单编制组采用企业问卷调查表的形式进一步进行调查，但调查表反馈率很低，因此根据表 5、表 6 的数据，推算得出表 7。尽管每个企业炼钢工艺不同，但由于钢铁公司 1 年产量和年产值都占某省总量的 70% 以上，故以钢铁公司 1 为典型，根据其钢材产量占省总产量的比例，推算出某省炼钢用的熔剂消耗量和生铁消耗量，进而大致确定了该行业生产温室气体排放量计算所需的活动水平数据。

表 5   **2005 年某省钢铁企业钢材产量**

××省钢铁企业	钢材产量	来源
钢铁公司 1	888.792 万吨	省冶金工业协会
钢铁公司 2	50.412 万吨	
钢铁公司 3	70.008 万吨	
钢铁公司 4	22.105 万吨	
钢铁公司 5	7.143 万吨	
钢铁公司 6	25.660 万吨	
钢铁公司 7	77.500 万吨	
合计	1141.620 万吨	省统计年鉴（2006 年）

表 6   **钢铁公司 1 钢铁生产相关活动水平数据**

钢铁公司 1 钢铁生产过程	钢材产量	石灰石消耗量	白云石消耗量	炼钢用生铁消耗量
活动水平数值（万吨）	888.793	186.693	92.907	837.166

表 7   **2005 年某省钢铁生产过程的活动水平数据**

钢铁生产过程	钢材产量	石灰石消耗量	白云石消耗量	生铁消耗量
活动水平（万吨）	1141.610	239.796	119.333	1075.290

（三）排放因子数据的确定

采用《指南（试行）》中推荐的排放因子。

（四）排放量估算结果

根据公式计算，2005 年某省钢铁生产过程 CO_2 排放量约 310.95 万吨。

第五部分 电石生产过程温室气体清单

（一）编制方法

考虑到电石生产有两种工艺，原料石灰石和石灰的含量存在差异，并且生产企业大多规模小而零散，具体情况分析比较复杂，因此按照省级指南的要求，估算电石生产过程二氧化碳排放量采用的计算公式如下，此方法是《1996 年 IPCC 清单指南》推荐的方法，也是我国国家温室气体清单编制所采用的方法。

式中，E_{CO_2} 是电石生产过程二氧化碳排放量；AD 是所在省级辖区内电石产量；EF 是电石的排放因子。

（二）活动水平数据的确定

需要的活动数据为 2005 年电石生产的年产量，该项指标不在省统计部门统计范畴，并且无省电石行业协会，电石生产企业规模也较小，活动水平数据收集很困难。清单编制组通过大量调研和文献等网络资料查询，从 2007 年中国煤炭加工与综合利用技术、市场、产业化信息交流会暨煤化工产业发展研讨会获得 2005 年的电石产量数据，经过多方面来源的数据资料的比较推敲，认为其可信度应该比较高。

（三）排放因子数据的确定

电石生产过程排放因子采用《指南》中推荐的排放因子。

（四）排放量估算结果

根据公式计算，2005 年某省电石生产过程 CO_2 排放量约 5.77 万吨。

第六部分 硝酸生产过程温室气体清单

（一）编制方法

本清单采用《1996 年 IPCC 清单指南》推荐的以硝酸在不同技术类型下的产量为活动水平和排放因子来估算排放量。采用 IPCC 推荐方法 1 作为排放量估算方法。

硝酸生产中的 N_2O 排放：$E_{N_2O} = EF \cdot NAP$

其中：E_{N_2O} = N₂O 排放量，单位为 kg；

EF = N₂O 排放因子（缺省值），单位为 kgN₂O/吨；

NAP = 硝酸产量，单位为 t。

（二）活动水平数据的确定

根据所确定的排放量估算方法，所需数据的类型为 2005 年某省硝酸生产的技术类型和不同技术类型下的产量。某省硝酸生产企业所采用的技术类型只有三种：双加压、常压法、高压法（没有安装 NSCR），且产能比为 9∶2∶1。以上信息由某省石油化工协会专家提供。而 2005 年某省硝酸总产量数据来源于某省统计年鉴，由此可得出不同技术类型硝酸生产总量。

（三）排放因子数据的确定

根据某省的实际情况，硝酸生产过程中没有采用氧化亚氮相关减排技术，排放因子采用《指南（试行）》推荐值。

（四）排放量估算结果

根据公式计算，2005 年硝酸生产过程 N₂O 排放量约 88.418 万吨 $CO_2 - e$。

延伸阅读

1. 国家发展和改革委员会应对气候变化司：《省级温室气体清单编制指南（试行）》，2011 年。

2. 国家发展和改革委员会应对气候变化司：《2005 中国温室气体清单研究》，中国环境出版社 2014 年版。

3. 政府间气候变化专门委员会（IPCC）：《2006 年 IPCC 国家温室气体清单指南》，2006 年。

练习题

1. 在省级碳排放核算中，如何区分工业生产过程排放与能源活动排放？

2. 某市清单编制小组，对该市辖区域代表性的石灰生产企业开展调查，并实测了相关样品，其数据如下。

企业	产量（吨）	CaO（%）	MgO（%）
企业1	11.3	91.58	0.41
企业2	11.9	89.98	1.03
企业3	3.9	83.34	1.12

试计算该市石灰行业排放因子。

3. 某水泥企业拥有3条熟料生产线等设备，某年生产经营情况如下各表所示。

烟煤消耗量（吨）

生产线	消耗量
1#生产线	255548
2#生产线	225135
3#生产线	247697

3条生产熟料生产情况汇总

熟料产量	窑头粉尘量	旁路粉尘量	CaO含量	非碳酸盐CaO含量	MgO含量	非碳酸盐MgO含量
t	t	t	%	%	%	%
4967899	0	0	65.06	2.3	1.53	0.27

电力消费情况汇总

电力	（MWh）
购入量（+）	162721.1203
输出量（-）	0

问：

（1）该企业水泥生产过程排放的主要环节有哪些？

（2）以上数据能否计算该企业的水泥生产过程排放（相关参数可采用省级温室气体排放清单指南的缺省值）？如可以，请计算；如不可以，请说明哪些数据需要实测得到。

第 六 章

农业碳排放核算

农业生态系统是最大的人为影响生态系统。农业包括种植业与养殖业等部门，其生产过程伴随着大量的碳排放。在全球人口激增、农产品需求量不断增加、工业产品对农业生产影响愈加深入的近现代社会，农业生态系统的碳排放一直以较高的速度增长，如何在控制碳排放与保持农业持续稳定发展之间寻求平衡成为全人类面临的共同问题。农业碳排放往往与农业化学品大量使用、农业污染相辅相成，控制和减少肥料、农药等农业化学品的使用量，也是控制和减少农业源碳排放的有效途径，是农业实现绿色增长、低碳发展的保障。农业碳排放核算的目的在于厘清农业生态系统的碳排放源、排放量，为农业领域的碳减排、遏制全球变暖提供基础支撑，也间接服务于绿色农业发展。与农业所涵盖的领域相同，农业碳排放源也包括种植业源与养殖业源两大部分，核算所包括的温室气体种类则为甲烷（CH_4）和一氧化二氮（氧化亚氮、N_2O），排放环节则为稻田 CH_4、农用地 N_2O、动物肠道发酵 CH_4 和动物粪便管理 CH_4、N_2O。

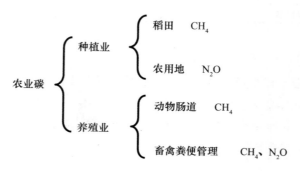

图 6-1 农业碳排放核算构成

第一节　农业碳排放识别

一　排放环节

（一）稻田甲烷

稻田 CH_4 是在淹水产生的严格厌氧条件下，由产 CH_4 菌利用土壤中含碳基质经复杂的生化过程而产生，包括产生、氧化、传输三个过程。

稻田甲烷的产生与生活废水等废弃物的甲烷产生过程基本一样。

1. 产 CH_4 菌

产 CH_4 菌是专性厌氧菌，迄今为止人们已分离出 200 余种产 CH_4 菌，广泛分布于沼泽与池塘污泥、稻田土壤以及食草动物盲肠、瘤胃。

2. 稻田土壤 CH_4 的产生

水稻土中存在丰富的产 CH_4 基质，包括有机肥料、动植物残体、土壤腐殖质和其他有机物以及水稻根系的脱落物、分泌物等。[1] 稻田 CH_4 产生主要包括专性矿质化学营养产 CH_4 菌和甲基营养产 CH_4 菌两条途径。专性矿质化学营养产 CH_4 菌途径是在产 CH_4 菌的参与下，以 H_2 或有机分子作 H 供体，还原 CO_2 或直接利用 HCOOH 和 CO 产生 CH_4。甲基营养产 CH_4 菌途径则是在产 CH_4 菌参与下，对含甲基化合物（主要是乙酸）的脱甲基作用，这是 CH_4 形成的主要途径。[2]

3. 稻田土壤 CH_4 的氧化

即使在严格淹水条件下，稻田土壤也不是均匀地处于还原状态，在水稻根系周围、部分水土界面存在一定氧化层，可为 CH_4 氧化菌生长提供条件。当土壤中生成的 CH_4 通过扩散进入氧化层区域时，CH_4 被 CH_4 氧化菌大量氧化，氧化比率可达 50%—90%。[3]

---

① 余佳、刘刚、马静等：《红壤丘陵区冬闲稻田 CH4 和 N2O 排放通量的研究》，《生态环境学报》2012 年第 1 期。

② Strayer, R. F., Tiedje, J. M., "Kinetic Parameters of the Conversion of the Methane Precursors to Methane in a Hyperen-trophic Lake Sediments", *Applied Enviroment Microbial*, Vol. 36, 1978, pp. 330 – 346; 徐华：《土壤性质和冬季水分对水稻生长期 CH4 排放的影响及机理》，博士学位论文，中国科学院大学（中国科学院南京土壤研究所），2001 年。

③ 吴讷、侯海军、汤亚芳等：《稻田水分管理和秸秆还田对甲烷排放的微生物影响》，《农业工程学报》2016 年第 S2 期。

（1）稻田土壤 CH_4 的传输[①]

土壤 CH_4 主要通过植物通气组织、气泡和液相扩散三个通道排入大气。

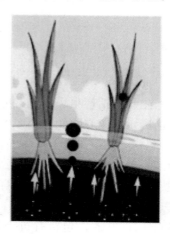

图 6 - 2　稻田甲烷的排放：通气组织、气泡、液相扩散

——植物通气组织

稻田土壤 CH_4 绝大部分通过水稻植株的通气组织排放到大气中[②]，其排放机制为：土壤溶液与根内组织液存在 CH_4 浓度梯度，CH_4 由土壤溶液向根表面水膜扩散，再进入根皮层细胞壁溶液，在根皮层处由溶液中逸出，经胞间空隙和通气组织转运到茎部，由叶鞘表皮微孔排入大气（Nouchi，1994）。

——气泡

在土壤中 CH_4 量较大且缺乏其他排放通道时，CH_4 会形成气泡，以冒泡的形式排入大气。这种现象在死水池塘、沼泽中也较为常见。稻田的气泡排放与土壤 CH_4 产生率、土壤温度及水稻生长状况等有关。

——液相扩散

稻田土壤不同层次的 CH_4 浓度存在较大差异，这一浓度梯度使 CH_4 存在向上层土壤、大气的液相扩散机制。土壤液相扩散与土壤层次 CH_4 扩散

①　徐华、马静：《稻田生态系统 CH4 和 N2O 排放》，中国科学技术大学出版社 2009 版。

②　Schütz, H., Holzapfel-Pschorn, A., Conrad, R., et al., "A 3-year Continuous Record on the Influence of Daytime, Season and Fertilizer Treatment on Methane Emission Rate from an Ltalian Rice Paddy", *J. Geophys Res*, Vol. 94, 1989, pp. 16406 – 16416.

速率、表层水 CH_4 浓度以及空气风速、气温等条件有关，较气相扩散慢约 4 个数量级。

（2）稻田是农田系统 CH_4 的主要排放源

由水层覆盖形成的严格厌氧环境为甲烷的产生提供了基本条件，旱地或解除水层（烤田或落干）束缚则甲烷排放可基本消失，因此稻田是农田系统 CH_4 的主要排放源。安徽省巢湖圩区稻麦轮作模式农田系统的长期定位观测也证实了这一点（图 6-3）[①]：在水稻各生育期甲烷均保持较高的排放通量，全生育期甲烷排放总量为 80—236kg/hm²；冬小麦生育期内排放通量则较水稻低 2 个数量级，并可短暂表现为甲烷的汇，冬小麦全生育期的甲烷排放量则介于 0—3kg/hm²，因此小麦的甲烷排放通常不予考虑。

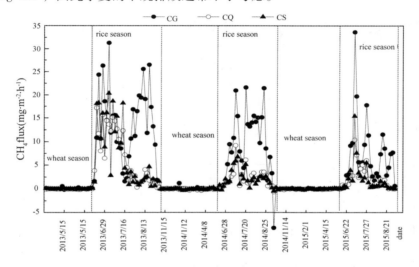

图 6-3 稻麦全生育期 3 种处理 CH4 排放情况（安徽，巢湖）

（二）农用地氧化亚氮

1. 土壤 N_2O 产生的化学过程

氮素循环在土壤—生物—大气连续体中广泛存在（图 6-4a），农田土壤是主要的 N_2O 排放源，IPCC 报告认为全球大气 N_2O 浓度增量的 80% 源自农

① B. Jiang, Sh. Y. Yang, X. B. Yang etc. , "Effect of Controlled Drainage in the Wheat Season on Soil CH₄ and N₂O Emissions During the Rice Season", *IJPP*, Vol. 2, 2015, pp. 273-290.

业。农田土壤是复杂的 N_2O 排放源，其中最主要的产生过程是硝化反应和反硝化反应（图 6 – 4b）。

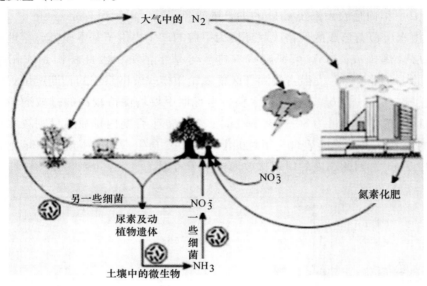

图 6 – 4a　氮素循环

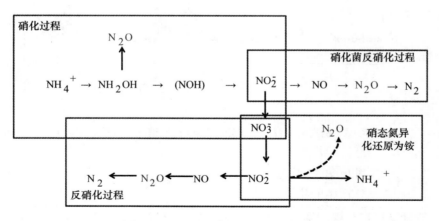

图 6 – 4b　土壤是复杂的 N_2O 排放源

——硝化作用

硝化作用是微生物将铵（NH_4^+）、氨（NH_3）或者有机氮（RNH_2）等还原态氮转化为亚硝酸根（NO_2^-）或者硝酸根（NO_3^-）等氧化态氮的过程，N_2O 是硝化过程中伴随产生的副产物。

——反硝化作用

反硝化是厌氧条件下 NO_3^- 或 NO_2^- 还原转化为 NO、N_2O 和 N_2 等低价态氮的过程，又可分为生物反硝化和化学反硝化。生物反硝化即指在微生物的作用下，将 NO_3^- 或 NO_2^- 还原为分子态氮的过程，化学反硝化则是指 NO_2^- 自身的分解或 NO_2^- 与其他物质的反应。

2. 农用地 N_2O 的排放

土壤水分含量、土壤温度和施肥等是影响土壤 N_2O 排放的重要因素。其中，土壤水分含量对土壤氮素的转化方向具有决定性的作用，在土壤通透性良好、供氧充足的条件下，比如小麦生产季节，因硝化作用大量产生 N_2O，相应的 N_2O 排放量总体较高；而在土壤处于淹水、厌氧状态，比如水稻生产季节，N_2O 排放量总体相对较低（图 6－5）。

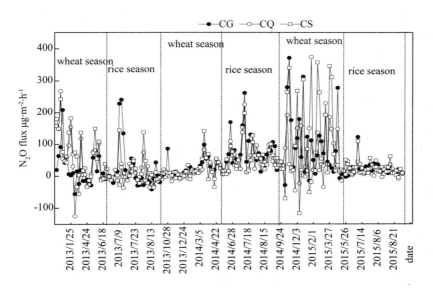

图 6－5　稻麦全生育期 3 种处理 N_2O 排放情况

资料来源：B. Jiang, Sh. Y. Yang, X. B. Yang etc., "Effect of Controlled Drainage in the Wheat Season on Soil CH_4 and N_2O Emissions During the Rice Season", *IJPP*, Vol. 2, 2015, pp. 273 - 290.

（三）肠道甲烷

肠道甲烷也是由甲烷菌利用简单的一碳、二碳基质通过加氢还原而产生，其产生机制、过程与稻田甲烷接近，所用基质来自于食物的不间断补充。

肠道甲烷以草食性、反刍类动物排放量较大。富含纤维素的食物进入消化道后，多糖、纤维素等含碳物质在各种酶的作用下降解为简单糖类，进一步转化为丙酮酸，丙酮酸经过多种代谢途径发酵，进而产生乙酸、丙酸、丁酸等产物，丙酮酸转化乙酸过程中释放的 H^+、e^- 由甲烷菌利用合成 CH_4。与土壤甲烷的产生过程类似，肠道甲烷产生的主要途径有三种：$CO_2 - 4H_2$ 还原、甲酸氧化、乙酸异化，其中 $CO_2 - 4H_2$ 还原途径是合成 CH_4 的主要途径，占肠道甲烷产量的 80% 以上。[1]

不少种类动物的肠道甲烷产生过程与食物的消化、吸收紧密联系，对其生长具有重要意义。

（四）粪便甲烷与氧化亚氮[2]

粪便甲烷与氧化亚氮是动物粪便分解的产物，粪便处理条件不同，甲烷与氧化亚氮的产生量会有较大的不同。

1. 粪便 CH_4

畜禽粪便 CH_4 是在严格厌氧环境下由产 CH_4 菌活动而产生，其生物化学过程与稻田 CH_4 产生基本类似，都包括产酸、产 CH_4 两个过程，差别只在于产生 CH_4 菌群略有不同。

作为产 CH_4 基质，粪便有机质的成分构成、结构特点等与稻田土壤有机质、动物肠道有机质有很大差异，多属于不溶性有机垃圾，在产酸和产 CH_4 两个阶段之前一般都还有一个"水解阶段"，即粪便的产 CH_4 过程包括"水解—产酸—产 CH_4"等三个阶段。

水解过程：粪便中含有复杂的有机物，在酶的作用下发生分解（水解），如在纤维素酶的作用下纤维素、淀粉等含碳大分子分解成葡萄糖、麦芽糖等单糖，脂肪酸则分解形成单链脂肪酸，在蛋白酶作用下蛋白质分解形成氨基酸。

产酸过程：水解过程产生的单糖被厌氧和嫌氧性细菌发酵后形成简单的一

----

① 周艳、邓凯东、董利锋等：《反刍家畜肠道甲烷的产生与减排技术措施》，《家畜生态学报》2018 年第 4 期。

② 陆日东：《奶牛粪便温室气体排放及影响因子研究》，硕士学位论文，中国农业科学院，2007 年。

碳、二碳有机物，经产酸菌发酵分解主要产生乙酸，也有少量的丙炔酸、丁酸等。以葡萄糖为基质分解形成乙酸的过程如下：

$$C_6H_{12}O_6 + 2H_2O = 2CH_3COOH + 2CO_2 + 4H_2$$

产 CH_4 过程：这一过程与稻田 CH_4、肠道 CH_4 的产生过程基本类似，即产 CH_4 菌利用乙酸异化产生 CH_4 和 CO_2，或者利用产酸过程中产生的 H_2 还原 CO_2 成 CH_4，基本反应见肠道 CH_4 的乙酸异化途径、$CO_2 - 4H_2$ 还原途径。

2. 粪便 N_2O

粪便 N_2O 排放是温度、氧气和反应底物浓度以及传输过程交互作用的结果。处于堆放状态粪便与土壤相似，因含水量、孔隙度等的差异，存在氧化区域、还原区域，其中的含氮有机成分在微生物作用下发生硝化和反硝化作用，从而产生与排放 N_2O。其作用过程的生物化学机制也与土壤 N_2O 的产生机制基本一样（图6-3）。

二　排放特征

（一）农业畜牧业生产可视为 CO_2 的零循环系统

在农业、畜牧业的碳排放核算中并没有考虑 CO_2，这主要是因为农业、畜牧业生产是较为严格的 CO_2 零循环系统。

不论是粮食作物、油料作物、蔬菜瓜果还是能源植物（也包括地球生态系统所有的初级生产者），其基本的碳循环过程都是 CO_2 "$\rightleftharpoons$" $(CH_2O)_n$，即通过光合作用生产碳水化合物固定 CO_2，其中部分固定的碳水化合物通过呼吸作用释放一定的能量，以维持光呼吸和各种耗能活动，剩余部分是我们所能得到的种植业的产量，包括秸秆（含地上、地下部分）、籽粒等。对于养殖业，不论草食动物还是肉食动物，其饲料的根本来源还是通过种植业所获得的净光合产物及其转化物，其含有的碳还是直接来源于种植业光合作用固定的 CO_2，或者种植业固定 CO_2 的转化形式。

对于种植业获得的秸秆与籽粒，绝大部分固定的碳会被重新氧化为 CO_2：粮食被加工成人类食品和动物饲料，人类食品（包括动物性食品在内）多数以呼吸的形式转化为 CO_2，少量以粪便形式进入下一个循环阶段；动物饲料部分以呼吸的形式转化为 CO_2，部分转化为人类的动物性食品，少部分以粪便、废料的形式进入下一个循环阶段；人类和动物粪便大部分经过微生物作用转化为 CO_2，极少量转化为 CH_4 和各种有机态碳——如果把种植业和养殖业作为一个整体，以人类消费活动为核心，植物光合作用从大气中吸收固定的 CO_2，

绝大多数最终又以 CO_2 的形式返回大气。

（二）碳排放源覆盖面积广、个体数量大

农业 CH_4 的排放主体是处于覆水状态的稻田，农用地 N_2O 的排放主体则包括所有的农业用地，畜禽肠道 CH_4 的来源是所有养殖的畜禽个体，粪便 CH_4 和 N_2O 的来源则是所有的畜禽粪便，因此农业、畜牧业排放源存在覆盖面特别广、个体数量特别巨大等特点。

（三）单体排放强度普遍较低

农业、畜牧业碳排放都是以自然生态系统为基础的微观尺度生物化学过程，与工业、能源消费过程相比，单体排放强度较低。

稻田 CH_4 的排放通量平均为 8—10mg/m^2h 量级，折算年排放总量水平约为 220kg/hm^2；农用地 N_2O 的排放通量平均约为 0.1mg/m^2h 量级，对应的年排放总量水平约为 9kg/hm^2，这种单位土地面积的排放水平与工业、能源企业相比小得多。

畜禽养殖业的单体排放强度与种植业类似。牛的 CH_4 单体排放量级约为 90 千克/头，羊、猪分别约为 9 千克/头、1 千克/头，与一台年行程 10000km 的 1.6L 普通家用轿车相比，畜禽单体的排放总量偏小、过程不稳定，单位时间的排放强度也低得多。

专栏 6-1　小数据

2016 年中国煤电行业单位 CO_2 排放量为 890g/千瓦时，60 万千瓦发电机组年设备利用小时 7000h，对应的 CO_2 排放总量为 374 万吨，单机年平均排放强度 427 吨/h。以宁波北仑发电厂的装机容量、占地面积为标准进行折算，燃煤电站的单位面积排放强度约为 32 吨/h·hm^2，折算成年排放总量约为 28.3 万吨/hm^2，这与单位面积稻田排放 CH_4 或农用地排放 N_2O 折算的二氧化碳当量相比要大约 5 个数量级。一台年行程 10000km 的 1.6L 普通家用轿车，耗油总量约 1 吨，对应的 CO_2 排放量约 2.7 吨，按照行驶时间 125h 计算，排放强度 21.6kg/hCO_2 当量。在所有家畜中，牛的单体排放量最高，CH_4 排放量级约 90 千克/年头，对应的排放强度约 10g/h，折算综合温室效能排放强度约为 210g/hCO_2 当量，与家用轿车相比，排放强度低约 2 个数量级。

（四）测定困难大

与 O_2、N_2、CO_2 等气体的占比相比，CH_4 和 N_2O 都属于痕量气体，对测量工具的技术要求比较高。且稻田 CH_4、农用地 N_2O 均为面源排放，温室气体与其他气体成分以混合气的形式直接排放入大气，一方面单位面积排放强度低，在较短时间内对大气的增量较小；另一方面难以直接收集，因此通常采用"密闭箱—气相色谱"法进行测定，对测定的仪器技术水平要求较高，成本与人力、物力消耗巨大。

与稻田 CH_4、农用地 N_2O 相比，粪便 CH_4 与 N_2O 的排放强度大、浓度高，对检测设备的要求低于农田温室气体，但与稻田 CH_4 和农用地 N_2O 排放相比，粪便处理方式千变万化，不同处理方式、不同季节粪便的排放时间、排放强度均存在较大差异，难以像农田温室气体那样获得稳定的排放规律。

畜禽肠道 CH_4 的浓度高，对检测设备的精度要求较低，但畜禽处于活动状态和非活动状态的排放量差异较大，限制其活动进行测量与自然状态相比也存在较大差异，因此难以准确确定个体的排放量，折算总量也就存在较大误差。目前常用封闭箱法、开放循环箱法、气袋法、示踪法、微气象法等多种方法监测畜禽个体的气体排放总量。

第二节　稻田甲烷排放

一　核算公式

稻田是种植业的 CH_4 排放源，是唯一单独核算的种植业排放种类。

IPCC 指南推荐的稻田 CH_4 排放量核算方法是基于长期定位监测数据的半经验性方法，其理论依据是，各种稻田类型的 CH_4 排放均符合农业生态规律，受土壤质地、气候条件、农业耕作模式与栽培习惯等条件影响，其排放过程处于一种相对稳定状态，对应的排放强度、排放量也相对稳定、可测。在一个区域范围较大、土壤质地基本稳定、气候条件相似、农业耕作模式与栽培习惯接近的农作区，其稻田 CH_4 排放强度可近似采用某一个推荐值（经验平均值）。以该农业区作为一个整体，在一定误差范围内，利用推荐值核算 CH_4 排放量，其结果满足统计学要求。

根据 IPCC 指南的基本方法框架和要求，核算某一区域的 CH_4 排放量，首先需要确定该地区的稻田类型，再根据法定资料获得各稻田类型的活动水平及其对应的排放因子，进一步得到该种稻田类型的 CH_4 排放量，最终将所有稻田类型 CH_4 排放量求和，得到该区域总的稻田 CH_4 排放量，其核算公式如下：

$$E_i = EF_i \times AD$$

$$E_{CH_4} = \sum EF_i \times AD_i \qquad (式 6-1)$$

式中，E_{CH_4} 为稻田 CH_4 排放总量（吨）；EF_i 为分类型稻田 CH_4 排放因子（千克/公顷）；AD_i 为对应于该排放因子的水稻播种面积（千公顷）；下标 i 表示稻田类型。在我国大部分地区，稻田类型一级分类分别指单季水稻、双季早稻、双季晚稻（表 6-1），其中早稻与晚稻应相互对应。

表 6-1　　　　　　　　　　　稻田分类及其活动水平

稻田一级分类	稻田二级分类	播种面积（公顷）
单季稻	单季稻 + 旱休闲	
	单季稻 + 冬小麦	
	单季稻 + 冬油菜	
	单季稻 + 绿肥	
	单季稻 + 其他	
双季稻	双季稻 + 旱休闲/绿肥	
	双季稻 + 旱作	
	双季稻 + 其他	

另外，在数据满足的条件下，IPCC 推荐采用 CH_4MOD 模型估算稻田甲烷排放量。[1]

二　活动水平和排放因子确定

（一）活动水平数据确定

受农业气候资源的影响，我国水稻大多为单季稻或双季稻，较少有三季

---

[1]　张稳、黄耀、郑循华等：《稻田甲烷排放模型研究——模型的验证》，《生态学报》2004 年第 12 期；张稳、黄耀、郑循华等：《稻田甲烷排放模型研究——模型灵敏度分析》，《生态学报》2006 年第 5 期。

稻。相应地，稻田 CH_4 排放核算对稻田的一级分类也主要包括单季稻、双季早稻、双季晚稻（表6-1），二级分类则是在气候资源的许可范围内，和其他作物进行资源性组合。不同的资源性组合对土壤稻田甲烷反应底物的积聚作用不同，相应的甲烷排放量也就有所不同，稻田的二级分类反映的是不同稻作模式甲烷排放因子差异。与稻田分类对应的活动水平即为各种类型的播种面积。基于数据的可获得性，普遍采用一级稻田分类标准进行 CH_4 排放核算。活动水平数据按表6-1收集。

（二）排放因子数据确定

如果核算的目标区域建设有符合 IPCC 标准的稻田 CH_4 排放试验站、监测站，监测过程也符合相应的标准与规则，则稻田 CH_4 排放因子可优先采用这样的实测值。

若目标区域没有可以利用的本地实测排放因子，可以采用《省级温室气体清单编制指南（试行）》推荐的排放因子估算。即根据2005年全国各大农业区稻田平均的有机肥施用水平、稻田水管理方式、气候条件、水稻生产力水平（水稻单产）等条件，在稻田一级分类标准条件下，全国分农业区稻田 CH_4 排放因子推荐值及其变化范围见表6-2。

表6-2　　　　全国分农业区稻田 CH_4 排放因子（2005年）　　（单位：千克/公顷）

区域	单季稻		双季早稻		双季晚稻	
	推荐值	范围	推荐值	范围	推荐值	范围
华北	234.0	134.4—341.9				
华东	215.5	158.2—255.9	211.4	153.1—259.0	224.0	143.4—261.3
中南华南	236.7	170.2—320.1	241.0	169.5—387.2	273.2	185.3—357.9
西南	156.2	75.0—246.5	156.2	73.7—276.6	171.7	75.1—265.1
东北	168.0	112.6—230.3				
西北	231.2	175.9—319.5				

注：华北：北京、天津、河北、山西、内蒙古；华东：上海、江苏、浙江、安徽、福建、江西、山东；中南：河南、湖北、湖南、广东、广西、海南；西南：重庆、四川、贵州、云南、西藏；东北：辽宁、吉林、黑龙江；西北：陕西、甘肃、青海、宁夏、新疆。

三　调查与方法

（一）活动水平调查

根据表6-1，按照一级分类，稻田可简单分为单季稻、双季早稻、双季晚稻三大类，但在二级分类水平上，稻田的类型就复杂多了，而在实际生产中，由于种植偏好、市场导向等多方面因素影响，稻田的分类更复杂。

对于单季稻，虽然表6-1中列出了大量的组合模式，但在实际生产中，单季稻的核心生育期是6月、7月、8月，因气候资源的不同，不同农业气候区的核心生育期会有所延长，但主体一般不会有大的变化。

与单季稻相比，双季稻的情况实际更复杂一些。以安徽省为例（表6-3），按照统计部门的规则，2016年早稻的栽培面积是263.41千公顷，晚稻面积是279.98千公顷，根据IPCC的规则，所谓的早稻和晚稻应是同一块耕地、前后接茬栽培水稻，时间靠前的为早稻，时间靠后的为晚稻，因此早晚稻的面积在理论上应严格相等，根据这一原则，安徽省2016年的早、晚稻面积应分别为263.41千公顷，表6-3中两者的差值16.57千公顷应计入中稻和一季晚稻，即修订后的单季稻面积为1718.55千公顷。

表6-3　　　　　　　　　　安徽省2016年稻田面积

指标	播种面积（千公顷）
水稻	2245.37
早稻	263.41
中稻和一季晚稻	1701.98
双季晚稻	279.98

资料来源：2016年度、2017年度《安徽省统计年鉴》，中国统计出版社2016年、2017年版。

水稻的生长期长短、生长期间的温度条件等是影响稻田CH_4排放的重要因素，这也是IPCC要求早、晚稻应属于同一块耕地的原因之一。但在生产实践中，常常出现因生产计划调整等，导致同一块耕地前后茬不全是水稻的现象，这是造成表6-3中早、晚稻面积不一致的原因之一。实际上，表6-3中早、晚稻的面积是省级层面的统计值，如果将区域面积缩小为市、县，两者之间的差值会进一步加大，这种差异将导致在一个省级单位中，所有市、县级单位核算的数据之和与省级单位核算的结果不完全一致。

（二）排放因子的长期定位监测

长期定位监测是提高稻田甲烷排放参数准确性的有效途径，也是 IPCC 认可的稻田甲烷参数获取途径。在样地选择代表性较强的前提下，长期定位监测获得的排放因子可以有效提高核算的准确度。

稻田甲烷排放受立地条件、耕作模式、水肥管理、温度等影响，年际之间存在较大变化（图 6-2），省级温室气体清单指南提供的排放因子（表 6-2）是基于 2005 年全国各大农业区稻田平均的有机肥施用水平、稻田水管理方式、气候条件、水稻生产力水平（水稻单产）等条件确定的年度因子，脱离 2005 年的农业生产与自然生态环境基础，其适用性令人怀疑，其误差难以确定。因此，建立具有代表性的长期定位监测点是提高稻田甲烷核算准确性、降低不确定性、减少误差的有效途径。

长期定位监测可同时监测甲烷和氧化亚氮，但存在人力、物力投入巨大，持续时间漫长等问题。以安徽省巢湖圩区为例，该地区是较为典型的稻麦两熟区，整个水稻生长期采样次数为 33—35 次，冬小麦生长期采样次数为 35—40 次，整个监测由"田间管理—采样—分析—考种"等系统过程组成，需要由专门的分析实验室提供设备支持，相关的人力、物力耗费巨大。

专栏 6-2 稻田 CH_4 排放核算参考 CH_4MOD 模型计算法

CH_4MOD 模型计算方法是《IPCC 2006 指南》推荐的稻田 CH_4 排放方法 3，模型方法原理及相关公式可参照文献（Huang et al.，1998，2004）。CH_4MOD 模型目前有成熟的软件可以利用。

该方法首先通过资料收集和处理获取不同空间单元的分类型稻田面积、产量、收播期、气温等数据，代入 CH_4MOD 计算每个单元的 CH_4 排放量，进而汇总计算获得区域排放清单。根据计算目的，基本计算单元可以设定为县、乡或地市级行政区划。

CH_4MOD 所需要的要素参数包括：

1. 逐日平均气温数据：气温数据是计算水稻生长季甲烷排放的主要参

数。逐日气温数据主要来源于各地气象部门的常规气象观测数据，没有观测数据的计算单元可通过空间分析等方法进行插补。

2. 各个稻田类型单产、播种面积：包括单季水稻、双季早稻和双季晚稻。水稻单产和播种面积数据一般来自区域内行政单元的统计数据。

3. 水稻移栽和收获日期数据：指每个计算单元中不同稻田类型的平均移栽和收获日期，如果计算单元空间范围太大以致水稻物候差异显著，需要将该单元进一步细分，使得单元内不同地点水稻物候差异不超过 7 天。

4. 稻田有机质添加量数据：包括有机质种类和添加量信息，主要指前茬秸秆还田量、稻田根量和留茬量、绿肥厩肥等其他有机肥料施用量；原则上此类信息应针对每个计算单元按有机物类型分别进行数据获取。但是由于数据的可获得性限制，可采用更高级别行政区域的统计分析结果，并做不确定性分析。

5. 稻田水分管理模式。我国稻田的水分管理模式比较复杂，在一个生长季中可能包括淹水、烤田、间歇灌溉等基本方式的不同组合；为提高稻田甲烷排放清单的可靠性，稻田水管理数据需要分别说明不同水稻生长期（移栽—分蘖盛期、分蘖—花期、花期—收获）的水管理方式。

6. 水稻品种参数：不同水稻品种的甲烷排放有一定差异，这种差异体现在 CH_4MOD 模型的品种参数取值不同。由于缺乏足够的实验数据来支持对不同水稻品种的实际取值，实际应用中取品种系数为"1"计算甲烷排放。如果有关于杂交稻甲烷排放的试验结果，品种系数需要加以修正。

7. 稻田土壤中砂粒的百分含量：土壤质地对稻田甲烷排放的影响在 IPCC 指南中有所提及，但未给出量化的影响因子。在 CH_4MOD 模型中，沙粒含量被用作土壤质地的指标。若无当地的实测土壤数据，推荐采用中国科学院南京土壤研究所的土壤数据。

除了 CH_4MOD 模型外，DNDC 模型也可以进行甲烷排放的模拟核算，其输入参数与 CH_4MOD 模型相似。

第三节　农用地氧化亚氮排放

一　核算公式

农用地 N_2O（Nitrous Oxide）的核算不区分栽培作物种类，这是因为 N_2O 的排放取决于农用地的 N 输入量，两者呈正相关，即农用地 N 输入量增加，N_2O 的排放量也随之增加，但研究认为，两者关系可能并不是线性的正比关系。

根据 IPCC 指南的基本方法框架和要求，农用地 N_2O 排放核算分为直接排放和间接排放两部分。直接排放是由农用地当季的氮素输入产生的排放，所谓当季输入的 N 是指在某一确定的生产季节来源于氮肥、粪肥和秸秆还田的氮素。间接排放则指由大气氮沉降引起的 N_2O 排放和由氮淋溶径流损失引起的 N_2O 排放。农用地 N_2O 排放总量为直接排放量和间接排放量加总求和。

$$E_{N_2O} = N_2O_{DE} + N_2O_{IDE} \qquad （式 6-2）$$

式中，E_{N_2O} 为农用地氧化亚氮排放总量（包括直接排放、间接排放）；N_2O_{DE} 为农用地氧化亚氮直接排放量；N_2O_{IDE} 为农用地氧化亚氮间接排放量。

1. 直接排放量核算

通过人类活动直接向农用地输送的氮素产生的 N_2O 排放被称为直接排放。通过人类活动向农用地输送的氮素有化肥氮、粪肥氮、秸秆还田氮等。化肥氮包括所有氮肥和复合肥中含有的氮；粪肥氮包括以粪便为主的各种有机肥、农家肥所含有的氮；包括根、茬在内的作物秸秆也含有一定量的氮，如果作物的秸秆还田，则按照含氮量折算出秸秆还田氮。根据式 6-3 计算农用地氧化亚氮直接排放量：

$$N_2O_{DE} = （N_{Fe} + N_{Ex} + N_{St}）\times EF_{DE} \qquad （式 6-3）$$

式中，N_2O_{DE} 为农用地氧化亚氮直接排放总量，N_{Fe}、N_{Ex}、N_{St} 分别为化肥氮、粪肥氮和秸秆还田氮，EF_{DE} 为直接排放因子（单位：千克 N_2O-N／千克氮输入量，排放总量、氮输入量的单位均由排放因子的单位决定，下同。式中单位为千克）。

粪肥氮量可依据粪肥施用量和粪肥含氮量的可获得性，采用式 6-4 计算。

如果上述数据很难获得，可采用式 6 - 5 估算粪肥氮量。

$$N_{Ex} = 粪肥施用量 \times 粪肥平均含氮量 \qquad (式 6 - 4)$$

$$N_{Ex} = 粪便总氮量 \times （1 - 淋溶径流损失率 - 挥发损失率） -$$
$$粪便封闭管理 N_2O 排放量$$

$$N_{Ex} = 粪便总氮量 \times （1 - 15\% - 20\%） - 粪便封闭管理 N_2O 排放量$$

$$(式 6 - 5)$$

式 6 - 5 中，淋溶径流损失率取为 15%；挥发损失率取为 20%；粪便总氮量为"粪便总量 × 粪便平均含氮量"，其中粪便总量又包括畜禽粪便和乡村人口排泄粪便两部分，对于放牧地区，因为放牧过程中的畜禽粪便不能收集，其所含的氮素不能作为农用地的氮素输入，应从粪便氮素总量中减去，对于青藏高原等地区，由于部分粪便作燃料使用，其所含氮素也没有进入农用地，这部分燃料粪便所含氮素也要减去。将淋溶径流损失率、挥发损失率代入式 6 - 5，该式可简化为式 6 - 2。

秸秆还田氮量采用式 6 - 6 估算：

$$N_{St} = 秸秆全株重 \times 秸秆还田率 \times 秸秆含氮率 \qquad (式 6 - 6)$$

农业上一般不统计秸秆的产量，因此一般根据经济产量参考谷草比进行折算，这是一种较为简单的计算方法。也可以采用地上部分、地下部分（根）分开的方式，先根据经济系数计算地上部分，再根据根冠比计算根量，因为地上部分和地下部分的含氮量略有不同，这样分开计算看似准确一些。

2. 间接排放量核算

农用地氧化亚氮间接排放（N_2O 间接）来源于两个过程：（1）由氮肥输入产生的氮挥发物经过大气沉降返回农用地的氮和粪便氮素挥发后经过大气沉降返回农用地的氮，这些沉降的氮经过农用地的活动再次产生的氧化亚氮排放（N_2O_{SE}），这部分氧化亚氮排放被称为大气氮沉降引起的氧化亚氮间接排放；（2）由土壤输入的氮在土壤水或地表径流的作用下，以淋溶或径流的方式进入水体的部分，在环境作用下而产生的氧化亚氮排放，这部分氧化亚氮排放被称为淋溶径流引起的氧化亚氮间接排放（N_2O_{Le}）。

间接排放总量计算：

$$N_2O_{IDE} = N_2O_{Se} + N_2O_{Le}$$

大气氮沉降引起的氧化亚氮（N_2O_{Se}）排放用式 6 - 7 计算，大气氮来源于粪便（$N_{粪便}$）和农用地氮输入（$N_{输入}$）的 NH_3 和 NO_x 挥发。如果当地没有

$N_{粪便}$和$N_{输入}$的挥发率观测值，则可采用推荐值，分别为20%和10%。排放因子采用IPCC推荐的0.01。

$$N_2O_{Se} = （N_{粪便} × 20\% + N_{输入} × 10\%） × 0.01 \qquad （式6-7）$$

注意，这里的$N_{粪便}$不是式6-3中的N_{Ex}，而是式6-5中用以计算"粪便总氮量"的"粪便总量"，包括所有畜禽粪便、农村人口粪便。这部分粪便在腐熟为粪肥之前也会产生大量的N素挥发，式6-7中的$N_{粪便}×20\%$就是指粪便在排泄之后到腐熟之前这一阶段的N素挥发量，腐熟后成为粪肥再输入农用地，其造成的挥发则计入$N_{输入}×10\%$。

农田氮淋溶和径流引起的氧化亚氮（N_2O_{Le}）间接排放量采用式6-8计算。其中，氮淋溶和径流损失的氮量占农用地总氮输入量的20%来估算。

$$N_2O_{Le} = N_{输入} × 20\% × 0.0075 \qquad （式6-8）$$

二　活动水平和排放因子确定

（一）活动水平数据确定

农用地氧化亚氮排放清单的活动水平数据包括：乡村人口数量，主要农作物的种类、面积和产量，畜禽饲养量，化肥氮施用量，秸秆还田率（表6-4）等。其中，乡村人口数量和畜禽饲养量是核算粪肥氮施用量的基础数据来源，部分动物的排泄氮量见表6-5；秸秆还田率是核算秸秆还田氮的基础数据来源，农作物秸秆的含氮量可以直接测定，也可以参考表6-6提供的参数进行换算。

表6-4　　　　　　　　　　主要农作物相关数据需求及其来源

项目	乡村人口数（万人）	农作物种类	播种面积（公顷）	产量（吨）	粪肥施用量（吨/公顷）	化肥氮施用量（吨氮/公顷）	秸秆还田率（%）

表6-5　　　　　　　　　　部分饲养动物的氮排泄量　　　　　　（单位：千克/头/年）

动物	非奶牛	奶牛	家禽	羊	猪	其他
氮排泄量	40	60	0.6	12	16	40

作物种类	干重比	秸秆含氮量	经济系数	根冠比	还田情况
水稻	0.855	0.00753	0.489	0.125	-30%
小麦	0.87	0.00516	0.434	0.166	-30%
玉米	0.86	0.0058	0.438	0.17	根
高粱	0.87	0.0073	0.393	0.185	根
谷子	0.83	0.0085	0.385	0.166	-30%
其他谷类	0.83	0.0056	0.455	0.166	-30%
大豆	0.86	0.0181	0.425	0.13	根
其他豆类	0.82	0.022	0.385	0.13	根
油菜籽	0.82	0.00548	0.271	0.15	根
花生	0.9	0.0182	0.556	0.2	根
芝麻	0.9	0.0131	0.417	0.2	根
籽棉	0.83	0.00548	0.383	0.2	根
甜菜	0.4	0.00507	0.667	0.05	
甘蔗	0.32	0.83	0.75	0.26	-30%
麻类	0.83	0.0131	0.83	0.2	根
薯类	0.45	0.011	0.667	0.05	-30%
蔬菜类	0.15	0.008	0.83	0.25	全部剩余
烟叶	0.83	0.0144	0.83	0.2	根

表6-6 主要农作物参数

注：主要农作物包括水稻、小麦、玉米、高粱、谷子、其他杂粮、大豆、其他豆类、油菜籽、花生、芝麻、棉花、薯类、甘蔗、甜菜、麻类、烟叶、蔬菜、果园、茶园。

（二）排放因子的确定

与甲烷排放因子类似，农用地氧化亚氮排放因子可以采用长期定位监测获得的参数。但长期定位监测的布点需要考虑土壤立地条件、氮素输入量、耕作模式、水肥管理、温度等多种农业生态因子的区域代表性，因此多数地区难以建立稳定的长期定位监测点。

针对排放因子获得的困难性，可采用IPCC方法1给出的排放因子。根据全国各大农业区农用地平均的氮肥施用水平、水肥管理、农业气候资源等条件，《省级温室气体清单编制指南（试行）》给出了全国分农业区氧化亚氮直接排放因子推荐值及其变化范围（表6－7）。大气氮沉降引起的氧化亚氮间接排放因子建议采用《IPCC1996指南》的默认值0.01，氮淋溶和径流损失引起氧化亚氮间接排放因子建议采用《IPCC2006指南》提供的默认值0.0075。

表6－7　　　　　　　不同区域农用地氧化亚氮直接排放因子默认值

区域	氧化亚氮直接排放因子（千克N_2O-N／千克N输入量）	范围
Ⅰ区	0.0056	0.0015—0.0085
Ⅱ区	0.0114	0.0021—0.0258
Ⅲ区	0.0057	0.0014—0.0081
Ⅳ区	0.0109	0.0026—0.022
Ⅴ区	0.0178	0.0046—0.0228
Ⅵ区	0.0106	0.0025—0.0218

注：Ⅰ区包括内蒙古、新疆、甘肃、青海、西藏、陕西、山西、宁夏；Ⅱ区包括黑龙江、吉林、辽宁；Ⅲ区包括北京、天津、河北、河南、山东；Ⅳ区包括浙江、上海、江苏、安徽、江西、湖南、湖北、四川、重庆；Ⅴ区包括广东、广西、海南、福建；Ⅵ区包括云南、贵州。

其次，如果能够获得当地较详细的农业生态数据，可以考虑采用IPCC方法1区域氮循环模型IAP－N或方法3过程模型估算农用地N_2O排放。

对于既没有通过长期定位监测获得的排放因子和相关参数，也没有较详细的数据进行模型估算的地区，建议采用《省级温室气体清单编制指南（试行）》推荐的排放因子和相关参数。

三　调查与方法

（一）活动水平调查

农用地氮输入主要包括化肥氮、粪肥氮和秸秆还田氮。

化肥氮是普通商品，其销售量在商务部门有详细的记录，因为具有挥发性，不能长期储存，可以认为当年的销售量当年全部施入耕地，因此使用统计部门或商务部门的销售量、氮素含量等信息即可确定化肥氮的施入量。

　　粪肥氮较为复杂。在农村地区的旱厕时代，可以认为全部的人粪尿通过各种途径作为粪肥最终施入农田。但在党的十九大以后提出农村厕所革命，人粪尿开始向污水处理厂分流，人粪尿作为粪肥的占比对粪肥氮的施入量具有重大影响，因此需要确定乡村人口排泄粪便无害化处理或者粪肥化的占比。另外，随着畜禽养殖全方位步入规模化时代，畜禽的日粮构成、粪便处理模式等均发生了较大的变化，这些变化也需要通过调查确定。

表6-8　　　　　　　　　　乡村人口粪肥氮输入补充调查

项目	数据
调查区域总乡村人口	
旱厕数量（个）	
抽水马桶数量（个）	
粪便无害化处理厕所数量（个）	
粪便总量（吨）	
粪便无害化量（吨）	
人均排放量（kg/人年）	
粪便氮含量（%）	
粪肥氮含量（%）	
粪肥总量（吨）	

表6-9　　　　　　　　　　畜禽养殖粪肥氮输入补充调查

畜禽种类	畜禽1	畜禽2	……	……
畜禽养殖量（头/只）				
粪便总量（吨）				
粪便无害化量（吨）				
粪便氮含量（%）				
粪肥氮含量（%）				
粪肥总量（吨）				

在传统上，秸秆也是重要的乡村燃料，因此《省级温室气体清单编制指南（试行）》推荐的秸秆还田比例多在30%，这个比例基本相当于作物收获后留在地里的根和部分的茬。随着秸秆禁烧、全量还田等政策的实施，秸秆还田的比例大幅度提高，但同时不少地区也开展秸秆的资源化利用，因此秸秆的还田比例存在较大的不确定性，需要通过调查确定秸秆还田的比例。

表6-10 秸秆还田氮输入补充调查

作物种类	作物1	作物2	……	……
播种面积（公顷）				
经济产量（吨）				
秸秆产量（吨）				
秸秆氮含量（%）				
秸秆还田率（%）				
秸秆还田总量（吨）				

（二）排放因子的长期定位监测

农用地氧化亚氮排放主要受氮素输入影响，根据《省级温室气体清单编制指南（试行）》提供的方法，可以不考虑耕地面积、耕作方式、农作制度、种植偏好等因素，而直接利用直接、间接氮输入量及对应的排放因子确定排放总量。但直接计算仍然存在一定的不确定性：种植偏好不同，氮肥的施入量存在很大差异，土壤氮素浓度的不同，尤其是氮素施入初期，氧化亚氮的产生率会有很大差异；以固定参数估算氮素的沉降存在较大的误差。因此直接计算的结果仍有优化的空间。

考虑到面积可以作为农田的基本单位，选择具有代表性的农田设置长期定位监测点，通过长期直接测定土壤的氧化亚氮排放通量，进而获取稳定的农田土壤排放因子，其结果可以不进行直接与间接排放的区分。土壤温室气体排放的长期定位监测基本方法在稻田甲烷部分有简单描述。

专栏 6-3　农用地氧化亚氮排放估算模型介绍

一　区域氮循环模型 IAP-N

区域氮循环模型 IAP-N 是 IPCC 方法 2 建议的氧化亚氮估算方法之一，是具有中国自主知识产权的区域氮循环模式。该方法在县级统计数据基础上对农田类型进行分类，进而获得分农田类型的氧化亚氮排放因子。IAP-N 估算法的基本过程为：

不同区域的农田类型有所不同，可以根据作物种类进行农田类型划分，如韩云芳等将安徽省的农田类型划分为蔬菜地、非蔬菜地的单纯旱作、水稻+旱休闲、双季稻+旱休闲、水旱轮作—旱作、水旱轮作—水稻、果园茶园等 7 种类型。

IAP-N 法所需活动水平包括氮素的直接输入源和间接输入源，直接输入源包括化肥氮、粪肥氮、秸秆还田氮等，间接输入源包括淋溶氮、沉降氮，其活动水平的调查可以依据 IPCC 列出的调查科目进行。

二　DNDC 估算模型

DNDC 模型是 IPCC 方法 3 建议的氧化亚氮估算方法之一。该模型是对土壤碳氮循环过程进行全面描述的机理模型，是目前国际上较为成功的生物地球化学模型之一，已经在许多国家不同土壤、不同作物体系和不同生态系统中得到验证与广泛的应用。研究证实，DNDC 模型能广泛模拟农田土壤温室气体的排放。

DNDC 模型主要由两部分组成：第一部分包括土壤和气候、植物生长和有机质分解 3 个子模型，其作用是利用输入的气候、土壤、植被和人类活动数据预测植物—土壤系统中环境因子的变化；第二部分包括反硝化作用、硝化作用和发酵作用 3 个子模型，其作用是模拟土壤环境的生物化学过程，估算土壤系统中 CO_2、CH_4、N_2O 的排放量。根据 DNDC 模型结构图（图1），运用 DNDC 模型需要生态、气候、土壤、植被、人类干预五大类参数的支持。

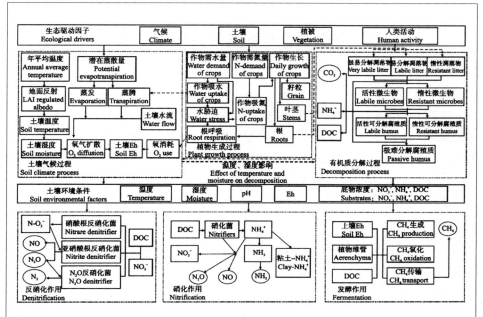

图 1　DNDC 模型结构

　　DNDC 模型不仅能够模拟和预测温室气体排放量，而且能够评估不同管理方式的减排效果，还可以通过模拟土壤生物化学过程的交互作用，定量评估一种温室气体的减排措施对其他温室气体排放量的影响，并且验证该措施是否具有其他的不利影响。

　　资料来源：Zheng, X. H., Fu, C. B., Xu, X. K., et al., "The Asian Nitrogen Cycle Case Study", *AMBIO*, Vol. 31, No. 2, 2002, pp. 79 – 87; Zheng, X. H. Liu, C. Y. Han, S. H., "Description and Application of a Model for Simulating Regional Nitrogen Cycling and Calculating Nitrogen Flux", *Advances in Atmospheric Science*, Vol. 25, No. 2, 2008, pp. 181 – 201. 李长生：《生物地球化学的概念与方法——DNDC 模型的发展》，《第四纪研究》2001 年第 2 期。

第四节 动物肠道发酵甲烷排放

一 核算公式

根据 IPCC 指南的基本方法框架，某一种动物类型的肠道发酵甲烷排放量等于动物类型的存栏数量乘以对应的排放因子，各种动物及动物类型的排放量求和即得到动物肠道发酵甲烷的总排放量。

核算动物肠道发酵甲烷排放可按如下步骤和公式核算：

第一，区分确定动物类型子群：根据动物特性对动物分物种、分类型，确定动物类型子群，比如肠道甲烷的主要排放源头牛，由于不同饲养模式、使用类型，其排放存在较大差异，因此需要从饲养模式区分为规模化饲养、散养、放牧，从使用类型再细分为奶牛、肉牛、役用牛等；对于猪，由于其单体排放量较少，不同饲养模式差异不大，可以不再细分类型。

第二，选择或估算动物类型子群的排放因子：根据区分确定的动物类型子群，分别选择或估算对应的肠道发酵甲烷排放因子，单位为千克/头/年。

第三，计算某一动物类型子群的排放，公式为式6-9：

$$E_{CH_4,enteric,i} = EF_{CH_4,enteric,1} \times AP_i \times 10^{-7} \qquad (式6-9)$$

式中，$E_{CH_4,enteric,i}$ 为第 i 种动物甲烷排放量，万吨 CH_4/年；$EF_{CH_4,enteric,i}$ 为第 i 种动物的甲烷排放因子，千克/头/年；AP_i 为第 i 种动物的数量，头（只）。

第四，计算动物肠道发酵甲烷排放总量：将式6-9计算得到的所有动物类型子群的甲烷排放量累加，得到动物肠道发酵甲烷排放总量，公式为式6-10：

$$E_{CH_4} = \sum E_{CH_4,enteric,i} \qquad (式6-10)$$

式中，E_{CH_4} 为动物肠道发酵甲烷总排放量，单位为万吨 CH_4/年；$E_{CH_4,enteric,i}$ 为第 i 种动物甲烷排放量，单位为万吨 CH_4/年。

二 活动水平和排放因子确定

（一）活动水平数据确定

肠道发酵甲烷（CH_4）排放是动物正常代谢过程产生的，包括从动物口、鼻和直肠排出体外的甲烷。肠道发酵甲烷排放量受动物类别、年龄、体重、采食饲料数量及质量、生长及生产水平的影响，其中采食量和饲料质量是最重要的影响因子。反刍动物瘤胃容积大，寄生的微生物种类多，能分解纤维素，单个动物产生的甲烷排放量大，是肠道发酵甲烷排放的主要排放源；非反刍动物甲烷排放量小，特别是鸡和鸭因其体重小所以肠道发酵甲烷排放可以忽略不计。考虑到中国养猪数量庞大，在核算时应包含猪的肠道甲烷排放。动物肠道甲烷排放活动水平数据见表 6 - 11。其中动物存栏量以《中国统计年鉴》为准，在数据不满足的情况下可使用《中国农业年鉴》或地方统计年鉴，规模化饲养、农户饲养和放牧饲养存栏量可参考《中国畜牧业年鉴》或者省级畜牧部门统计资料。

表 6 - 11 所需活动水平数据

动物种类	存栏量（万头、万只）		
	规模化饲养	农户饲养	放牧饲养
奶牛			
非奶牛			
水牛			—
绵羊			
山羊			
猪			
家禽			
马			
驴/骡			
骆驼			

（二）排放因子的确定

1. 推荐值法

在没有实测数据的情况下，可以采用表 6 - 12 的推荐值进行直接计算。该表数据是利用我国主要畜禽的饲养方式、日粮组成等计算得到的，具有较好的代表性。

表 6 - 12　　　　　　　　　动物肠道发酵 CH₄ 排放因子　　（单位：千克/头/年）

饲养方式	奶牛	非奶牛	水牛	绵羊	山羊	猪	马	驴/骡	骆驼
规模化饲养	88.1	52.9	70.5	8.2	8.9				
农户散养	89.3	67.9	87.7	8.7	9.4	1	18	10	46
放牧饲养	99.3	85.3	—	7.5	6.7				

2. 计算法

计算法就是根据排放因子的计算公式，利用一头（或只）某一种动物在一年中摄食饲料所含的总能量、饲料中总能转换成甲烷的比例，计算该种动物在一年的时间内排放的甲烷总量。

某一种动物（i）的甲烷排放因子计算公式：

$$EF_{CH_4,Enteric,i} = (GE_i \times Y_{m,i} \times 365)/55.65 \qquad （式 6 - 11）$$

式中，$EF_{CH_4,Enteric,i}$ 为第 i 种动物的甲烷排放因子，单位为千克/头/年；GE_i 为一头种（或只）该动物在一年中摄食饲料所含有的总能量，单位为 MJ/头/年；$Y_{m,i}$ 为该种饲料的甲烷转化率，即饲料中总能转化成甲烷的比例；55.65 为甲烷能量转化因子，单位为 MJ/千克 CH₄。

式 6 - 11 中需要确定的两个参数分别是：动物在一年中摄食饲料所含有的总能量、该种饲料的甲烷转化比率。

总能量（GE）可以利用动物的采食量计算，即利用日粮组成、各种组分的能量含量、摄食总量相乘，如果有日量的平均能量含量也可以直接与采食量相乘。如果没有具体的动物采食数据，则可以根据动物采食能量需要公式或 IPCC 推荐的公式计算。计算总能量需要收集参数包括：动物体重、平均日增重、成年体重、采食量、饲料消化率、平均日产奶量、奶脂肪含量、一年中怀孕的母畜百分数、每只羊年产毛量、每日劳动时间等。

　　动物摄食总能量的甲烷转化率取决于动物品种、饲料构成、饲料特性等因素，同一种精饲料在不同动物体内的甲烷转化率可以有很大不同，又以反刍类动物的甲烷转化率为高，因此牛、羊等动物肠道甲烷排放的监测重点是反刍类动物。如果没有准确的甲烷转化率，可以选用表6－13和表6－14的推荐值。

表6－13　　　　　　　　奶牛、非奶牛、水牛甲烷转化率　　　　　　（Ym）

种类	Ym（b）
育肥牛 a	0.04 ± 0.005
其他牛	0.06 ± 0.005
奶母牛（非水牛和水牛）和它们的幼崽	0.06 ± 0.005
主要饲喂低质量作物残余和副产品的其他非牛和水牛	0.07 ± 0.005
放牧牛和水牛	0.06 ± 0.005

　　注：a 饲喂的日粮中90%以上为浓缩料；b 的 ± 值表示范围。
　　资料来源：《IPCC 指南》。

表6－14　　　　　　　　　　羊甲烷转化率　　　　　　　　　　（Ym）

类别	日粮消化率小于65%	日粮消化率大于65%
羔羊（小于1岁）	0.06 ± 0.005	0.05 ± 0.005
成年羊	0.07	0.07

　　注：± 值表示范围。
　　资料来源：《IPCC 指南》。

三　调查与方法

（一）活动水平与养殖模式调查

　　不同的饲养目的会对应不同的饲养模式，饲养模式不同则会造成该种动物的生命周期可能会有很大差异，相应地，其排放因子也会有所不同，因此饲养模式是动物排放活动水平调查的重点之一（表6－15）。

表6-15 　　　　　　　　　　　　　**动物不同饲养模式活动水平** 　　　　　　　（单位：头）

饲养方式	奶牛	非奶牛	水牛	绵羊	山羊	猪	马	驴/骡	骆驼
规模化饲养									
农户散养									
放牧饲养									

日料的摄食量是动物营养与能量需求的保障，也是肠道甲烷产生的物质基础，日料的粗纤维、粗蛋白等营养成分占比不同，直接影响动物肠道甲烷产生的底物供应，进而影响甲烷的产生。因此，动物日料构成及其对应的能量、摄食量也是动物排放活动水平调查的重点之一（表6-16、表6-17、表6-18）。

表6-16 　　　　　　　　　　　　　　　**动物日料构成** 　　　　　　　　　　（单位：%）

名称	精料占比（%）	粗料占比（%）	摄食量（kg/头只）	综合净能（MJ/kg）

表6-17 　　　　　　　　　　　　　　**动物精料构成及其能量**

名称	玉米	豆饼	麸皮	菜籽饼	棉籽饼	骨粉	食盐	添加剂	……
单位									
配比									
干物质									
粗蛋白									
纤维素									
无氮浸出物									
Ca									
P									
综合净能（MJ/kg）									

表 6 – 18 动物粗料构成及其能量

饲料种类	配比	干物质	粗蛋白	纤维素	无氮浸出物	Ca	P	综合净能（MJ/kg）

（二）排放因子的监测与测量

动物肠道甲烷的排放量取决于动物种类、饲养模式、日粮料构成等。对于某种动物，在某一个生命阶段，其体重、摄食量、营养与能量需求等相对稳定，相应地其肠道发酵甲烷排放也相对稳定，在群体数量足够大的情况下，其排放参数可以认为是一个固定的数字。如果该种动物的生命周期相近，则在群体数量足够大的情况下，其个体的排放参数也是相对固定的数字，这可以认定为固定的排放因子。因此可以采用实测的方式获得不同动物在不同饲养模式、日料构成及摄食量条件下个体排放量作为排放因子。

动物大多处于正常活动状态，因此肠道甲烷测量存在较大的困难，通常难以准确反映动物在正常活动状态的排放状况。如前文所述，动物肠道甲烷的排放目前通常采用封闭箱法、开放循环箱法、气袋法、示踪法、微气象法等，每一种方法均有不同的技术要求和误差来源，可参考相关文献。

第五节 动物粪便管理甲烷排放

一 核算公式

动物粪便管理甲烷排放是指粪便在施入土壤之前的贮存和处理过程中所产生的甲烷。粪便贮存和处理过程中的甲烷排放因子取决于粪便特性、管理方式以及气候条件等。

根据畜禽饲养情况和统计数据的可获得性，动物粪便管理甲烷排放源包括猪、非奶牛、水牛、奶牛、山羊、绵羊、家禽、马、驴、骡和骆驼。

需要注意的是，上文式 6 – 5 中用以计算"粪便总氮量"的"粪便总量"包括了乡村人口的粪便排泄量，与省级温室气体清单的要求存在一定差异。传统上，我国大部分地区乡村人口排泄的粪便多以粪肥的形式施入农田，在进入农田前也有类似畜禽粪便的贮存和处理过程，因此核算粪便管理甲烷排放也应考虑乡村人口产生的粪便量。

与动物肠道发酵甲烷的计算方法类似，各种动物粪便管理甲烷排放量可以按如下步骤和公式核算：

第一，区分并确定动物种群类型，确定活动水平：收集种群动物数量，方法参考动物肠道发酵甲烷排放核算的分类方法。

第二，确定排放因子：根据动物种类、种群类型、粪便特性以及粪便管理方式使用率等计算或选择对应的排放因子。

第三，单一种群排放量核算：将某一动物种群的数量（活动水平）乘以对应的排放因子，得到该动物种群的粪便甲烷排放量，计算公式见式6－12：

$$E_{CH_4,manure,i} = EF_{CH_4,manure,i} \times AP_i \times 10^{-7} \qquad (式6-12)$$

式中，$E_{CH_4,manure,i}$ 为第 i 种动物种群粪便管理甲烷排放量，单位为万吨 CH_4/年；$EF_{CH_4,manure,i}$ 为第 i 种动物粪便管理甲烷排放因子，单位为千克/头/年；AP_i 为第 i 种动物的数量，单位为头（只）。

第四，动物粪便管理甲烷排放总量：将所有的单一动物种群排放量求和，即对利用式6－12计算的所有结果进行累加求和，公式略。

二 活动水平和排放因子确定

（一）活动水平数据确定

对于某一个动物个体，其粪便的排泄量因生育阶段、体型大小、饲料摄食量、身体状态等因素的不同而会有很大的变化，但是就其全生命周期来说，粪便排泄总量是相对稳定的量。在动物群体数量足够大的情况下，折算到每一个单独个体的粪便排泄可以作为一个固定的量，因此对于动物粪便的估算，可以以动物数量为基础，乘以一个相对固定的粪便排泄量，其中动物的数量就是估算所需的活动水平，该种动物对应的平均粪便排泄量则为甲烷排放因子的物质基础。

估算动物粪便管理甲烷排放需要的活动水平数据见表6－19。

表 6 - 19　　　　　　　　**动物粪便管理甲烷排放活动水平数据表**

动物种类	存栏数（万头、万只）
奶牛	
非奶牛	
水牛	
绵羊	
山羊	
猪	
家禽	
马	
驴/骡	
骆驼	

（二）排放因子数据确定

动物粪便管理甲烷排放是指动物粪便排泄之后到腐熟转化为粪肥入田之前这一阶段粪便在不同管理模式下排放的甲烷总和。因为某一种动物个体的排泄量是相对固定的量，因此在某一固定的管理水平下，其粪便对应的甲烷排放量也是相对稳定的，这一排放量可以作为相应的排放因子。

当然，粪便甲烷与粪便氧化亚氮通常同步排放，在管理模式确定的情况下，两者的排放参数也相对稳定。

动物粪便的甲烷排放以粪便中的含碳有机物作为底物，是甲烷排放量的约束条件，有机碳存在最大转化为甲烷的潜力，这一潜力即为粪便的最大甲烷生产能力。不同的管理方式，有机碳的分解产物效率不同、甲烷菌的活性不同，相应的甲烷的转化能力也不尽相同，但在同一个气候区、相同的管理模式下，对于有机成分相对稳定的畜禽粪便，其最大甲烷生产能力转化为甲烷排放的比例相对稳定，这可用甲烷转化系数表示。因此，某一种动物的粪便在某种管理模式下的甲烷排放因子等于处于该种管理模式下的粪便总量与粪便最大甲烷生产能力、甲烷转化系数的乘积（式 6 - 13）：

$$EF_{\text{CH}_4, manureijk} = VS_i \times 365 \times 0.67 \times B_{oi} \times MCF_{jk} \times MS_{ijk} \quad （式 6 - 13）$$

式中，$EF_{\text{CH}_4, manureijk}$ 为动物种类 i、粪便管理方式 j、气候区 k 的甲烷排放因

子，单位为千克 CH_4/年；VS_i 为动物种类 i 每日易挥发固体排泄量，单位为千克 dmVS/天；0.67 为甲烷的质量体积密度，单位为千克/m^3；B_{oi} 为动物种类 i 的粪便的最大甲烷生产能力，单位为 m^3/千克 dmVS；MCF_{jk} 为粪便管理方式 j、气候区 k 的甲烷转化系数，单位为%；MS_{ijk} 为动物种类 i、气候区 k、粪便管理方式 j 的所占比例，单位为%。

　　某种动物每日的易挥发固体排泄量 VS_i 可通过调研获得，其计算需要平均日采食能量和饲料消化率两个参数，所得数据利用 IPCC 推荐公式计算；动物粪便的最大甲烷生产能力 B_{oi} 采用 IPCC 推荐值（表 6-20）；甲烷转化系数 MCF_{jk} 可由粪便管理方式和所在气候区年平均温度确定（表 6-21），其中动物粪便管理方式分为 12 种：放牧、每日施肥、固体储存、自然风干、液体贮存、氧化塘、舍内粪坑贮存、沼气池、燃烧、垫草垫料、堆肥和沤肥、好氧处理，调查获得各省不同动物粪便管理方式的所占比例。

表 6-20　　　　　　　　　　不同动物粪便最大甲烷生产能力

动物类型	最大甲烷生产能力		
	规模化养殖	农户散养	放牧
奶牛	0.24	0.13	0.13
非奶牛	0.19	0.10	0.10
水牛	0.10	0.10	—
猪	0.45	0.29	—
山羊	0.18	0.13	0.13
绵羊	0.19	0.13	0.13

表 6-21　　　　　　　　　　粪便管理甲烷排放因子　　　　　　　　（单位：千克/头/年）

区域	奶牛	非奶牛	水牛	绵羊	山羊	猪	家禽	马	驴/骡	骆驼
华北	7.46	2.82	—	0.15	0.17	3.12	0.01	1.09	0.60	1.28
东北	2.23	1.02	—	0.15	0.16	1.12	0.01	1.09	0.60	1.28
华东	8.33	3.31	5.55	0.26	0.28	5.08	0.02	1.64	0.90	1.92
中南	8.45	4.72	8.24	0.34	0.31	5.85	0.02	1.64	0.90	1.92
西南	6.51	3.21	1.53	0.48	0.53	4.18	0.02	1.64	0.90	1.92
西北	5.93	1.86	—	0.28	0.32	1.38	0.01	1.09	0.60	1.28

第六节　动物粪便管理氧化亚氮排放

一　核算公式

动物粪便管理氧化亚氮排放是伴随粪便甲烷排放的过程。与粪便甲烷类似，其排放因子也是取决于粪便特性、管理方式以及气候条件等，其核算步骤和公式也与甲烷类似，即首先区分并确定动物种群类型，其次确定活动水平、排放因子，再次核算出单一种群氧化亚氮排放量（式6-14），最后通过求和确定排放总量。

$$E_{N_2O,manure,i} = EF_{N_2O,manure,i} \times AP_i \times 10^{-7} \qquad （式6-14）$$

式中，$E_{N_2O,manure,i}$ 为第 i 种动物粪便管理氧化亚氮排放量，单位为万吨 N_2O/年；$EF_{N_2O,manure,i}$ 为特定种群粪便管理氧化亚氮排放因子，单位为千克/头/年；AP_i 为第 i 种动物的数量，单位为头数。

二　活动水平和排放因子确定

（一）活动水平数据确定[①]

如前文所述，动物粪便管理氧化亚氮排放与甲烷排放是两个同步活动，核算所需活动水平数据与粪便管理甲烷排放所需活动水平数据一致（表6-19）。

（二）排放因子数据确定

氮素总量是粪便管理氧化亚氮排放的物质基础，粪便的氮素总量与氮素的摄入量有关，对于日料构成稳定、摄食量固定的养殖动物来说，个体的平均氮素排泄量是相对稳定的，因此可以利用动物日料构成、摄食量、个体排泄量、排泄物氮素含量等基础数据经计算直接获得，如不能直接获得，可参考 IPCC 推荐值选择（表6-22）。利用各种饲养动物的活动水平数据及其对应的氮素排放参数，可由（式6-15）计算动物粪便管理系统的排放因子。

---

① 王成己、李艳春、刘岑薇等《基于 IPCC 方法的福建省农业活动甲烷排放量估算》，《农学学报》2016 年第 12 期。

表 6 - 22　　　　　　　　　　**不同动物氮排泄量**　　　　（单位：千克/头/年）

动物	非奶牛	奶牛	家禽	羊	猪	其他
氮排泄量	40	60	0.6	12	16	40

$$EF_{N_2O,manure} = \sum_j \left\{ \left[\sum_i (AP_i \times N ex_i \times MS_{(i,j)}/100) \right] \times EF_{3,j} \right\} \times 44/28$$

（式 6 - 15）

式中，$EF_{N_2O,manure}$ 为动物粪便管理系统 N_2O 排放量，单位为 kgN_2O/年；AP_i 为动物类型 i 饲养量，单位为头（只）；$N ex_i$ 为动物类型 i 每年 N 排泄量（kgN/头/年）；$MS_{(i,j)}$ 为粪便管理系统 j 所处理每一种动物粪便的百分数，单位为%；$EF_{3,j}$ 为动物粪便管理系统 j 的 N_2O 排放因子，（kgN_2O - N/千克粪便管理系统 j 中的 N）；j 为粪便管理系统；i 为动物类型；其中所用的畜禽粪便管理氧化亚氮排放的管理方式的结构与粪便管理甲烷排放一致。

在式 6 - 15 所需参数缺失的情况下，可以采用省级温室气体清单推荐的排放参数见表 6 - 23，该表结果是我国不同动物在不同区域下粪便管理氧化亚氮的平均排放因子。

表 6 - 23　　　　　　　　　**粪便管理氧化亚氮排放因子**　　　　（单位：千克/头/年）

地区	奶牛	非奶牛	水牛	绵羊	山羊	猪	家禽	马	驴/骡	骆驼
华东	2.065	0.846	0.875	0.113	0.113	0.175	0.007	0.330	0.188	0.330
华北	1.846	0.794	—	0.093	0.093	0.227				
东北	1.096	0.913	—	0.057	0.057	0.266				
华东	2.065	0.846	0.875	0.113	0.113	0.175	0.007	0.330	0.188	0.330
中南	1.710	0.805	0.860	0.106	0.106	0.157				
西南	1.884	0.691	1.197	0.064	0.064	0.159				
西北	1.447	0.545	—	0.074	0.074	0.195				

三　调查与方法

动物粪便管理氧化亚氮与甲烷排放是同一物体的相伴过程，因此可以将粪便管理氧化亚氮与甲烷的调查作为一个整体进行。

（一）活动水平与粪便处理模式

因为粪便的甲烷和氧化亚氮产生、排放主要受环境状况影响，具有较强的人为控制可能，因此粪便的管理模式、技术水平对温室气体的排放量具有决定性的影响，准确地核算甲烷和氧化亚氮排放量需要确定不同粪便管理模式处理的活动水平（表6-24）。

表6-24　　　　　　　动物粪便不同管理模式活动水平　　　　（单位：头/只）

管理模式	模式1	模式2	……
奶牛			
非奶牛			
水牛			
绵羊			
山羊			
猪			
家禽			
马			
驴/骡			
骆驼			

粪便处理模式多种多样，某一区域采用哪种处理模式需要经过调查确定。总体上说，粪便处理模式可以分为规模化处理、农户散养和放牧，其中规模化处理又可分为沼气化、高温堆肥等最终处理方式。不同规模化处理的排放因子也有很大不同，需要通过严谨的实验确定。

（二）排放因子测定

粪便与农用地、稻田类似，采用"密闭箱—气相色谱"法可获得高精度结果，如果单测甲烷，气相色谱仪也可以用INNOVA1312多气体分析仪等气体分析设备代替，所得结果也能满足质量要求。

水分合适的情况下粪便自然发酵需要三个月以上时间，最长可以达到7—8个月，人工干预处理可以将发酵腐熟时间控制在1个月以内，最快可达10天左右，不同管理方式粪便的甲烷和氧化亚氮排放存在较大差异，因此准确的粪便甲烷与氧化亚氮排放因子需要通过监测获得。

专栏6-4　农业碳足迹

自碳足迹的概念提出以来，已经产生了若干碳足迹的计算模型，我国学者也从碳排放与碳足迹核算、碳足迹影响等方面开展了较为丰富的研究。农业作为最大的人工生态系统，一方面为人类提供了必需的生活、生产资料，另一方也向大气中直接、间接排放了大量的温室气体，从全产业链的角度度量农业系统的温室气体排放，对于全球性的温室气体减排、低碳农业发展具有重要支撑作用。

根据温室气体清单核算规则，农业领域温室气体核算只计算稻田甲烷排放和农用地氧化亚氮排放，不考虑二氧化碳的排放问题。这是因为农作物通过光合作用固定大气中的二氧化碳，形成籽粒、秸秆等光合产物，一般认为，这些光合产物中被固定的碳在下一个阶段通过人类消费、自然分解等，又全部以二氧化碳的形式释放出来，重新回到大气中，从 1 年的时间周期考虑，其二氧化碳的排放与吸收近乎相等，从更长时间周期考虑则可认为两者严格相等，因此单纯从农作物的"生长—消费—分解"体系看，农业领域温室气体核算清单不计入二氧化碳有其合理性。但现代农业离不开化肥、农药、农机，仅仅只考虑农作物自然生物学过程是否排放温室气体不符合现代农业生产的实践，至少在单纯研究农业生产系统碳排放的时候，需要计入农业生产中消耗农药、化肥、燃油、电力等资源排放的温室气体。因此，从碳足迹的角度研究农业生态系统的碳排放能够更全面地看待农业生产领域的排放问题。

农业碳足迹则通常指农作物的生产过程所包含的直接或间接 CO_2 排放，包括各种农资、农机在生产和使用过程中排放的碳以及土壤碳库动态变化而引起的碳排放等。目前一般考虑以下七个具体的方面：①化肥生产和使用产生的碳排放；②农药生产和使用产生的碳排放；③农膜生产和使用产生的碳排放；④农业机械使用消耗化石燃料产生的碳排放；⑤农业灌溉过程中电能利用产生的碳排放；⑥农田土壤碳库动态变化产生的碳排放；⑦农作物光合作用固定碳。其中①、②、③、④、⑤、⑥为碳的排放，即碳源，⑦则为碳的吸收，即碳汇，两者的差值为农业生态系统的碳足迹，主要农作物的碳吸收率见下表。但这种考虑缺失了稻田甲烷和农用地氧化亚氮，这两者是农用地的净排放，某种程度上可以作为"⑥农田土壤碳库动态变化产生的碳排放"的附属部分。考虑到农作物光合作用固定碳的终产物秸秆、籽粒等一般在当年就被完全消费掉，因此从农产品循环的全过程考虑，可以不计量这一部分碳。

表1		主要农作物的碳吸收率（C_f）和经济系数（H）			
作物名称	C_f	H	作物名称	C_f	H
水稻	0.4144	0.45	棉花	0.4500	0.10
小麦	0.4853	0.40	油菜籽	0.4500	0.25
玉米	0.4709	0.40	向日葵	0.4500	0.30
高粱	0.4500	0.35	花生	0.4500	0.43
谷子	0.4500	0.40	甘蔗	0.4500	0.50
薯类	0.4226	0.65	甜菜	0.4072	0.70
豆类	0.4500	0.35	烟草	0.4500	0.55
其他粮食作物	0.4500	0.40			

根据赵荣钦等研究成果，①化肥生产和使用产生的碳排放对应的碳排放系数为 0.8956kgCO$_2$/kg 化肥，即农田中每施用 1kg 的化肥排放二氧化碳 0.8956kg；②农药生产和使用对应的碳排放系数为 4.9341kgCO$_2$/kg 农药；③农膜生产和使用对应的碳排放系数为 5.18kgCO$_2$/kg 农膜；④农业机械使用消耗化石燃料产生的碳排放是种植面积和农业机械总动力两方面排放之和，其中种植面积对应的参数为 6.47kgCO$_2$/公顷，农业机械总动力对应的参数为 0.18kg/kW；⑤农业灌溉过程中电能利用产生的碳排放参数为 266.48kg/公顷。利用这 5 个方面的排放参数和统计数据，即可计算出某一地区农作物生产的碳足迹。由碳足迹的计算结果可知，现代农业生产的理念已经将农作物的生产转变成了高碳排放的产业，如段华平等计算出 2009 年全国农田碳排放达到 0.71 吨/公顷，折算出全国农田的碳排放总量高达 0.87 亿吨，且随着农业全程机械化的推进，碳排放量呈快速增加趋势，真正的低碳农业恐怕离我们渐行渐远。

资料来源：李波、张俊飚、李海鹏：《中国农业碳排放时空特征及影响因素分解》，《中国人口·资源与环境》2011 年第 8 期。王帅、赵荣钦、苏辉等：《河南省典型区农业水土资源开发的碳排放效应研究》，《华北水利水电大学学报》（自然科学版）2019 年第 1 期。段华平、张悦、赵建波等：《中国农田生态系统的碳足迹分析》，《水土保持学报》2011 年第 5 期。

专栏 6 – 5　某省农业领域温室气体清单编制

农业领域温室气体来源分种植业和养殖业两大部分，在进行清单编制时，这两大来源通常被称为"农业和畜牧业"。农业领域温室气体排放的基本特征有排放强度低、检测比较困难等问题。种植业方面，以华东地区单季稻田为例，一个完整的水稻生长期通常持续 100 天以上，其每平方米总排放量平均值却仅 20 克量级，折算后的排放通量则在微克级，通常需要分辨率较高的气相色谱进行分析测试，检测难度较大；养殖业中，牛的单体肠道排放量最大，但单体排放量每年也仅 100 千克水平，折算到日排放量约为 270 克，与固定在农田中的植物不同，动物处于不停运动中，同一只（种）动物其活动范围、运动速度存在很大变数，不同种类的动物差异更大，如何准确获取动物的排放是一个很大的考验。当然，农业领域各种排放源的活动水平单位确定的情况下，其排放也是相对稳定的，因此通常推荐使用排放参数核算省级温室气体的排放。

农业领域核算的温室气体包括甲烷和氧化亚氮两种，整体上可以归为稻田甲烷、畜禽肠道甲烷、畜禽粪便甲烷、农用地氧化亚氮和畜禽粪便氧化亚氮等五类，将每一类中所有子类的活动水平与对应的排放因子相乘、累加，即可得到该类的排放量。如，我国华东地区有单季稻、双季早稻、双季晚稻三种稻田，每一种稻田的排放参数不同，将调查获得的某一种稻田的活动水平乘以对应的排放参数即得该类稻田的甲烷排放量，将 3 种稻田的甲烷排放量累加即可得到该区域的稻田甲烷排放总量。畜禽肠道甲烷、畜禽粪便甲烷、农用地氧化亚氮和畜禽粪便氧化亚氮的排放核算与此类似。

根据这一核算原则，得到某省农业领域的温室气体排放量如下：

（1）稻田甲烷

该省为亚热带向暖温带过渡区域，水稻以单季稻为主，有一定面积的双季早稻、双季晚稻。根据调查，2014 年全省单季稻、双季早稻、双季晚稻分别为 1766670 公顷、225330 公顷和 225330 公顷，将三者的面积乘以对应的甲烷排放参数（IPCC 推荐值）215.5kg/公顷、211.4kg/公顷和224.0kg/公顷，得到三种稻田的甲烷排放分别为 380717.39 吨、47634.76

吨和 50473.92 吨，三者合计即得该省 2014 年度稻田甲烷排放量为 478826.07 吨。

（2）农用地氧化亚氮

农用地氧化亚氮排放量由氮输入量乘以氧化亚氮排放因子得到。农用地氧化亚氮排放包括直接排放和间接排放两部分。直接排放是由农用地当季氮输入引起的氧化亚氮排放，输入的氮来源包括氮肥、粪肥和秸秆还田。间接排放包括大气氮沉降引起的氧化亚氮排放和氮淋溶径流损失引起的氧化亚氮排放。

农用地氧化亚氮直接排放总量等于各排放过程的氮输入量乘以对应的氧化亚氮排放因子，计算公式见下式：

$$E_{N_2O} = \sum (N_{输入} \times EF)$$

式中，$N_{输入}$ 代表氮肥、粪肥和秸秆还田等三种排放过程的氮输入量，EF 则为对应的氧化亚氮排放因子（单位：千克 $N_2O - N$/千克氮输入量）。三种排放过程的氮肥活动水平可由统计年鉴直接获得；粪肥活动水平可利用统计年鉴获得各种动物的活动水平，将活动水平与对应的粪便排放因子、氮素含量相乘获得；秸秆还田活动水平则利用统计年鉴获得作物总产量活动水平，再利用谷草比得到秸秆总量，将秸秆总量乘以还田率、秸秆氮素含量而获得。

农用地氧化亚氮间接排放等于施肥土壤和畜禽及乡村人口排泄粪便的氮氧化物（NO_X）和氨（NH_3）挥发在自然状况下产生的氮沉降引起的氧化亚氮排放和土壤氮淋溶或径流损失进入水体而引起的氧化亚氮排放之和。

利用统计年鉴获得氮肥施用量、畜禽等动物量、作物产量，根据对应的参数换算出氮素的输入量，结果见表 1：

表1　　　　　　　　　　**2014 年某省农用地化肥氮投入量**　　　　　（单位：吨氮）

区域	化肥氮	粪肥氮	秸秆还田氮	合计
全省总计	1756328.09	472599.524	157468.3491	2386395.9631

根据直接排放的氮输入数据及其对应的淋溶、沉降参数，计算获得间接氮投入量：

表2   **2014年某省间接排放氮投入量**   （单位：吨氮）

区域	大气氮沉降量	氮淋溶径流损失量	合计
安徽省	373309.34	455788.21	829097.55

根据直接、间接氮素输入量，利用 IPCC 提供的折算系数，即可得到农用地的氧化亚氮排放量：

表3   **2014年某省农用地氧化亚氮排放量**

	直接排放	间接排放	合计（吨氮）	折合成 N_2O 量（吨 $-N_2O$）
全省总计	24840.46	7151.50	3191.96	50273.08

（3）畜禽肠道甲烷

动物肠道发酵甲烷排放是指动物在正常的代谢过程中，寄生在动物消化道内的微生物发酵消化道内饲料时产生的甲烷排放，肠道发酵甲烷排放只包括从动物口、鼻和直肠排出体外的甲烷，不包括粪便的甲烷排放。

通过调查确认，某省的动物肠道发酵甲烷排放源可包括奶牛、非奶牛、水牛、山羊、绵羊、猪、马、驴、骡和兔。

利用统计年鉴和省农业部门的行业统计数据获得各种动物准确的活动水平，将不同种类动物的活动水平乘以该种动物对应的甲烷排放参数，即可得到该省动物肠道甲烷的排放总量。调查确认，该省 2014 年动物活动水平为下表：

表4   **2014年度某省畜禽饲养量**   （单位：万只、万头、万羽）

	规模化饲养	农户饲养	总存栏量
奶牛	10.5940	0.8345	11.4285
非奶牛	42.9857	68.9825	111.9682

续表

	规模化饲养	农户饲养	总存栏量
水牛		29.2906	29.2906
绵羊		1.0692	1.0692
山羊	327.9499	313.7286	641.6785
猪			1585.3471
马			0.1074
驴/骡			0.2144
兔			244.8898

　　将动物的活动水平与对应的排放因子相乘，即得动物肠道甲烷排放量。其中，在 IPCC 的推荐排放参数中没有兔，因此兔的排放参数采用公开文献中提供的参数。

表5　　　　　2014 年某省动物肠道发酵甲烷排放量　　　（单位：万吨甲烷）

	规模化饲养	农户饲养	合计
奶牛	0.9333	0.07452	1.00785
非奶牛	2.2739	4.68391	6.95786
水牛		2.56879	2.56879
绵羊		0.00930	0.00930
山羊	2.9188	2.94905	5.86785
猪			1.58535
马			0.00193
驴/骡			0.00214
兔			0.06220
总计			18.0632

　　（4）畜禽粪便甲烷与氧化亚氮
　　动物粪便管理甲烷排放、氧化亚氮排放是指在畜禽粪便施入到土壤之前动物粪便贮存和处理所产生的甲烷、氧化亚氮。某省畜禽粪便甲烷与氧化亚氮排放的活动水平与肠道甲烷核算的活动水平一致，即包括奶牛、非奶牛、水牛、山羊、绵羊、猪、马、驴、骡、家禽和兔。

将不同动物的活动水平乘以对应的排放参数，即可得到不同种类动物粪便管理甲烷与氧化亚氮的排放量。2014 年全省动物粪便发酵甲烷排放量为 93683 吨，氧化亚氮排放量为 6692 吨。

表 6　　　　　　　　2014 年某省动物粪便管理甲烷排放量　　　（单位：吨 - CH_4）

区域	奶牛	非奶牛	水牛	绵羊	山羊
某省	951.99	3706.15	1625.63	2.78	1796.70
区域	猪	家禽	马	驴/骡	兔
某省	80535.63	4864.41	1.76	1.93	195.91

表 7　　　　　　　2014 年某省动物粪便管理氧化亚氮排放量　　　（单位：吨 - N_2O）

区域	奶牛	非奶牛	水牛	绵羊	山羊
某省	236.00	947.25	256.29	1.21	725.10
区域	猪	家禽	马	驴/骡	兔
某省	2774.36	1702.54	0.35	0.40	48.98

（5）农业领域温室气体排放总量

将稻田、农用地、动物肠道和畜禽粪便四大来源排放的甲烷和氧化亚氮累加，即可得到全省的农业领域温室气体排放总量及其对应的二氧化碳当量：

表 8　　　2014 年某省农业活动温室气体排放量及其二氧化碳当量

排放源	甲烷 （万吨 CH_4）	氧化亚氮 （万吨 N_2O）	二氧化碳当量 （万吨 CO_2 eq）
稻田	47.8826	0.0000	1005.5347
农用地	0.0000	5.0273	1558.4656

	甲烷 （万吨 CH$_4$）	氧化亚氮 （万吨 N$_2$O）	续表 二氧化碳当量 （万吨 CO$_2$eq）
排放源			
动物肠道发酵	18.0632	0.0000	379.3277
动物粪便管理系统	9.3683	0.6692	404.2011
安徽省总计			3347.5291

注：甲烷和氧化亚氮折合成二氧化碳当量的系数分别是 21 和 310。

延伸阅读

1. 蔡祖聪、徐华、马静：《稻田生态系统 CH$_4$ 和 N$_2$O 排放》，中国科学技术大学出版社 2009 年版。

2. 朱志平、董红敏、魏莎、马金智、薛鹏英：《中国畜禽粪便管理变化对温室气体排放的影响》，《农业环境科学学报》2020 年第 4 期。

3. 韦良焕、林宁、莫治新：《中国省域农业源 N$_2$O 排放清单及特征分析》，《浙江农业学报》2019 年第 11 期。

4. 毛国华：《基于 LCA 的农产品碳足迹评价及碳标签评测方法研究》，太原理工大学，2017 年。

5. 程琳琳：《中国农业碳生产率时空分异：机理与实证》，华中农业大学，2018 年。

练习题

1. 种植业与畜禽养殖业主要温室气体排放源分别有哪些？其排放的温室气体各有什么特点？

2. 农业领域甲烷与氧化亚氮产生的物质基础是什么？试结合不同养殖动物温室气体特点，探讨畜牧业温室气体控制的可操作途径。种植业的温室气体排放如何控制？

3. 利用延伸阅读里某省级统计数据，估算该省的种植业与养殖业温室气体排放量。

4. 在生活生产中，还有没有未列入的排放源？

5. 如何确定种植业与畜禽养殖业的活动水平？

6. 参考碳足迹的概念，以某一种农产品的生产、消费过程为对象，分析农业、畜牧业的全产业链温室气体排放量，阐述从生产端和消费端分别核算温室气体排放的合理性。

第 七 章

废弃物处理碳排放核算

废弃物的种类繁多，主要产生于以下场所：家庭、办公室、商场、市场、饭店、公共机构、工业设施、自来水厂及污水设施、建筑及爆破场地和农业活动（农业、林业和其他土地利用，粪便管理及农业残余物）。[①] 按《2006年IPCC清单指南》中的定义，固体废弃物主要包括城市固体废弃物（MSW）、工业固体废弃物、污泥和其他固体废弃物；其他废弃物包括医疗废弃物、危险废弃物和农业废弃物。主要的处理方式有：堆弃、卫生填埋、焚烧、堆肥及其他方式。我国的无害化处理方式主要有卫生填埋、堆肥和焚烧。

废水通常产生于各种生活、商业和工业等环节，主要分为两类：生活污水和工业废水。废水的处理方式多样：未收集就地处理，也可经市政管网排放到集中设施处理，或者经由排水口未加处理而排放。生活污水：指家庭废水、商业废水和非有害工业废水的混合体。工业废水来源于工业活动的各个环节。

第一节　废弃物处理碳排放识别

废弃物处理包括三大部分：城市固体废弃物处理、生活污水和工业废水处理。在处理过程中会排放甲烷、二氧化碳和氧化亚氮三种温室气体，是碳排放的一种重要来源。碳排放清单包括：城市固体废弃物（城市生活垃圾）填埋处理产生的甲烷排放量，固体废弃物焚烧处理产生的二氧化碳排放量，生活污

---

① 马占云、高庆先等：《废弃物处理温室气体排放计算指南》，科学出版社2011年版，第35页。

水处理的甲烷排放量，工业废水处理的甲烷排放量和废水处理的氧化亚氮排放量。

一　排放环节

（一）废弃物填埋处理甲烷排放

固体废物种类较多，有不同的分类方法。按其污染的特性可分为一般固体废物和危险固体废物。按废物的来源可以分为城市固体废弃物、工业固体废弃物和农业固体废弃物。城市固体废弃物是指居民生活、商业活动、市政建设与维护、机关办公等过程产生的固体废物。[①] 一般工业固体废弃物是指未被列入《国家危险废物名录》或者根据国家规定的 GB 5085 鉴别标准和 GB 5086 及 GB/T 15555 鉴别方法判定不具有危险特性的工业固体废弃物[②]。主要有冶炼废渣、粉煤灰、炉渣、尾矿、煤矸石等。废弃物填埋碳排放主要核算城市生活垃圾填埋排放。城市生活垃圾填埋产生的气体主要为甲烷和二氧化碳，此外还含有少量的一氧化碳、氢、硫化氢、氨、氮和氧等。城市生活垃圾填埋场气体的典型成分（体积分数）为：甲烷 45%—50%，二氧化碳 40%—60%，氮气 2%—5%，硫化物 0—1.0%，氨气 0.1%—1.0% 等。[③]

（二）焚烧处理二氧化碳排放

废弃物处理领域的重要排放源包括固体和液体废弃物在可控的焚化设施中焚烧产生的二氧化碳排放。焚烧的废弃物类型包括城市固体废弃物、危险废弃物、医疗废弃物和污水污泥，我国统计数据中危险废弃物包括了医疗废弃物。

废弃物的焚化过程中，排放的相关气体有 CO_2、CH_4、N_2O。通常状况下，CO_2 排放量占比最多。因此，废弃物焚烧目前仅考虑 CO_2 的排放。无能源回收的废弃物焚烧产生的排放报告统计在废弃物处理排放部分，而有能源回收的废弃物燃烧产生的排放不算在废弃物排放部分，二者都要区分化石和生物成因的二氧化碳排放。

在无能源回收的情形下，废弃物中的化石碳或矿物碳（如塑料、某些纺

---

① 孙瑞君：《浅谈固体废物及其处置技术》，《科技情报开发与经济》2006 年第 6 期。

② 国家发展和改革委员会应对气候变化司：《2005 中国温室气体清单研究》，中国环境出版社 2014 年版，第 334 页。

③ 环境保护部环境工程评估中心：《2018 环境影响评价技术方法》，中国环境出版社 2018 年版，第 343 页。

织物、橡胶、液体熔剂和废油）在焚化和露天燃烧过程产生的二氧化碳排放，为化石成因的 CO_2 排放，纳入废弃物排放清单部分。

焚烧处理二氧化碳排放核算中，应注意以下两点：（1）对废弃物进行能源利用（即废弃物直接作为燃料发电，或转化为燃料使用）产生的温室气体排放，在能源部门中估算并报告；（2）固体废弃物处置场所的生物质成分（如纸张、食品和木材废弃物等）燃烧排放的二氧化碳，该部分排放是生物成因的 CO_2 排放，不计入废弃物排放部分，作为信息项进行报告。

（三）生活污水处理甲烷排放

根据废水产生的来源可分为：生活污水和工业废水。生活污水指机关、学校和居民在日常生活中产生的废水，包括厕所粪尿、洗衣洗澡水、厨房等家庭排水和商业、医院和游乐场所的排水等。[①] 2005 年，全国污水处理量为 128.71 亿吨，其中生活污水处理量为 108.44 亿吨。

污水处理技术按处理程度划分，可分为一级、二级和三级处理工艺。污水一级处理应用物理方法，如筛滤、沉淀等去除污水中不溶解的悬浮固体和漂浮物质。污水二级处理主要是应用生物处理方法，即通过微生物的代谢作用进行物质转化的过程，将污水中的各种复杂的有机物氧化降解为简单的物质。生物处理对污水水质、水温、水中的溶氧量、pH 值等有一定的要求。污水三级处理是在一、二级处理的基础上，应用混凝、过滤、离子交换、反渗透等物理、化学方法进一步去除污水中难溶解的有机物、磷、氮等营养性物质，三级处理为深度处理，出水水质较好。污水中的污染物组成非常复杂，常常需要以上几种方法组合，才能达到处理要求。

生活污水可在污水处理厂、坑厕、化粪系统中处理，或通过露天和封闭的下水道，在非管理的化粪池或水沟里处理。生活污水采用提供耗氧环境的处理系统会产生很少的 CH_4。采用经过厌氧处理的系统，会产生 CH_4 的排放。

（四）工业废水处理甲烷排放

工业废水是各类工业企业在生产过程中排出的生产废水、生产污水、生产废液的总称。工业废水在某些情况下直接排放到水体，或者在厂区内部处理设施进行预处理，然后排入污水收集系统。据 2005 年的统计资料，工业废水排放量最大的 5 个行业是：造纸及纸制品业，化学原料及化学制品业，电力、热

---

① 马占云、高庆先等：《废弃物处理温室气体排放计算指南》，科学出版社 2011 年版，第 117 页。

力的生产和供应业，纺织业和黑色金属冶炼及压延加工业；2005 年，全国工业废水共处理去除 COD 量为 1088.26 万吨。[①]

废水及其污泥成分，如果无氧降解就会产生 CH_4。主要排放环节和排放特征与生活污水处理过程相似。决定废水中 CH_4 排放量的主要因素是废水中可降解有机材料量、温度及处理系统的类型。当温度增加时，CH_4 产生的速率增大。确定废水中 CH_4 产生潜势的主要因子是废水中可降解有机材料的数量。[②]

（五）废水处理氧化亚氮排放

废水产生于各种生活、商业和工业源，可以就地处理，也可经下水道排放到集中处理设施或在其附近或经由排水口未加处理而排放。[③] 废水经过厌氧处理，会排放 CH_4 和 N_2O。N_2O 排放与废水中的可降解氮成分有关，如尿素、硝酸盐和蛋白质。在工厂和接收废水的水体，硝化和反硝化作用均可能导致 N_2O 的排放。硝化作用是一个将氨和其他氮化合物转化成硝酸盐（NO_3^-）的耗氧过程，而反硝化作用发生在缺氧条件（无氧气释放）下，即硝酸盐转化为氮气的生物学转化。N_2O 可能会成为这两个过程的中间产品，不过与反硝化作用的关联更大。

二　排放特征

以 2005 年的我国碳排放组成为例，在不考虑土地利用变化和林业部门的情况下，废弃物处理领域在排放总量中的比重为 1.50%。废弃物领域的碳排放约为 1.12 亿吨二氧化碳当量，其中：（1）焚烧处理二氧化碳排放量为 265.8 万 t，占废弃物处理排放总量的 2%；（2）固体废弃物处理和废水处理的甲烷排放量为 8030.4 万吨二氧化碳当量（其中，固体废弃物处理排放 4628.4 万吨二氧化碳当量，工业废水处理排放 2562 万吨二氧化碳当量，生活污水处理排放 840 万吨二氧化碳当量），占总排放量的 72%；（3）废水处理的氧化亚氮排放量为 2884.7 万吨二氧化碳当量，占 26%。从上述构成看，CH_4 排放为废弃物处理最主要的碳排放来源，占总量的 72%，其中生活垃圾处理

① 国家发展和改革委员会应对气候变化司：《2005 中国温室气体清单研究》，中国环境出版社 2014 年版，第 344、349 页。

② 王雪松、宋蕾、白润英：《呼和浩特地区污水厂能耗评价与碳排放分析》，《环境科学与技术》2013 年第 2 期。

③ 周兴：《南京市受污染水体甲烷和氧化亚氮排放研究》，硕士学位论文，南京信息工程大学，2012 年。

占 CH_4 排放总量的 41%，城市生活垃圾填埋处理是最大的排放源。

（一）废弃物填埋处理过程排放特征

来自固体废弃物堆放、贮存和处置场的污染物可以通过一种或几种形态释放到环境中：液态、固态和气态形式。污染物的释放分为有控和无控排放，有控排放属于固体废物管理实践和废物处理运行的一部分。无控排放是指无直接管理操作下的排放。[①] 废弃物处理方式主要有以下几种：堆弃、卫生填埋、堆肥、焚烧及其他处理方式。目前，随着环境处理设施的不断完善，城市生活垃圾由早期的简易露天堆放处理逐步过渡到运送到专门的垃圾填埋场进行卫生填埋处理或进行焚烧处理。卫生填埋区别于传统的填埋法，采用严格的污染控制措施，使整个填埋过程的污染和危害减少到最低限度，在填埋场的设计、施工、运行时最关键的问题是控制含大量有机酸、氨氮和重金属等污染物的渗滤液的随意流出，做到统一收集后集中处理。[②]

废弃物降解是一个同时进行物理、化学、生物反应的复杂而又漫长的过程，一般需要几十年甚至上百年。随着废弃物不断填入和垃圾体内水分的积累，环境条件不断发生变化，由不同种群微生物引发的生物化学反应就会相继发生（马占云等）。固体废弃物的厌氧消化原理和阶段划分如下：有机物和营养物质在厌氧微生物作用下，在酸性发酵阶段分解为细胞物质和有机酸、醇类及 CO_2、NH_3、H_2S 等气体，并释放能量；在碱性发酵阶段进一步分解为细胞物质和 CO_2、CH_4 等气体，并释放能量。具体过程可以分为水解阶段、产酸阶段和产甲烷阶段（图 7-1）。

食品和纸类等有机物通常被视为可降解有机物，但少数物质在填埋场环境中有惰性，很难降解，如木质素等。[③] 城市生活垃圾的成分主要有：厨余、纸类、塑料、织物、竹木、金属、玻璃、砖石、灰渣及其他；[④] 其中，厨余、纸类、织物、竹木这几类含有可降解有机碳。可降解有机碳是指废弃物中容易受

①　生态环境部环境工程评估中心：《环境影响评价技术方法》，中国环境出版社 2021 年版，第 352 页。

②　生态环境部环境工程评估中心：《环境影响评价技术方法》，中国环境出版社 2021 年版，第 399 页。

③　王静：《基于有机物转化率的垃圾填埋气产量预测模型及其验证》，硕士学位论文，重庆大学，2006 年。

④　袁涛、吴继军、高云超等：《厨余堆肥对土壤典型肥力指标的影响初探》，《广东农业科学》2013 年第 16 期。

到生物化学分解的有机碳，它以废弃物中的有机成分为基础。

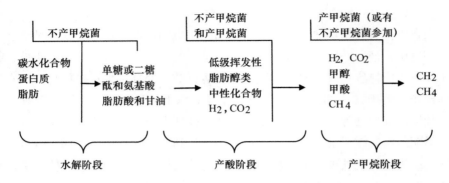

图 7 - 1　废弃物厌氧消化过程和原理①

根据垃圾产气模型建立的基础不同，可以把产气模型分为 3 类：动力学模型、统计学模型和经验模型。动力学模型按照甲烷的产生机理进行预测，原理上符合产气规律，但主要参数均由垃圾成分的理论得出，往往偏大；统计学模型一般需要大量的监测数据，但运用时简单；经验模型相对符合实际情况。②

根据 IPCC 温室气体清单编制指南，固体废弃物处理场所的 CH_4 排放的计算有两种方法：质量平衡法（方法 1）和一阶衰减（FOD）（方法 2）。质量平衡法模型可看作统计模型，该方法计算产气量方便，所需参数相对较少，其假设 CH_4 一次性排放完，估算结果往往偏大，而且模型无法给出在垃圾产气周期中的 CH_4 排放量的分布。适用于较大规模的产气量的估算。本书中计算采用质量平衡法进行，具体计算公式见下节。

其中 IPCC 推荐的 FOD 模型属于动力学产气模型，该法的年度 CH_4 排放量计算更准确；但该模型需要有长时间序列的填埋量数据作基础，计算中需要较多的参数数据。其计算原理如下：

$$CH_{4排放T} = \left(\sum_n CH_{4产生n,T} - R_T \right)(1 - OX_T) \qquad （式 7 - 1）$$

式 7 - 1 中，$CH_{4排放T}$ 为 T 年的 CH_4 排放量（Gg/a），n 为废弃物类型/材料，R_T 为 T 年的回收量（Gg/a），OX_T 为 T 年的氧化因子。

---

① 马占云、高庆先等：《废弃物处理温室气体排放计算指南》，科学出版社 2011 年版，第 71 页。
② 宁平主编：《固体废物处理与处置》，高等教育出版社 2007 年版，第 272 页。

$CH_{4产生,T}$ 为 T 年产生的 CH_4 量（Gg/a），具体由式 7-2 进行计算：

$$CH_{4产生,T} = \sum_x \{ [A \times k \times MSW_T(x) \times MSW_F(x) \times L_0(x)] \times e^{-k(t-x)} \}$$

（式 7-2）

T 为计算当年，x 为计算开始的年份，$A = (1 - e^{-k})/k$，表示修正总量的归一化因子；$k = \ln(2)/t_{1/2}$，为 CH_4 产生率常数，$t_{1/2}$ 为半衰期时间（年）；$MSW_T(x)$ 为某年城市固体废弃物的产生总量；$MSW_F(x)$ 为处理厂处理废弃物的比例；$L_0(x)$ 为 CH_4 的产生潜力。

（二）焚烧处理二氧化碳排放特征

焚烧处理法是一种高温的热处理技术：以一定的过剩空气量与被处理的有机废物在焚烧炉内进行氧化分解反应，废物中的有毒有害物质在高温中氧化、热解而被破坏。其特点是可以实现无害化、减量化、资源化。[①] 主要是通过燃烧设备和前分选处理设备及不添加辅助燃料的情况下对垃圾进行资源化处理，将有机废物在较高温度下转变为气体燃料。通过工艺流程中对反应温度、加热时间及气化剂的控制，产生大量的可燃气，热值接近城市煤气热值，这些气体经净化回收装置可以加以利用或储存在罐内，最终垃圾体积减小 90% 以上，剩余物为 5%—8% 的无机灰。

（三）生活污水处理甲烷排放特征

生活污水处理甲烷排放主要产生于厌氧生物处理过程。厌氧生物处理是在没有游离氧存在的条件下，兼性细菌与厌氧细菌降解和稳定有机物的生物处理方法。在厌氧生物处理过程中，复杂的有机化合物被降解、转化为简单的化合物，同时释放能量。在早期，又被称为厌氧消化、厌氧发酵。在此过程中，有机物的转化分为三部分进行：部分转化为 CH_4，还有部分被分解为 CO_2、H_2O、NH_3、H_2S 等无机物。对有机污染物的降解是由两类厌氧菌通过产酸发酵和甲烷发酵两阶段来完成的。先由兼性厌氧产酸菌将复杂的有机物水解、转化为简单的有机物（如有机酸、醇、醛等）；再由绝对厌氧菌（甲烷菌）将有机酸转化为 CH_4 和 CO_2 等。CH_4 的产生量取决于废水中可降解的有机物质含量、温度及处理系统的类型。

---

① 孙瑞君：《浅谈固体废物及其处置技术》，《科技情报开发与经济》2006 年第 6 期。

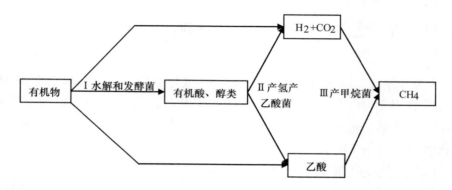

图 7 - 2   有机物厌氧消化模式

资料来源：马占云、高庆先等：《废弃物处理温室气体排放计算指南》，科学出版社 2011 年版，第79 页。

第二节   固体废弃物填埋处理
甲烷排放核算

一   核算公式

质量平衡法的计算公式如式 7 - 3 所示，该方法假设所有潜在的甲烷均在处理当年就全部排放完。

$$E_{CH_4} = (MSW_T \times MSW_F \times L_0 - R) \times (1 - OX) \qquad （式 7 - 3）$$

式中：E_{CH_4} 指甲烷排放量（万吨/年）；

MSW_T 指总的城市固体废弃物产生量（万吨/年）；

MSW_F 指城市固体废弃物填埋处理率；

L_0 指各管理类型垃圾填埋场的甲烷产生潜力（万吨甲烷/万吨废弃物）；

R 指甲烷回收量（万吨/年）；

OX 指氧化因子。

$$其中：L_0 = MCF \times DOC \times DOC_f \times F \times 16/12 \qquad （式 7 - 4）$$

式 7 - 4 中：MCF 指各管理类型垃圾填埋场的甲烷修正因子（比例）；

DOC 指可降解有机碳（千克碳/千克废弃物）；

DOC_f 指可分解的 DOC 比例；

F 指垃圾填埋气体中的甲烷比例；

16/12 指甲烷/碳分子量比率。

二　活动水平和排放因子确定

（一）活动水平数据的确定

固体废弃物处置甲烷排放估算所需的活动水平数据包括：城市固体废弃物填埋量、城市固体废弃物物理成分。城市固体废弃物数据可从各地区的住房和城乡建设等相关部门获得。城市固体废弃物成分可以通过收集垃圾处理场所相关监测分析数据或有关研究报告获得。为获得相应地区的数据，可以进行定期监测和采样分析得出。表 7-1 给出了城市固体废弃物填埋处理甲烷排放估算所需的活动水平数据及可能的数据来源。

表 7-1　　　　　城市固体废弃物填埋处理活动水平数据及来源

活动水平数据	简写	单位	数据来源
产生量	MSW_T	万吨/年	城市建设年鉴
填埋处理率	MSW_F	%	城建部门
填埋量		万吨/年	城市建设年鉴
城市生活垃圾成分		%	城建部门
食物垃圾		%	城建部门
庭园（院子）和公园废弃物		%	城建部门
纸张和纸板		%	城建部门
木材		%	城建部门
纺织品		%	城建部门
橡胶和皮革		%	城建部门
塑料		%	城建部门
金属		%	城建部门
玻璃（陶器、瓷器）		%	城建部门
灰渣		%	城建部门
砖瓦		%	城建部门
其他（如电子废弃物、骨头、贝壳、电池）		%	城建部门

资料来源：《省级温室气体清单编制指南（试行）》，2011 年 5 月。

（二）排放因子的确定

固体废弃物填埋处理温室气体排放时需要的排放因子包括：

1. 甲烷修正因子（MCF）

甲烷修正因子主要反映不同区域垃圾处理方式和管理程度。垃圾处理可分为管理的和非管理的两类，其中非管理的又依据垃圾填埋深度分为深处理（>5 米）和浅处理（<5 米），不同的管理状况，MCF 的值不同。如果没有分类的数据，选择分类 D 的 MCF 值。

表 7－2　　　　　　　固体废弃物填埋场分类和甲烷修正因子

填埋场的类型	甲烷修正因子（MCF）的缺省值
管理的：A	1.0
非管理的—深的（>5m 废弃物）：B	0.8
非管理的—浅的（<5m 废弃物）：C	0.4
未分类的：D	0.4

资料来源：《省级温室气体清单编制指南（试行）》，2011 年 5 月。

2. 可降解有机碳（DOC）

可降解有机碳是指废弃物中容易受到生物化学分解的有机碳，单位为每千克废弃物（湿重）中含多少千克碳。DOC 的估算是以废弃物中的成分为基础，通过各类成分的可降解有机碳的比例平均权重计算得出。计算可降解有机碳的公式为：

$$DOC = \sum_i (DOC_i \times W_i) \qquad (式 7-5)$$

式 7－5 中：DOC 指废弃物中可降解有机碳；

DOC_i 指废弃物类型 i 中可降解有机碳的比例；

W_i 指第 i 类废弃物的比例，可以通过对各地区垃圾填埋场的垃圾成分调研或相应研究报告的收集获得。

3. 可分解的 DOC 的比例（DOC_f）

可分解的 DOC 的比例（DOC_f）表示从固体废弃物处置场分解和释放出来的碳的比例，表明某些有机废弃物在废弃物处置场中并不一定全部分解或是分解得很慢。一般推荐采用 0.5（0.5—0.6 包括木质素碳）作为可分解的 DOC 比例，如果数据可获得也可以采用类似地区的可分解的 DOC 比例。

表 7 – 3　　　　　　固体废弃物成分 DOC 含量比例的推荐值　　　　（单位:%）

固体废弃物成分	DOC 含量占湿废弃物的比例	
	推荐值	范围
纸张/纸板	40	36—45
纺织品	24	20—40
食品垃圾	15	8—20
木材	43	39—46
庭院和公园废弃物	20	18—22
尿布	24	18—32
橡胶和皮革	(39)	(39)
塑料	—	—
金属	—	—
玻璃	—	—
其他惰性废弃物	—	—

资料来源:《省级温室气体清单编制指南（试行）》，2011 年 5 月。

4. 甲烷在垃圾填埋气体中的比例（F）

垃圾填埋场产生的填埋气体主要是甲烷和二氧化碳等气体。甲烷在垃圾填埋气体中的比例（体积比）一般取值范围在0.4—0.6之间，平均取值推荐为0.5，取决于多个因子，包括废弃物成分（如碳水化合物和纤维素）。如果有特有的垃圾填埋场的相应监测数据，建议使用该特有值。

5. 甲烷回收量（R）

甲烷回收量是指在固体废弃物处置场中产生的，并收集和燃烧或用于发电装置部分的甲烷量。建议根据实际回收利用情况，记录甲烷的回收量，特别是如果有甲烷用于发电或其他利用，在总的排放中去掉这部分。

6. 氧化因子（OX）

氧化因子（OX）是指固体废弃物处置场排放的甲烷在土壤或其他覆盖废弃物的材料中发生氧化的那部分甲烷量的比例。对于比较合格的管理型垃圾填埋场的氧化因子取值为0.1，如果使用其他氧化因子则需要给出明确的文件记录和相应的参考文献。表 7 – 4 列出了城市固体废弃物处理甲烷排放清单估算所需排放因子及相关参数的推荐值。

表7-4　　　城市固体废弃物填埋处理排放因子/相关参数及来源

排放因子/相关参数	简写	单位	推荐值	数据来源
甲烷修正因子	MCF	%		城建部门
可降解有机碳	DOC	千克碳/千克废弃物	式7-5	清单编制部门
可分解的DOC比例	DOC_f	%	0.5	IPCC指南
甲烷在垃圾填埋气中的比例	F	%	0.5	IPCC指南
甲烷回收量	R	万吨	0	IPCC指南
氧化因子	OX	%	0.1	IPCC指南

资料来源：《省级温室气体清单编制指南（试行）》，2011年5月。

三　调查与方法

（一）活动水平数据调查方法

从《中国城市建设统计年鉴》或省级城市建设统计年鉴中收集研究区域固体废弃物的产生量和填埋处理比例或者直接获得填埋量。对于生活垃圾成分比例，通过城建部门或填埋场管理单位获得研究区生活垃圾的成分比例。若具有条件，可根据《生活垃圾采样和物理分析方法（CJ/T313-2009）》标准进行采样实测垃圾成分。在上述资料不易获得时，也可采用附近地区的生活垃圾成分比例进行计算。

（二）排放因子调查方法

为较客观反映排放情况，通常排放因子应通过实地测量来获得。测量方式包括自行组织测量、委托第三方机构检测及其他相关方提供的测量数值。自行测量及委托第三方机构测量应遵循相关的标准方法规定。若使用其他相关方提供的数值时，应说明具体的来源。

进行实地走访，调查垃圾填埋场的管理水平，确定相应的甲烷修正因子。利用活动水平中的垃圾成分和公式7-5计算可降解有机碳数据。根据各地实际情况测量或向相关企业收集资料，或者采用推荐值确定甲烷在填埋气中的比例、甲烷的回收量。调查填埋场的实际操作工艺，确定相应的氧化因子。

第三节　焚烧处理二氧化碳排放核算

一　核算公式

核算废弃物焚化和露天燃烧产生的二氧化碳排放量的估算公式为：

$$E_{CO_2} = \sum_i (IW_i \times CCW_i \times FCF_i \times EF_i \times 44/12) \qquad (式 7-6)$$

式 7-6 中：E_{CO_2} 指废弃物焚烧处理的二氧化碳排放量（万吨/年）；

i 分别表示城市固体废弃物、危险废弃物、污泥；

IW_i 指第 i 种类型废弃物的焚烧量（万吨/年）；

CCW_i 指第 i 种类型废弃物中的碳含量比例；

FCF_i 指第 i 种类型废弃物中矿物碳在碳总量中比例；

EF_i 指第 i 种类型废弃物焚烧炉的燃烧效率；

44/12 指碳转换成二氧化碳的转换系数。

二　活动水平和排放因子确定

（一）活动水平数据确定

废弃物焚烧处理二氧化碳排放估算需要的活动水平数据包括各类型（城市固体废弃物、危险废弃物、污水污泥）废弃物焚烧量。

资料来源：从《中国城市建设统计年鉴》、焚烧厂或各地区环境统计年报中获取城市生活垃圾、危险废弃物和污水污泥的焚烧量。

（二）排放因子的确定

废弃物焚烧处理的关键排放因子包括废弃物中的碳含量比例，矿物碳在碳总量中比例和焚烧炉的燃烧效率。

矿物碳在碳总量中的比例会因废弃物种类不同而有很大的差别。城市固体废弃物和医疗废弃物中的碳主要来源于生物碳和矿物碳；污水污泥中的矿物碳，通常可以省略（只有微量的清洁剂和其他化学物质）。危险废弃物中的碳通常来自矿物材料。焚烧的废弃物中的生物碳和矿物碳可以从废弃物成分分析资料中得到。

三　调查与方法

（一）活动水平数据调查方法

从焚烧厂或者通过资料调查或专家判断确定废弃物中的碳含量。从城市生活垃圾成分比例计算矿物碳在碳总量中的比例。

（二）排放因子的确定

根据焚烧厂实际情况确定焚烧的效率。废弃物焚烧产生的二氧化碳排放清单估算所需排放因子，如果当地无相关实测数据，建议采用表 7 - 5 的推荐值。

表 7 - 5　　　　　　　　废弃物焚烧处理排放因子及来源

排放因子	简写	范围		推荐值	数据来源
废弃物碳含量	CCW_i	城市生活垃圾	（湿）33%—35%	20%	调查和专家判断
		危险废弃物	（湿）1%—95%	1	专家判断
		污泥	（干物质）10%—40%	30%	IPCC 指南
矿物碳在碳总量中的百分比	FCF_i	城市生活垃圾	30%—50%	39%	全国平均值
		危险废弃物	90%—100%	90%	专家判断
		污泥	0	0	注：生物成因
专家判断	EF_i	城市生活垃圾	95%—99%	95%	专家判断
		危险废弃物	95%—99.5%	97%	
		污泥	95%	95%	

资料来源：《省级温室气体清单编制指南（试行）》，2011 年 5 月。

第四节　生活污水处理甲烷排放核算

一　核算公式

$$E_{CH_4} = (TOW \times EF) - R \qquad （式 7 - 7）$$

式 7 - 7 中：E_{CH_4} 指清单年份的生活污水处理甲烷排放总量（万吨甲烷/年）；

TOW 指清单年份的生活污水中有机物总量（千克 BOD/年）；

EF 指排放因子（千克甲烷/千克 BOD）；

R 指清单年份的甲烷回收量（千克甲烷/年）。

其中排放因子（EF）的估算公式为：

$$EF = B_0 \times MCF \qquad （式 7-8）$$

式 7-8 中：B_0 指甲烷最大产生能力；MCF 指甲烷修正因子。

二　活动水平和排放因子确定

（一）活动水平数据确定

生活污水处理甲烷排放时主要的活动水平数据是污水中有机物的总量，以生化需氧量（BOD）作为重要的指标，包括排入到海洋、河流或湖泊等环境中的 BOD 和在污水处理厂处理系统中去除的 BOD 两部分。在我国只有化学需氧量（COD）的统计数据资料，如果可以获得 BOD 的详细资料或者平均状况的 BOD 排放量，建议使用各地区的特有值，如果无相关实测数据，建议使用提供的各区域 BOD 与 COD 的相关关系（表 7-6）进行转换。

表 7-6　　　　　　　　　　各区域平均 BOD/COD 推荐值

区域	BOD/COD
全国	0.46
华北	0.45
东北	0.46
华东	0.43
华中	0.49
华南	0.47
西南	0.51
西北	0.41

资料来源：《省级温室气体清单编制指南（试行）》，2011 年 5 月。

（二）排放因子的确定

1. 甲烷修正因子（MCF）

MCF 表示不同处理和排放的途径或系统达到的甲烷最大产生能力（B_0）的程度，也反映了系统的厌氧程度。MCF 可以利用下面公式估算：

$$MCF = \sum_i WS_i \times MCF_i \qquad （式7-9）$$

式7-9中：WS_i 指第 i 类废水处理系统处理生活污水的比例；MCF_i 指第 i 类处理系统的甲烷修正因子。

根据我国生活污水处理的实际情况，利用相关参数，得出了全国平均的 MCF 为 0.165，作为推荐值。对于有条件的地区尽可能针对实际情况，获得本地区的 MCF。

表7-7　　　　　　　　　生活污水各处理系统的 MCF 推荐值

处理和排放途径或系统的类型	备注	MCF	范围
未处理的系统			
海洋、河流或湖泊排放	有机物含量高的河流会变成厌氧的	0.1	0—0.2
不流动的下水道	露天而温和	0.5	0.4—0.8
流动的下水道（露天或封闭）	快速移动。清洁源自抽水站的少量甲烷	0	0
已处理的系统			
集中耗氧处理厂	必须管理完善，一些甲烷会从沉积池和其他料袋排放出来	0	0—0.1
集中耗氧处理厂	管理不完善，过载	0.3	0.2—0.4
污泥的厌氧浸化槽	此处未考虑甲烷回收	0.8	0.8—1.0
厌氧反应堆	此处未考虑甲烷回收	0.8	0.8—1.0
浅厌氧化粪池	若深度不足 2 米，使用专家判断	0.2	0—0.3
深厌氧化粪池	深度超过 2 米	0.8	0.8—1.0

资料来源：《省级温室气体清单编制指南（试行）》，2011 年 5 月。

2. 甲烷最大产生能力（B_0）

甲烷最大产生能力，表示污水中有机物可产生最大的甲烷排放量，推荐生活污水为每千克 BOD 可产生 0.6 千克的甲烷，工业废水为每千克 COD 产生 0.25

千克的甲烷。建议有条件的地区，可以通过实验获得本地区特有的 B_0 值。

根据公式 7-9 计算甲烷修正因子，如果没有本地区特有的甲烷修正因子，建议采用指南推荐值。根据研究地区生活污水的实际处理工艺和处理量实际情况获得甲烷最大产生能力，如果不可获得建议采用推荐值。

三　调查与方法

（一）活动水平数据调查方法

根据各地区的环境统计年报数据获得排入环境中的 COD 排放量和污水处理厂处理系统去除的 COD 量，调查各污水处理厂实际测定的 BOD/COD 值，进行转换。如果数据不可获得，采用各区域的推荐值。

（二）排放因子的确定

对于甲烷修正因子（MCF），调查本区域内生活污水的处理方式及其占比，根据公式 7-9 进行计算。对于甲烷最大产生能力，可取生活污水进行处理实验，以获得本地区的排放因子。

第五节　工业废水处理甲烷排放核算

一　核算公式

工业废水处理甲烷排放的估算公式如下：

$$E_{CH_4} = \sum_i \left[(TOW_i - S_i) \times EF_i - R_i \right] \qquad （式 7-10）$$

式 7-10 中：E_{CH_4} 指甲烷排放量（千克甲烷/年）；

i 表示不同的工业行业；

TOW_i 指工业废水中可降解有机物的总量（千克 COD/年）；

S_i 指以污泥方式清除掉的有机物总量（千克 COD/年）；

EF_i 指排放因子（千克 CH_4/千克 COD）；

R_i 指甲烷回收量（千克甲烷/年）。

二　活动水平和排放因子确定

（一）活动水平数据确定

将每个工业行业的可降解有机物即活动水平数据分为两部分，即处理系统去除的 COD 和排入环境中的 COD。

资料来源：分行业的两部分数据可从各地区的环境统计年报中获得。

（二）排放因子的确定

废水处理时甲烷的排放能力因工业废水类型而异，不同类型的废水具有不同的甲烷排放因子，涉及甲烷最大产生能力和甲烷修正因子。各区域各行业工业废水具体的甲烷修正因子可通过现场实验和专家判断等方式获取，表 7－8 给出了各行业工业废水的 MCF 推荐值。根据工厂的实际情况及不同工业行业废水的处理技术确定甲烷修正因子和甲烷的最大产生能力，如果不可获得建议采用下面的推荐值。

表 7－8　　　　　　　　各行业工业废水的 MCF 推荐值

行业	MCF 推荐值	MCF 范围
各行业直接排入海的工业废水	0.1	0.1
煤炭开采和洗选业	0.1	0—0.2
黑色金属矿采选业		
有色金属矿采选业		
非金属矿采选业		
其他采矿业		
非金属矿物制品业		
黑色金属冶炼及压延加工业		
有色金属冶炼及压延加工业		
金属制品厂		
通用设备制造业		
专用设备制造业		
交通运输设备制造业		
电器机械及器材制造业		
通信计算机及其他电子设备制造业		
仪器仪表及文化办公用机械制造业		
电力、热力的生产和供应业		
燃气生产和供应业		
木材加工及木竹藤棕草制品业		
家具制造业		
废弃资源和废旧材料回收加工业		

续表

行业	MCF 推荐值	MCF 范围
石油和天然气开采业	0.3	0.2—0.4
烟草制造业		
纺织服装、鞋、帽制造业		
印刷业和记录媒介的复制		
文教体育用品制造业		
石油加工、炼焦及核燃料加工业		
橡胶制品业		
塑料制品业		
工艺品及其他制造业		
水的生产和供应业		
纺织业		
皮革毛皮羽毛（绒）及其制造业		
其他行业		
饮料制造业	0.5	0.4—0.6
化学原料及化学制品制造业		
化学纤维制造业		
造纸及纸制品业		
医药制造业		
农副食品加工业	0.7	0.6—0.8
食品制造业（包括酒业生产）		

资料来源：《省级温室气体清单编制指南（试行）》，2011 年 5 月。

第六节　废水处理氧化亚氮排放核算

一　核算公式

废水处理产生的氧化亚氮排放核算公式为：

$$E_{N_2O} = N_E \times EF_E \times 44/28 \qquad （式 7-11）$$

式 7-11 中：E_{N_2O} 指清单年份氧化亚氮的年排放量（千克氧化亚氮/年）；

N_E 指污水中氮含量（千克氮/年）；

EF_E 指废水的氧化亚氮排放因子（千克氧化亚氮/千克氮）；

44/28 为转化系数。

其中排放到废水中的氮含量可通过下式计算：

$$N_E = (P \times Pr \times F_{NPR} \times F_{NON-CON} \times F_{IND-COM}) - N_S \qquad （式7-12）$$

式7-12中：P 指人口数；

Pr 指每年人均蛋白质消耗量（千克/人/年）；

F_{NPR} 指蛋白质中的氮含量；

$F_{NON-CON}$ 指废水中的非消耗蛋白质因子；

$F_{IND-COM}$ 指工业和商业的蛋白质排放因子，默认值 = 1.25；

N_S 指随污泥清除的氮（千克氮/年）。

二　活动水平和排放因子确定

（一）活动水平数据的确定

废水处理活动数据包括人口数，每人年均蛋白质的消费量（千克/人/年），蛋白质中的氮含量（千克氮/千克蛋白质），废水中非消费性蛋白质的排放因子，工业和商业的蛋白质排放因子。

根据统计年鉴，确定研究地区的常住人口数。根据当地营养学会或联合国粮农组织（FAO）的数据，获得每人年均蛋白质的消费量（千克/人/年）。

表7-9给出了废水处理氧化亚氮排放的活动水平数据及其来源。

表7-9　废水处理氧化亚氮排放的活动水平数据及来源

活动水平	简写	单位	推荐值	范围	来源
人口数（常住人口）	P	人	统计数据	±10%	统计年鉴
每人年均蛋白质的消费量	Pr	克/人/年	统计数据	±10%	统计
蛋白质中的氮含量	F_{NPR}	千克氮/千克蛋白质	0.16	0.15—0.17	IPCC 指南
废水中非消费性蛋白质的排放因子	$F_{NON-CON}$	%	1.5	1.0—1.5	专家判断
工业和商业的蛋白质排放因子	$F_{IND-COM}$	%	1.25	1.0—1.5	IPCC 指南

资料来源：国家发展和改革委员会应对气候变化司：《省级温室气体清单编制指南（试行）》，2011年。

（二）排放因子的确定

估算废水处理氧化亚氮排放量所需的关键排放因子，建议根据各地区的实际情况确定，如果不可获得，推荐值为 0.005 千克氧化亚氮/千克氮。集中废水处理厂的排放因子为每人每年 3.2 克 N_2O。蛋白质中的氮含量（千克氮/千克蛋白质），废水中非消费性蛋白质的排放因子，工业和商业的蛋白质排放因子，实测难度较大，可以采用推荐值。而随污泥清除的氮无法统计，推荐缺省值为 0。

专栏 7-1　某省废弃物处理领域温室气体清单编制

第一部分　填埋处理甲烷排放

一　排放源界定

固体废弃物填埋处理的甲烷排放。

二　清单编制方法

采用质量平衡法进行计算。

三　活动水平数据

固体废弃物中卫生填埋量为 73.7 万吨；简易填埋中填埋深度小于 5 米的填埋量为 79.4 万吨；其余为简易填埋深度大于 5 米的情况，该部分量为 233.8 万吨；清运与处理量的差值为 79.5 万吨。县城部分的生活垃圾处理情况：垃圾清运量为 336 万吨，简易处理量为 173.51 万吨，清运量与处理量的差值为 162.49 万吨。生活垃圾的成分见表 1。

表 1　　　　　　　　　　　　垃圾组成成分　　　　　　　　　　（单位：%）

纸张	厨余	纺织品	木材	塑料	矿物	卫生纸	玻璃	金属	其他
1.41	67.48	2.1	0.9	7.95	15.69	0.45	0.57	0.00	3.45

四　排放因子数据

甲烷修正因子根据处理方式和管理制度选择相应因子。可降解有机碳：根据垃圾成分及表 7-3 计算得出。DOC_f、F 采用推荐值。对于卫生填埋的取 0.1，其他情况为 0。甲烷回收量来自调研获得的资料。

五　计算结果

经过计算，结果如下：卫生填埋（管理）排放甲烷2.60万吨，非管理（深的）排放甲烷7.33万吨，非管理（浅的）排放甲烷1.24万吨，由垃圾清运量与垃圾处理量的差值部分排放甲烷1.25万吨。共计排放甲烷12.42万吨。县城按照非管理（浅的）的情况计算，MCF取0.4计算，结果为2.72万吨。县城的由垃圾清运量与垃圾处理量的差值部分排放甲烷2.55万吨。

第二部分　焚烧处理二氧化碳排放

一　排放源界定

无能源回收的废弃物焚烧产生的排放，此外，主要考虑废弃物中的矿物碳在焚化期间产生的二氧化碳，生物成因导致的排放不纳入废弃物排放清单中，作为信息项记录。

二　清单编制方法

采用废弃物焚化和露天燃烧产生的二氧化碳排放量公式（式7-6）进行计算。

三　活动水平数据

城市固废的焚烧量数据来自于《中国城市建设年鉴》，计算年份焚烧量为10.2万吨，为垃圾焚烧热电厂，属于有能源回收的废弃物燃烧，不计入废弃物排放部分。危险废物的焚烧量来自于环境统计年报，焚烧量为0.5173万吨。经调研，污泥的焚烧量为0。

四　排放因子数据

采用表7-5中的推荐值。

五、计算结果

根据前面表1的生活垃圾成分，焚烧量为10.2万吨，计算生活垃圾焚烧处理量中矿物碳成分合计为2.6836万吨，包括织物0.2142万吨，塑料0.8109万吨，玻璃0.0581万吨，矿物1.6004万吨，见表2。生物成因焚烧情况见表3。

表2　　　　　　　　　　　生活垃圾矿物碳成分焚烧量

	纺织品	塑料	矿物	玻璃	砖瓦等	合计
比例（%）	2.1	7.95	15.69	0.57	3.45	29.76
焚烧量（万吨）	0.2142	0.8109	1.6004	0.0581	0.3519	3.0355

表3　　　　　　　　　　　生活垃圾生物成因成分焚烧量

	厨余	纸张	木材	合计
比例（%）	67.48	1.86	0.9	70.24
焚烧量（万吨）	6.8830	0.1897	0.0918	7.1645

化石成因和危险废物焚烧的计算结果见表4。生物成因的排放量为5.20万吨，作为信息项报告，见表5。综合前面分析，本次计入总量的只有危险废物焚烧的二氧化碳排放。化石成因的排放量为2.12万吨，但由于有能源回收利用，计入能源活动的碳排放部分。

表4　　　　　　　　　　　焚烧处理二氧化碳排放计算结果

类别	废弃物焚烧量（IW_i）万吨	废弃物中碳含量比例（CCW_i）	矿物碳在碳总量中的比例（FCF_i）	废弃物焚烧炉燃烧效率（EF_i）	转换系数（44/12）	CO_2排放量（万吨）
城市固废（化石成因）	3.0355	0.2	1	0.95	3.67	2.12
危险固废	0.517	1	0.9	0.97	3.67	1.66

表5　　　　　　　　　　　焚烧处理生物成因的二氧化碳排放情况

类别	废弃物焚烧量（IW_i）万吨	可降解有机碳含量DOC_i	废弃物焚烧炉燃烧效率（EF_i）	转换系数（44/12）	CO_2排放量（万吨）
厨余	6.8830	0.2	0.95	3.67	4.80
纸张	0.1897	0.4	0.95	3.67	0.26
木材	0.0918	0.43	0.95	3.67	0.14
合计					5.20

第三部分　生活污水处理甲烷排放

一　排放源界定

生活污水处理中的甲烷排放。

二　清单编制方法

采用生活污水处理甲烷排放的估算公式（式7-7、式7-8）进行计算。

三　活动水平数据

数据来源：生活污水 COD 去除量、生活污水 COD 排放量数据均来自该省区的《环境统计年报》，BOD/COD 系数采用编制指南中的华东区系数 0.43。具体数据见表6。

表6　某省生活污水 COD 去除量、生活污水 COD 排放量数据

生活污水 COD 去除量/吨	污水处理厂去除的 BOD 量/吨	生活污水 COD 排放量/吨	排放到水体中的 BOD/吨	BOD/COD 系数（华东）
68300.60	29369.26	307256.80	132120.4	0.43

四　排放因子数据

排放因子数据取值见表7。

表7　生活污水处理的 CH_4 排放因子

分类	甲烷修正因子（MCF）	甲烷最大产生能力（B_0，0.6kg/kgBOD）	甲烷排放因子 $EF = MFC \times B_0$
自然水体	0.10	0.60	0.06
污水处理厂	0.165	0.60	0.099

五　计算结果

计算结果见表8。

表 8　　　　　生活污水处理过程甲烷排放计算结果

分类	EF/（kgCH$_4$/kgBOD）	TOW/万 t	CH$_4$ 排放总量/万 t
自然水体	0.06	13.212042	0.7927
污水处理厂	0.099	2.936926	0.2908
生活污水处理 CH$_4$ 排放总量			1.0835

第四部分　工业废水污水处理甲烷排放

一　排放源界定

分为两部分：每个工业行业处理系统去除的 COD 和直接排入（最终进入）环境中的 COD。

二　清单编制方法

采用工业废水处理甲烷排放的估算公式（式 7 - 10）进行计算。

三　活动水平数据

各工业行业的 COD 去除量和排放量数据来自该省的《环境统计年报》。

四　排放因子选择

采用各行业工业废水的推荐值。

五　计算结果

以污泥方式清除掉的有机物总量为 0，甲烷回收量为 0，工业废水处理甲烷排放计算结果为：去除系统排放 6.2347 万吨，入环境排放 1.4120 万吨，共排放 7.6467 万吨。

第五部分　废水处理氧化亚氮排放

一　排放源界定

核算区域内废水处理过程中排放的氧化亚氮。

二　清单编制方法

采用废水处理产生的氧化亚氮排放核算公式（式 7 - 11、式 7 - 12）进行计算。

三　活动水平数据

采用《统计年鉴》中的常住人口数据；Pr——采用联合国粮农组织

（FAO）的统计数据：24.1 千克/人/年。

四 排放因子选择

排放因子采用表 7-9 中的推荐值。F_{NPR}——采用指南默认值：0.16；$F_{NON-CON}$——采用指南默认值：1.5；$F_{IND-COM}$——采用默认值：1.25；EF_E——废水处理氧化亚氮排放因子，采用推荐值：0.005 千克氧化亚氮/千克氮。

五 计算结果

计算结果见表 9。

表 9　　　　　　　　废水处理氧化亚氮排放结果

城镇常住人口（人）	人均蛋白质消费量（kg/人·a）	氮含量水平数据	FNON-CON	工业和商业的蛋白质排放因子	废水处理氧化亚氮排放因子	转换系数	计算结果（万 t）
21726000	24.1	0.16	1.5	1.25	0.005	1.57	0.12

资料来源：某省废弃物处理领域温室气体排放清单。

延伸阅读

1. 邹琼、付君哲、杨丽琼、李颖：《云南省城市生活垃圾处理温室气体排放特征》，《资源开发与市场》2020 年版。

2. 周玉龙、邓绪伟、汪正祥等：《武汉市废弃物处理温室气体排放和控制对策》，《环境保护科学》2017 年第 4 期。

3. 陈思勤：《上海市生活垃圾处置过程中温室气体排放研究》，《有色冶金设计与研究》2019 年第 6 期。

4. 王安、赵天忠：《北京市废弃物处理温室气体排放特征》，《中国环境监测》2017 年第 2 期。

5. 郑思伟、唐伟：《废弃物处理温室气体排放特征研究—以杭州市为例》，《环境科技》2017 年第 6 期。

练习题

1. 固体废物中的矿物碳、生物碳的含义是什么?
2. 固体废弃物处理甲烷排放的计算方法有哪些?
3. 常见的城市生活垃圾组成成分有哪些?
4. 垃圾填埋场按管理水平可以划分为哪几类?
5. BOD 与 COD 的基本概念及其作用?

第 八 章

林业和土地利用变化碳排放核算

　　土地利用变化和林业（Land-use change and forestry，LUCF）是温室气体清单的重要组成部分，也是《联合国气候变化框架公约》（UNFCCC）缔约方国家温室气体清单评估的主要领域之一。政府间气候变化专门委员会（IPCC）第五次评估报告指出，在 2002—2011 年间，因为土地利用变化产生的二氧化碳（CO_2）年净排放量平均为 0.9 Gt C · a^{-1}，仅次于化石燃料燃烧和水泥生产（8.3 Gt C · a^{-1}），成为全球第二大人为碳排放源。根据 IPCC 对于国家温室气体清单编制的要求，LUCF 清单主要评估土地利用变化和林业领域的碳排放源和吸收汇。

　　按照 2010 年世界森林资源清查数据（FAO，2011），[①] 全球森林总面积略超过 40 亿 hm^2，人均森林面积约为 0.6 hm^2，森林立木蓄积总量为 5270 亿 m^3；森林碳储量为 6500 亿 t，其中植被生物量占 44%，枯死木和凋落物占 11%，土壤占 45%。足见，森林在全球碳循环中发挥着重要作用。对森林作为碳库、碳排放源和汇的作用进行量化，对林业的碳汇潜力进行评估，是陆地碳循环研究和应对气候变化的关键性问题。森林生物量是衡量和评估森林生态系统生产力、结构优劣和碳收支的重要指标，因此，森林生物量碳储量变化成为土地利用变化和林业领域碳核算的核心内容。

　　根据第八次全国森林资源清查结果，[②] 全国森林面积 2.08 亿 hm^2，森林覆盖率 21.63%。活立木总蓄积 164.33 亿 m^3，森林蓄积 151.37 亿 m^3；森林总

---

　　① 联合国粮食及农业组织：《2010 年世界森林状况》，2011 年。
　　② 国家林业和草原局资源司：《第八次全国森林资源清查主要结果（2009—2013 年）》，2014 年 2 月 25 日，http：//www. forestry. gov. cn/main/65/content - 659670. htm。

生物量为 70.02 亿 t，总碳储量为 84.27 亿 t。从总量上看，我国是世界森林资源最丰富的国家之一。但从人均占有量来看，依然是缺林少林的国家，人均森林面积仅为世界平均水平的 1/4，人均蓄积量仅为世界平均水平的 1/7。总体上，我国森林资源具有总量相对不足、质量不高、分布不均的特点，林业发展面临着巨大压力和严重挑战。然而，我国持续长期开展林业生态工程建设，森林面积和森林覆盖率持续增加，大规模植树造林的碳汇效益显著。据方精云等估算[1]，1981—2000 年间我国森林面积由 116.5 Mhm^2 增加到 142.8 Mhm^2，森林总碳库由 4.3 Pg C 增加到 5.9 Pg C，年均碳汇 0.096—0.106 Pg C·a^{-1}，相当于同期中国工业二氧化碳排放量的 14.6%—16.1%。

第一节　林业和土地利用变化碳识别

森林生态系统通过光合作用从大气中吸收 CO_2，将其转化为有机碳并贮存在森林植被中，形成森林碳库（Carbon stock）。森林碳库即森林碳储量，是存量的概念，指森林生态系统所贮存的碳量。从森林碳库的变化来看，当损失大于增加时，碳库减少，森林生态系统在碳循环过程中表现为碳源（Carbon source）；当增加大于损失时，森林生态系统累积碳，碳库增大，在碳循环过程中表现为碳汇（Carbon sink）。

从经济学角度来看，森林碳汇概念强调森林吸收和贮存碳的能力、功能或过程，以及这种功能在减缓温室气体变化中的作用，因此经济学中森林碳汇是一种非市场化的、无形的森林生态系统服务，具有公共物品属性。由于森林碳汇的溢出效应超出了国界、地域、人群和代际的界限，因此是一种全球性公共物品。

林业碳汇是指通过实施造林再造林和森林管理，减少毁林等活动，促使增加森林碳汇并与碳汇交易等相结合的过程、活动或机制，其既有自然属性，也有社会经济属性。林业碳汇与森林碳汇的区别在于：森林碳汇是一种森林生态服务，而林业碳汇是通过林业活动增加这种生态服务供给的过程或机制。

林业碳汇潜力是基于一定假设条件下的森林碳汇供给能力或者在一定条件

　　①　Fang J. Y., Guo Z. D., Piao S. L., Chen A. P., "Terrestrial Vegetation Carbon Sinks in China, 1981 – 2000", *Science in China Series D*: *Earth Sciences*, Vol. 50, No. 9, 2007, pp. 1341 – 1350.

下有可能实现的减缓碳排放的潜能，不仅仅基于森林生态系统吸收和储存碳的生物物理属性，更强调这些属性与经济活动和其他可能的外生冲击的关联。

一 排放和吸收环节

（一）林业土地利用分类

土地利用类型是决定陆地生态系统碳存储的关键因素，是人类在改造利用土地进行生产和建设过程中所形成的各种具有不同利用方向和特点的土地利用类别。根据联合国对温室气体变化监测的分类，将土地利用变化与林业作为温室气体排放类型之一，并将此部分地类划分为林地、农地、草地、湿地、聚居地和其他地类共六大类。土地利用变化改变了陆地原有的土地覆被格局，是陆地生态系统碳循环最直接的人为驱动因素之一，其对陆地生态系统碳循环的影响取决于生态系统的类型和土地利用变化的方式，既可能成为碳排放源，也可能成为碳汇。[①]

根据国家林业局造林绿化管理司和国家林业局林业碳汇计量监测中心《土地利用、土地利用变化与林业碳汇计量监测技术指南》，林业用地分为有林地、疏林地、灌木林地、未成林造林地、苗圃地、无立木林地、宜林地和辅助生产林地等八大类（表8-1）。

表8-1   **林地分类及技术标准**

地类		技术标准
一级	二级	
1. 有林地		附着有森林植被、郁闭度≥0.20、连续面积≥0.067 hm² 的林地
	1.1 乔木林地	由乔木（含因人工栽培而矮化的）树种组成的片林或林带。其中：乔木林带行数应在2行以上，行距≤4m或林冠冠幅水平投影宽度在10m以上；当林带的缺损长度超过林带长度3倍时，应视为两条林带；两平行林带的带距≤8m时视为片林
	1.2 竹林地	附着有胸径2cm以上的竹类植物的林地
	1.3 红树林地	在热带和亚热带海岸潮间带或海潮能够达到的河流入海口，附着有红树科属植物和其他形态上和生态上具有相似群落特性科属植物的林地
2. 疏林地		由乔木树种组成，连续面积大于0.067hm²、郁闭度为0.1—0.19的林地

---

① 马晓哲、王铮：《土地利用变化对区域碳源汇的影响研究进展》，《生态学报》2015年第17期。

地类		技术标准
一级	二级	
3. 灌木林地		附着有灌木树种或因生境恶劣矮化成灌木型的乔木树种以及胸径小于2cm的小杂竹丛，以经营灌木林为目的或起防护作用，连续面积大于0.067 hm²、覆盖度在30%以上的林地。其中，灌木林带行数应在2行以上且行距≤2m；当林带的缺损长度超过林带宽度3倍时，应视为两条林带；两平行灌木林带的带距≤4m时视为片状灌木林
	3.1 国家特别规定灌木林	符合《"国家特别规定的灌木林地"的规定（试行）》要求的灌木林地
	3.2 其他灌木林	不符合《"国家特别规定的灌木林地"的规定（试行）》要求的灌木林地
4. 未成林造林地		人工造林、飞播造林、封山育林后在成林年限前分别达到人工造林，飞播造林、封山育林合格标准的林地。人工造林合格标准按GB/T15776的规定执行；飞播造林合格标准按GB/T15162的规定执行；封山育林合格标准按GB/T15163的规定执行
	4.1 人工造林未成林地	人工造林和飞播造林后不到成林年限，造林成效符合下列条件之一，分布均匀，尚未郁闭但有成林希望的林地：（1）人工造林当年造林成活率85%以上或保存率80%（年均等降水量线400mm以下地区当年造林成活率为70%或保存率为65%）以上；（2）飞播造林后成苗调查苗木3000株·hm⁻²以上或飞播治沙成苗2500株·hm⁻²以上，且分布均匀
	4.2 封育未成林地	采取封山育林或人工促进天然更新后，不超过成林年限，天然更新等级中等以上，尚未郁闭但有成林希望的林地
5. 苗圃地		固定的林木、花卉育苗用地，不包括母树林、种子园、采穗园、种质基地等种子、种条生产用地以及种子加工、储藏等设施用地
6. 无立木林地		采伐、火烧后达不到疏林地标准，且还未更新造林的林地，以及造林失败等的林地
	6.1 采伐迹地	采伐作业3年内保留木达不到疏林地标准、尚未人工更新或天然更新达不到中等等级的林地
	6.2 火烧迹地	火灾后3年内活立木达不到疏林地标准、尚未人工更新或天然更新达不到中等等级的林地
	6.3 其他无立木林地	包括：（1）造林更新后，成林年限前达不到未成林造林地标准的林地；（2）造林更新到成林年限后，未达到有林地、灌木林地或疏林地标准的林地；（3）已经整地但还未造林的林地；（4）不符合上述林地区划条件，但有林地权属证明，因自然保护、科学研究等需要保留的土地

3000株·hm^{-2}以上或飞播治沙成苗2500株·hm^{-2}以上

续表

地类		技术标准
一级	二级	
7. 宜林地		县级以上人民政府规划的宜林荒山荒地，宜林沙荒地和其他宜林地
	7.1 宜林荒山荒地	未达到上述有林地、疏林地、灌木林地、未成林造林地标准，规划为林地的荒山、荒（海）滩、荒沟、荒地等
	7.2 宜林沙荒地	未达到上述有林地、疏林地、灌木林地、未成林造林地标准，造林可以成活，规划为林地的固定或流动沙地（丘）、有明显沙化趋势的土地等
	7.3 其他宜林地	除以上两条以外的用于发展林业的其他土地
8. 辅助生产林地		直接为林业生产服务的工程设施用地。包括：培育、生产种子、苗木的设施用地；贮存种子、苗木、木材和其他生产资料的设施用地；集材道、运材道；林业科研、试验、示范基地；野生动植物保护、护林、森林病虫害防治、森林防火、木材检疫设施用地；供水、供热、供气、通信等基础设施用地；其他有林地权属证明的土地

资料来源：国家林业局造林绿化管理司，国家林业局林业碳汇计量监测中心：《土地利用、土地利用变化与林业碳汇计量监测技术指南》，2014 年 5 月。

（二）排放和吸收环节

森林生态系统包含了生物圈中大部分的碳，陆地植被与大气之间碳交换的90%以上是由森林植被来完成的，森林面积及覆盖类型的变化将会引起全球碳循环的变动。由于森林生态系统的变化，整个陆地每年向大气中释放碳（0.9±0.4）Pg C。土地利用变化对森林生态系统的影响主要表现在毁林，即森林向农田或者草地的转变、工业用材和薪柴的收获与加工、不适当的森林管理等。这些活动，尤其是森林向农田或草地的转变，会导致森林地上部生物量的消失，同时还会降低土壤有机碳储量。而森林变为农田和草场后的土地利用，如农田的耕种，会进一步引起土壤有机碳的降低。因此，土地利用变化中的毁林是一个碳排放的过程。[1]

根据国家林业局《国家森林资源连续清查技术规定》（2004），我国森林包括乔木林、竹林、经济林以及国家有特别规定的灌木林（表8-1）。其他木质生物质是指不符合森林定义的其他树木，主要包括疏林地、散生木和四旁树木。[2]

---

[1] 马晓哲、王铮：《土地利用变化对区域碳源汇的影响研究进展》，《生态学报》2015 年第 17 期。
[2] 朱建华、冯源、曾立雄等：《中国省级土地利用变化和林业温室气体清单编制方法》，《气候变化研究进展》2014 年第 6 期。

疏林地的定义详见表 8 - 1。散生木主要包括竹林、经济林、非林地或幼龄林里的成年大树。四旁树木是指位于屋旁、路旁、地旁、水旁的成年大树。

林地类型之间的转化也会引起生态系统碳储量变化，这种变化既可能成为碳排放过程，也可能成为碳积累过程。当乔木林向其他林地类型（如灌木林、疏林等）转化时，由于地上部生物量的减少，造成生态系统碳储量降低，成为一个碳排放的过程。而当灌木林或其他林地类型向乔木林转化时，会提高生态系统的碳储量，因此成为一个碳积累的过程。

不同林地类型的相互转化，不仅森林地上部生物量变化（增加或减少），而且还会由于地表植被覆盖变化，引起土壤碳储量的变化。[①] 一方面，由于地表植被生物量的降低，进一步减少了土壤碳的输入；另一方面，覆被类型的改变造成土壤温度升高，加速土壤有机碳的分解并释放到大气中。但是，目前应对气候变化的碳核算中暂不考虑土壤碳储量的变化。

碳排放核算时，碳吸收主要表现在森林和其他木质生物质生物量生长上，由于活立木生长以及森林面积增加引起地上部和地下部生物量碳库的增加，这部分增加的生物量碳储量，即生物量生长碳吸收。由于森林采伐、薪炭材采集等生产活动造成的森林或其他木质生物质生物量的减少，这部分减少的生物量碳储量即为森林消耗碳排放。同时，在排放碳核算时，活立木枯损造成的生物量损失，由于难以区分自然或人为因素，也计入生物量碳排放的范畴。

二　排放和吸收特征

土地利用变化对陆地生态系统碳循环的影响主要取决于生态系统类型和土地利用变化的方式，既可能成为碳排放源，也可能成为碳汇。[②]

（一）碳排放

森林砍伐后向草地和农田或其他土地利用类型（如建设用地）的转化，就发挥碳排放源的作用，在毁林碳排放中占主导地位。不同地区土地利用变化的碳排放强度存在一定差异，热带森林转变为农田和草地，造成的碳排放要明显地高于温带和寒带森林。

---

① 陈朝、吕昌河、范兰等：《土地利用变化对土壤有机碳的影响研究进展》，《生态学报》2011年第 18 期。

② 马晓哲、王铮：《土地利用变化对区域碳源汇的影响研究进展》，《生态学报》2015 年第 17 期。

在土地利用变化和林业领域的碳排放核算中，森林转化是碳排放的主体。森林转化碳排放主要核算林地转化为非林地过程中，由生物量燃烧或分解造成的温室气体排放，包括 CO_2 和非 CO_2 排放。非 CO_2 排放包括甲烷（CH_4）和氧化亚氮（N_2O）排放。

森林转化损失的地上部生物量中，一部分作为可利用木材被移走，剩余部分可能会在林地内现地燃烧，或者被移到林地外进行异地燃烧。[①] 还有一部分可能遗留在林地上经过很长时间缓慢氧化分解。生物量燃烧会造成 CO_2 排放，也可能造成非 CO_2 排放；而生物量氧化分解主要造成 CO_2 排放。此外，森林转化过程中，也会造成土壤碳库的损失，主要是有机碳分解引起 CO_2 排放，目前碳核算中不包括这部分的碳排放。

森林转化损失的生物量中，相当大部分作为可利用木材而被移走，用于生产各种木质产品，这些产品诸如家具、建筑构件、胶合板、纸张及纸类，还有用作能源的木质材料，也称为伐后木质林产品（Harvested Wood Products）。森林通过光合作用所固定的碳便转移到产品中，而木质产品在使用过程中亦存在降解，不断缓慢释放 CO_2。随着木质林产品的废旧，最终又会将碳排放到大气中。因此，木质林产品作为陆地生态系统碳循环的一个组成部分，对陆地生态系统和大气之间的碳平衡起着重要的作用。

（二）碳吸收

土地利用变化可促进森林的碳贮存，例如通过退耕还林还草、合理抚育和采伐、完善管理等保护性经营措施，可以减少森林的碳排放，这种土地利用变化就发挥了碳汇的作用。[②] 不同区域森林生态系统通过土地利用变化贮存碳的潜力存在显著差别，热带湿润和半湿润地区具有较大的碳汇潜力，而干旱地区减少碳排放的空间相对较少。

通过造林、再造林增加森林面积，或是通过科学经营提高森林生长量，引起森林生物量碳储量增加，这是由树木通过光合作用吸收大气 CO_2 实现的。

虽然木质林产品在使用中会向大气中缓慢释放 CO_2，但是由于木质林产品具有很高的碳储量，并能长期存留，因此增加木质林产品碳储量是减少碳排放

[①] 朱建华、冯源、曾立雄等：《中国省级土地利用变化和林业温室气体清单编制方法》，《气候变化研究进展》2014 年第 6 期。

[②] 马晓哲、王铮：《土地利用变化对区域碳源汇的影响研究进展》，《生态学报》2015 年第 17 期。

的一种极具潜力的方法，IPCC 特别报告对此予以肯定，并将采伐后的木质林产品纳入到缔约国谈判议题之中。

第二节　森林和其他木质生物质生物量碳储量核算

一　核算公式

（一）乔木林生物量碳储量变化

根据省域森林资源连续清查数据，通过乔木林蓄积量生长率估算清单编制年份的乔木林总面积（A_F）和总蓄积量（V_F）、各优势树种（组）面积（A_{FF}）和蓄积量（V_{FF}）以及蓄积量年生长率（GR_{FF}）；通过实际采样测定或文献资料统计分析，获得各优势树种（组）生物量转换因子（BEF_{FF}）、地下部与地上部生物量比例（R_{FF}）和生物量碳含率（CF_{FF}）；或者获得各优势树种（组）的基本木材密度（SVD_{FF}）和生物量转换因子；估算乔木林生物量碳储量变化（ΔC_{FF}）。具体计算公式如下：

$$\Delta C_{FF} = \sum_{i=1}^{n} \sum_{j=1}^{m} [V_{FFi,j} \cdot GR_{FFi,j} \cdot SVD_{FFi,j} \cdot BEF_{FFi,j} \cdot (1 + R_{FFi,j}) \cdot CF_{FFi,j}]$$

（式 8 - 1）

式 8 - 1 中：i 为按优势树种（组）划分的乔木林类型，j 代表乔木林的龄组。相关参数含义详见表 8 - 2 和 8—4。

（二）竹林、经济林和灌木林生物量碳储量变化

根据省域森林资源连续清查数据，通过竹林、经济林和灌木林的面积（A）及其单位面积生物量（B）计算生物量碳储量，采用碳平衡法估算竹林（ΔC_{BF}）、经济林（ΔC_{EF}）和灌木林（ΔC_{SF}）生物量碳储量的年变化量。

$$\Delta C_{BF} = \sum_{i=1} \left[\frac{B_{BFi,t2} \cdot A_{BFi,t2} - B_{BFi,t1} \cdot A_{BFi,t1}}{t_2 - t_1} \cdot CF_{BFi} \right]$$

$$\Delta C_{EF} = \sum_{i=1} \left[\frac{B_{EFi,t2} \cdot A_{EFi,t2} - B_{EFi,t1} \cdot A_{EFi,t1}}{t_2 - t_1} \cdot CF_{EFi} \right]$$

$$\Delta C_{SF} = \sum_{i=1} \left[\frac{B_{SFi,t2} \cdot A_{SFi,t2} - B_{SFi,t1} \cdot A_{SFi,t1}}{t_2 - t_1} \cdot CF_{SFi} \right] \quad （式 8 - 2）$$

式 8 - 2 中：i 为该竹林、经济林和灌木林的亚类型。

（三）散生木、四旁树和疏林生物量碳储量变化

根据省域森林资源连续清查数据，散生木、四旁树和疏林属于不满足森林定义的其他林木，可将三者视作一个整体，采用碳储量平衡法估算其生物量碳储量的变化（ΔC_{OTF}）。

$$\Delta C_{OTF} = \frac{C_{OTFt2} - C_{OTFt1}}{t_2 - t_1}$$

$$C_{OTF} = V_{OTF} \cdot SVD_{OTF} \cdot BEF_{OTF} \cdot (1 + R_{OTF}) \cdot CF_{OTF} \qquad （式8-3）$$

由于散生木、四旁树和疏林的统计往往不区分具体树种，因此公式中有关排放因子均采用省域乔木林树种按蓄积加权的平均值（f_{FF}）。[①]

$$f_{FF} = \sum_{i=1} \sum_{j=1} \left(f_{FFi,j} \cdot \frac{V_{FFi,j}}{V_{FF-sum}} \right) \qquad （式8-4）$$

式中：f_{FF}代表省域平均的乔木林生物量碳计量因子，V_{FF}为省域乔木林总蓄积量。上述公式中相关参数含义详见表8-2和表8-4。

（四）森林消耗碳排放

由于竹林和经济林消耗排放已通过面积变化进行了计算，这里只计算林木消耗碳排放（ΔC_H）。此外，由于毁林皆伐也统计到采伐消耗中，为了避免重复计算，森林转化过程的地上生物量损失碳排放（$\Delta C_{FF-AB,Tr}$），要在森林消耗部分予以扣除。[②]

$$\Delta C_H = \Delta C_{H-FF} - \Delta C_{Tr-loss}$$

$$\Delta C_{H-FF} = \sum_{i=1}^{n} \sum_{j=1}^{m} \left[V_{FFi,j} \cdot GR_{FFi,j} \cdot SVD_{FFi,j} \cdot BEF_{FFi,j} \cdot (1 + R_{FFi,j}) \cdot CF_{FFi,j} \right]$$

$$\Delta C_{Tr-loss} = \Delta C_{FF-AB,Tr} \cdot (R_{BI} + R_{BO} + R_{BD}) \qquad （式8-5）$$

式中：ΔC_{H-FF}为乔木林消耗碳排放（$t C \cdot a^{-1}$）；$\Delta C_{Tr-loss}$为乔木林转化部分已计算的生物量损失碳排放（$t C \cdot a^{-1}$）。相关参数含义详见表8-2和表8-4。

二　活动水平和排放因子确定

（一）活动水平数据确定

全国森林资源连续清查资料是获得省域土地利用变化和林业领域碳核算所

---

① 朱建华、冯源、曾立雄等：《中国省级土地利用变化和林业温室气体清单编制方法》，《气候变化研究进展》2014年第6期。

② 朱建华、冯源、曾立雄等：《中国省级土地利用变化和林业温室气体清单编制方法》，《气候变化研究进展》2014年第6期。

需活动水平数据的基础。因此，全国森林资源连续清查数据是碳核算中活动水平需求的首选数据，其次是各省（市、区）林业部门认可的本地区森林资源二类调查数据资料。碳核算所需的具体活动水平数据详见表 8 - 2，主要包括省域内乔木林按优势树种（或树种组）划分的面积和活立木蓄积量；疏林、散生木、四旁树蓄积量；灌木林、经济林和竹林面积（详见表 8 - 3）。

表 8 - 2 　　　　　　　　核算年度所需求的活动水平数据

活动水平	含义
A_{FF}	乔木林按优势树种（组）及龄组划分的面积，hm^2
V_{FF}	乔木林按优势树种（组）及龄组划分的蓄积量，m^3
V_{OT}	散生木、四旁树和疏林的总蓄积量，m^3
A_{BF}	竹林（BF）面积，hm^2
A_{EF}	经济林（EF）面积，hm^2
A_{SF}	国家特别规定的灌木林（SF）面积，hm^2
A_{FFC}	乔木林转化为非林地的面积，hm^2

资料来源：朱建华、冯源、曾立雄等：《中国省级土地利用变化和林业温室气体清单编制方法》，《气候变化研究进展》2014 年第 6 期。

表 8 - 3 　　　　　　　森林和其他木质生物质碳贮量核算基础数据

树种（组）	乔木林		竹林	经济林	灌木林	散生木 + 四旁树 + 疏林	活立木（总）
	面积（hm^2）	蓄积（m^3）	面积（hm^2）	面积（hm^2）	面积（hm^2）	蓄积（m^3）	蓄积（m^3）
树种 1							
树种 2							
……							
合计							

由于我国各省、市、自治区完成森林资源清查的具体年份各不相同，因此要获得核算年度的活动水平数据（Y_t），需要核算年度（第 t 年）相邻近的至少 3 次（t_1、t_2、t_3）森林资源清查数据，采用内插法或外推法获得核算年度相关的森林面积、蓄积量及其年变化等数据。

当核算年度处于相邻近的 2 次森林资源清查年份（t_1、t_2）之间，可通过内插法求算核算年度的活动水平数据。具体计算方法：

$$Y_t = Y_{t1} + \frac{Y_{t2} - Y_{t1}}{t_2 - t_1} \cdot (t - t_1) \qquad (\text{式 } 8-6)$$

当核算年度（t）晚于最近 1 次森林资源清查年份（t_3），则可通过外推法求算核算年度的活动水平数据。具体计算方法：

$$Y_t = Y_{t3} + \frac{Y_{t3} - Y_{t1}}{t_3 - t_1} \cdot (t - t_3) \qquad (\text{式 } 8-7)$$

（二）排放因子的确定

排放因子是根据活动水平数据来估算温室气体排放量时所使用的各类参数或动态函数等。土地利用变化和林业领域碳核算所涉及的主要排放因子及确定方法详见表 8-4。确定排放因子时，应遵循以下优先原则：（1）通过实测或实地调查研究，获得符合省域（市、自治区）土地利用变化和林业领域的排放因子；（2）通过文献资料数据收集，经科学合理的统计分析后获得的符合省域（市、自治区）土地利用变化和林业领域的排放因子；（3）可以采用与本省土地利用变化和林业状况相似的其他相邻省份的排放因子；（4）可以采用国家水平的排放因子，或国家清单指南提供的缺省值（表 8-5、表 8-6 和表 8-7），或本领域的专家估计值。

表 8-4 　　　　　　　　　**清单编制年份所需排放因子及其获取方法**

排放因子	含义与内容	数据获取优先顺序
$BCEF$	生物量转换和扩展系数（Biomass conversion and expansion factor），乔木林优势树种（组）林分生物量与蓄积量的比值，$t \cdot m^{-3}$	
BEF	生物量扩展系数（Biomass expansion factor），乔木林优势树种（组）地上部生物量与树干生物量的比值，无量纲	
SVD	基本木材密度（Standard volume density），某优势树种每立方米木材所含干物质的质量，$t \cdot m^{-3}$	
R	根冠比（Root-shoot ratio），乔木林优势树种（组）地下部生物量与其地上部生物量的比值	（1）采用标准方法实测；（2）符合当地条件的文献资料数据；（3）具有类似条件的相邻省区的数据；（4）国家水平的缺省值
CF	碳含率（Carbon fraction），单位生物量干物质中所含碳的质量，缺省值为 0.47 或 0.5	
B_{BF}	竹林平均单位面积生物量（干物质质量），$t \cdot hm^{-2}$	
B_{EF}	经济林平均单位面积生物量（干物质质量），$t \cdot hm^{-2}$	
B_{SF}	灌木林平均单位面积生物量（干物质质量），$t \cdot hm^{-2}$	
R_{BF}	竹林地下部生物量与其地上部生物量的比值，无量纲	
R_{EF}	经济林地下部生物量与其地上部生物量的比值，无量纲	
R_{SF}	灌木林地下部生物量与其地上部生物量的比值，无量纲	

续表

排放因子	含义与内容	数据获取优先顺序
GR_{FF}	乔木林优势树种（组）及龄组的蓄积量年生长率，%	根据本省区森林资源清查数据，进行整理获得，或通过相关公式和参数计算获得
CR_{FF}	乔木林优势树种（组）及龄组的蓄积量年消耗率，%	
GR_{OT}	散生木、四旁树和疏林蓄积量年生长率，%	
CR_{OT}	散生木、四旁树和疏林蓄积量年消耗率，%	
R_{BI}	乔木林转化为非林地过程中，皆伐剩余生物量中现地燃烧的生物量比例	（1）调研、统计获得的当地数据； （2）符合当地条件的文献资料数据； （3）具有类似条件的相邻省区的数据； （4）国家水平的缺省值； （5）专家判断
R_{BO}	乔木林转化为非林地过程中，皆伐剩余生物量中异地燃烧的生物量比例	
R_{BD}	乔木林转化为非林地过程中，皆伐剩余生物量中氧化分解的生物量比例	
R_{OX}	生物量燃烧的氧化系数	（1）采用标准方法实测； （2）符合当地条件的文献资料数据； （3）具有类似条件的相邻省区的数据； （4）国家水平的缺省值
ER_{CH_4}	$CH_4 - C$ 相对于 $CO_2 - C$ 的排放比例	
ER_{N_2O}	$N_2O - N$ 相对于 $CO_2 - C$ 的排放比例	
$R_{N/C}$	燃烧的生物质的氮碳比	

表 8 - 5　　　　全国及各省区市生物量扩展系数加权平均值

省区市	全林分	地上部	省区市	全林分	地上部
全国	1.787	1.431	河南	1.740	1.392
北京	1.771	1.427	湖北	1.848	1.477
天津	1.821	1.470	湖南	1.712	1.387
河北	1.782	1.430	广东	1.915	1.513
山西	1.839	1.467	广西	1.819	1.448
内蒙古	1.690	1.364	海南	1.813	1.419
辽宁	1.803	1.434	重庆	1.736	1.419
吉林	1.784	1.411	四川	1.744	1.419
黑龙江	1.751	1.393	贵州	1.842	1.480
上海	1.874	1.461	云南	1.870	1.488
江苏	1.603	1.309	西藏	1.805	1.449

续表

省区市	全林分	地上部	省区市	全林分	地上部
浙江	1.755	1.421	陕西	1.947	1.517
安徽	1.742	1.408	甘肃	1.789	1.433
福建	1.806	1.441	青海	1.827	1.483
江西	1.795	1.435	宁夏	1.798	1.445
山东	1.774	1.428	新疆	1.683	1.356

表 8 - 6　　　　　　　全国及各省区市基本木材密度加权平均值　　（单位：吨/立方米）

省区市	$\overline{SVD}$	省区市	$\overline{SVD}$	省区市	$\overline{SVD}$	省区市	$\overline{SVD}$
全国	0.462	黑龙江	0.499	河南	0.488	贵州	0.425
北京	0.484	上海	0.392	湖北	0.459	云南	0.501
天津	0.423	江苏	0.395	湖南	0.394	西藏	0.427
河北	0.478	浙江	0.406	广东	0.474	陕西	0.558
山西	0.484	安徽	0.416	广西	0.430	甘肃	0.462
内蒙古	0.505	福建	0.436	海南	0.488	青海	0.408
辽宁	0.504	江西	0.422	重庆	0.431	宁夏	0.444
吉林	0.505	山东	0.412	四川	0.425	新疆	0.393

表 8 - 7　　　　　全国竹林、经济林、灌木林平均单位面积生物量　　（单位：吨/公顷）

		平均单位面积生物量	样本数	标准差
竹林	地上部	45.29	295	50.82
	地下部	24.64	248	36.38
	全林	68.48	240	80.04
经济林	地上部	29.35	194	27.98
	地下部	7.55	139	8.99
	全林	35.21	135	38.33
灌木林	地上部	12.51	356	16.63
	地下部	6.72	204	6.22
	全林	17.99	199	17.03

三　调查与方法

（一）活动水平数据调查方法

土地利用变化和林业碳核算所需求的活动水平数据主要包括：（1）乔木林各优势树种（组）按龄组统计的面积（hm²）和蓄积量（m³）；（2）散生木、四旁树和疏林的蓄积量；（3）竹林、经济林以及国家特别规定的灌木林的面积；（4）乔木林、竹林、经济林转化为非林地的面积。这些活动水平数据是进行碳核算的基础，需要根据抽样调查方法，设置固定样地，进行连续监测。[①]

1. 抽样与样地设置

根据本地区森林资源一类清查样地的林分起源（天然、人工）、森林类型（针叶林、阔叶林、针阔混交林、灌木林）和林龄（幼龄林、中龄林、近熟林、成熟林、过熟林）及树种等具体情况，采用典型取样法每种类型抽取 3 个以上的样地。如果现有森林资源一类清查样地不能完全满足林业碳计量监测要求，可根据实际需要增设有典型代表性的样地类型。所有样地布点都需落实到森林资源分布图上。

样地采用 GPS 定位，定位样点作为样地西南角，统一标记并编号。增设的乔木典型样地，其大小为 25.82m×25.82m，也可考虑样地设置为 20m×30m 或 30m×30m。以样地西南角为起点，罗盘仪测角，皮尺量距离，闭合差小于 1/200。

灌木层、草本层和枯落物层采用样方调查。灌木层样方规格 2m×2m，在样地内机械随机地设置 4 个；草本层、枯落物层按 1m×1m 的小样方，在灌木样方内设置，并进行生物量调查。

2. 样地调查

样地调查因子：主要包括地理位置、地形地貌、海拔、土壤类型、经营历史、林分起源、林龄、郁闭度、干扰因素、林下植被盖度等立地条件和经营状况。

乔木层调查：对样地内所有胸径≥5cm 的活立木进行每木检尺，主要调查

---

① 国家林业局：《森林资源数据采集技术规范 第一部分：森林资源连续清查》，中国标准出版社 2013 年版。

指标包括树种、胸径（cm）、树高（m）、生长状况等。根据调查指标计算林分平均胸径、平均树高、密度（株·hm^{-2}）和蓄积量（m^3·hm^{-2}）。

灌木层调查：调查样方内灌木种类（包括胸径 D ＜5.0cm、高度在 30cm 以上的所有个体）、盖度，测定各个体的地径和高度等。林下灌木层生物量测定时，如果调查样地为临时性样地，可在各项调查指标测定之后，采用全株收获法收获样方内所有灌木植株，分别测定其地上干、枝、叶和地下根系的鲜重，选取干、枝、叶和根样品（300—500g）带回实验室测定其含水率。如果调查样地属永久性固定样地，应在样地外采用同样方法设置灌木样方，按照上述方法测定灌木生物量。样品统一编号、贴标签，标明样品采集的地点、样地号、样方号、样品种类和采集日期，并填写取样记录表。

草本层调查：调查小样方内草本植物种类、丛数（株数）、高度、盖度等。其生物量测定与灌木层测定方法相同，收集样方内全部草本植物，分别地上部和地下部测定其鲜重，对每个样方的混合草本进行样品采集（200—300g），带回实验室测定其含水率。样品记录、编号和标签同灌木调查。

由于目前清单编制中没有考虑林地枯落物和土壤碳储量，因此样地调查中可以不考虑枯落物层和土壤调查。

3. 散生木和四旁树调查

应根据散生木、四旁树等分布状况，依其实际情况可选择样地调查、样带或样段调查法，主要调查指标包括树种、株数、各个体年龄、胸径和树高。据此计算调查地区散生木和四旁树的总株数和总蓄积量。

4. 城镇绿地灌木和草坪及其他类型植物调查

灌木调查可采用样地调查法调查单位面积灌木株数，主要调查指标有株数、地径、树高。草坪及其他类型植物调查可采用样方调查法，样方大小为 1m×1m，记录样方内的植物种类、高度和株数等。

（二）排放因子调查方法

土地利用变化和林业碳核算所需求的排放因子主要包括：不同森林类型主要优势树种生物量、生长量及其相关因子的调查测定，不同优势树种生物量组分碳含率、碳氮比等的分析。

根据本节中所述样地调查结果，充分照顾不同地区、不同立地条件，按照不同优势树种（组）的林木胸径、树高径阶分布特点，选择标准木，结合树干解析，测定其材积、生物量；取样分析不同组分的生物量碳、氮含率。详细方法步骤可参考林业行业标准《LY/T2258 – 2014 立木生物量建模方法技术规程》和《LY/T2259 – 2014 立木生物量建模样本采集技术规程》。[1]

基于标准木测定数据，通过模型优化选择，建立不同生物量组分（树干、树枝、树叶、根系、地上部生物量和总生物量）的异速生长方程，以此生物量模型估算各调查样地的生物量，计算不同优势树种（组）的生物量转化与扩展系数、木材密度、根冠比、林分蓄积生长量和生长率、生物量平均碳含率和氮/碳比等相关因子。

第三节　森林转化碳排放核算

一　核算公式

（一）森林转化 CO_2 排放

"森林转化"指将现有森林转化为其他土地利用方式，相当于毁林。在毁林过程中，被破坏的森林生物量一部分通过现地或异地燃烧排放到大气中。这里主要估算有林地（包括乔木林、竹林、经济林）转化为非林地（如农地、牧地、城市建设用地、道路等）过程中，由于地上生物质的燃烧和分解引起的 CO_2、CH_4 和 N_2O 排放。

由于竹林、经济林转化的生物量碳排放已经通过面积变化进行了计算，因此森林转化的 CO_2 排放（ΔGHG_{FC}）只计算乔木林转化为非林地过程中的地上生物量损失造成的 CO_2 排放。[2]

$$\Delta GHG_{FC} = \Delta GHG_{I-CO_2} + \Delta GHG_{I-CO_2} + \Delta GHG_{O-CO_2} + \Delta GHG_{D-CO_2} \qquad （式8 – 8）$$

式中：ΔGHG_{I-CO_2} 为现地燃烧的 CO_2 排放量（$t\ CO_2 \cdot a^{-1}$）；ΔGHG_{O-CO_2} 为异地燃烧的 CO_2 排放量（$t\ CO_2 \cdot a^{-1}$）；ΔGHG_{D-CO_2} 为氧化分解 CO_2 排放量（$t\ CO_2 \cdot a^{-1}$）。

乔木林转化为非林地后的地上生物量可视为 0，其地上生物量损失

---

[1] 国家林业局：《立木生物量建模方法技术规程》，中国标准出版社 2014 年版；国家林业局：《立木生物量建模样本采集技术规程》，中国标准出版社 2014 年版。

[2] 朱建华、冯源、曾立雄等：《中国省级土地利用变化和林业温室气体清单编制方法》，《气候变化研究进展》2014 年第 6 期。

$\Delta C_{FF-AB,Tr}$ 即为转化前乔木林的平均地上生物量。

$$\Delta C_{FF-AB,Tr} = A_{FFC} \cdot \frac{V_{FF}}{A_{FF}} \cdot SVD_{FF} \cdot BEF_{FF} \cdot CF_{FF} \qquad (式 8-9)$$

式中：V_{FF} 为省域乔木林总蓄积量（m^3）；A_{FF} 为省域乔木林总面积（hm^2）；A_{FFC} 为乔木林转化为非林地面积（hm^2）。式中排放因子均为省域乔木林的加权平均值。

森林转化损失的地上生物量，除一部分作为可用材被利用之外，剩余的一部分可能会在林地内现地燃烧，或者被移到林地外进行异地燃烧，还有一部分会遗留在林地内缓慢分解。[①] 上述过程中，作为可用材被利用的生物量碳被视作立即排放。燃烧和分解造成的排放计算方法如下：

$$\Delta GHG_{I-CO_2} = \frac{44}{12} \cdot \sum_{i=1} (\Delta C_{FF-AB,Tr} \cdot R_{BI} \cdot R_{OX}) \qquad (式 8-10)$$

$$\Delta GHG_{O-CO_2} = \frac{44}{12} \cdot \sum_{i=1} (\Delta C_{FF-AB,Tr} \cdot R_{BO} \cdot R_{OX}) \qquad (式 8-11)$$

$$\Delta GHG_{D-CO_2} = \frac{44}{12} \cdot \sum_{i=1} (\Delta C_{FF-AB,Tr} \cdot R_{BD}) \qquad (式 8-12)$$

式中：i 为按优势树种（组）或森林类型划分的乔木林类型；R_{BI} 为乔木林转化中现地燃烧的生物量比例；R_{OX} 为生物量燃烧的氧化系数。由于氧化分解通常是一个缓慢的过程，因此上述公式中 $\Delta C_{FF-AB,Tr}$ 要用多年平均值（IPCC 缺省值为 10 年）。

（二）森林转化的 CH_4 和 N_2O 排放

森林转化过程中，地上生物量的现地燃烧和异地燃烧还会造成非 CO_2 温室气体（CH_4 和 N_2O）排放。由于异地燃烧（通常是作为薪炭材）造成的 CH_4 和 N_2O 排放，已在能源领域作为生物质能源进行了计算，这里只计算森林转化现地燃烧过程中造成的 CH_4 和 N_2O 排放，其计算方法如下：

$$\Delta GHG_{CH_4} = \frac{16}{12} \cdot \sum_{i=1} (\Delta C_{FF-AB,Tr} \cdot R_{BI} \cdot R_{OX}) \qquad (式 8-13)$$

$$\Delta GHG_{N_2O} = \frac{44}{14} \cdot \sum_{i=1} (\Delta C_{FF-AB,Tr} \cdot R_{BI} \cdot R_{OX}) \qquad (式 8-14)$$

---

① 朱建华、冯源、曾立雄等：《中国省级土地利用变化和林业温室气体清单编制方法》，《气候变化研究进展》2014 年第 6 期。

式中：ΔGHG_{CH_4}（$t\,CH_4 \cdot a^{-1}$）和 ΔGHG_{N_2O}（$t\,N_2O \cdot a^{-1}$）分别是 CH_4 和 N_2O 的排放量；16/12 是 CH_4 与 C 的分子量之比；44/14 是 N_2O 与 N 的分子量之比。

二　活动水平和排放因子确定

（一）活动水平数据确定

全国森林资源连续清查数据是省域土地利用变化和林业领域碳核算中活动水平需求的首选数据，其次是各省（市、区）林业部门认可的本地区森林资源二类调查数据资料以及统计年鉴中的相关土地利用变化数据。碳核算所需的具体活动水平数据参考第二节中的表8-2和表8-3。

（二）排放因子的确定

目前国内仍缺乏与森林转化的有关排放因子，而国际上的有关测定也有较大的不确定性。因此，需努力提供并完善适合我国各省域的相关排放因子，以降低碳核算的不确定性。

1. 森林转化前单位面积地上生物量

我国森林资源清查数据，通常只提供乔木林转化面积，很难区分具体的林木种类，因此在实际核算过程中，首先通过省域乔木林总蓄积量（V_F）和总面积（A_F），获得乔木林单位面积蓄积量，然后运用全省平均的基本木材密度（$\overline{SVD}$，表8-6）和地上部生物量转换系数（$\overline{BEF_{AB}}$，表8-5），计算乔木林转化前单位面积生物量（B_{AB}）：

$$B_{AB} = \frac{V_F}{A_F} \times \overline{SVD} \times \overline{BEF_{AB}} \qquad （式8-15）$$

竹林和经济林的平均地上部生物量，确定方法可参照表8-7，或采用调查法确定。

2. 转化后单位面积地上生物量

有林地转化为非林地，一般情况下主要用于建设用地，转化后地上部生物量基本上为0。在碳核算时，转化后地上生物量可全部采用0。

3. 现地/异地燃烧生物量比例

过去我国南方森林征占后，除可用部分（木材）外，剩余部分通常采取现地火烧清理，现地燃烧的生物量比例约为地上生物量的40%，而用于异地燃烧的比例约10%。自2000年以来，国家禁止林地采用火烧清理，现地燃烧的生物量可视为0，而用于异地燃烧的生物量比例达20%至30%（薪材），准确的比例尚需进行调研。在北方，通常不采用火烧清理方式，约 30% 用于薪材异地燃烧。

4. 现地/异地燃烧生物量氧化系数

我国没有相关的测定数据，国际上的测定和估计也存在很大的不确定性。1996 IPCC 国家温室气体清单指南的缺省值为 0.9。

5. 被分解的地上生物量比例

基于以上假设，假定森林转化过程中收获的木材生物量比例为 50%，现地燃烧的生物量比例为 0，异地燃烧的生物量比例为 25%，则被分解的生物量比例为 25%。

6. 非 CO_2 温室气体排放比例

甲烷—碳和氧化亚氮—氮的排放比例，1996 IPCC 国家温室气体清单指南的缺省值分别为 0.012、0.007。

7. 氮碳比

1996 IPCC 国家温室气体清单指南的缺省值为 0.01。

8. 地上生物量碳含量

1996 IPCC 国家温室气体清单指南的缺省值为 0.5。

三 调查与方法

参考第二节中相关内容。

专栏 8-1 某省林业和土地利用领域温室气体清单编制

第一部分 土地利用变化与林业温室气体排放清单概述

简要描述清单编制过程中，资料收集与调研情况、现有林调查情况等。

第二部分 土地利用变化与林业现状

简要描述该省土地利用变化、森林资源状况。

第三部分 温室气体源/汇的界定

根据《省级温室气体清单编制指南（试行）》［以下简称《指南（试行）》］，土地利用划分为六大类，即林地、农地、草地、湿地、居住地和其他用地。各地类之间的相互转化会引起温室气体源/汇变化，针对每一土地类型及其转化，需分别计算碳贮量的变化和非 CO_2 温室气体排放。根据清单编制要求，土地利用变化主要评估有林地转化为非林地过程中的温室气体源排放，而不考虑林地与其他土地利用类型之间的相互转化。同时，由于气候公约要求仅考虑人为的排放和清除，因此所编制的清单不考虑自然过程中温室气体的排放。为此，土地利用与林业温室气体清单编制的重点是森林和其他木质生物质生物量碳贮量变化、森林转化温室气体排放两大方面。

一 森林和其他木质生物质生物量碳贮量变化

主要包括以下几方面：

1. 乔木林生长生物量碳吸收；

2. 竹林、经济林、灌木林生长生物量碳贮量变化；

3. 散生木、四旁树、疏林生长生物量碳吸收；

4. 森林消耗碳排放。

二 森林转化温室气体排放

包括两方面：森林转化燃烧排放和森林转化分解排放。

根据《指南（试行)》，有关林业温室气体的研究主要集中在 CO_2 的吸收与排放，为此，本清单编制以 CO_2 为主，仅在森林生物质转化中考虑其他温室气体，主要是 N_2O。

三 土地利用变化温室气体排放

主要是有林地转化为非林地（大多数是建设用地）造成森林生物量损失的碳排放，不同有林地包括乔木林、竹林、经济林、灌木林转变为非林地的碳排放，不包括不同林地类型之间的转换。

第四部分 温室气体源/汇估算方法

根据《指南（试行)》，土地利用与林业温室气体源/汇估算方法具体如下。

一 乔木林生物量碳储量变化

根据该省森林资源调查数据，可获得清单编制年份的乔木林总蓄积量（V_F）、各优势树种（组）蓄积量（V_{FF}）、活立木蓄积量年生长率（GR_{FF}），各优势树种（组）蓄积量年生长量（GR_A）、消耗量（M_C）；通过实际采样测定或文献资料统计分析，获得各优势树种（组）的基本木材密度（SVD）和生物量转换系数（BEF）、生物量碳含率（CF），估算全省乔木林生物量碳储量变化。

二 竹林、经济林、灌木林生物量碳贮量变化

竹林、经济林、灌木林通常在最初几年生长迅速，并很快进入稳定阶段，生物量变化较小。因此，这类森林生物量碳储量变化主要根据竹林（ΔC_{BF}）、经济林（ΔC_{EF}）、灌木林（ΔC_{SF}）面积变化（A）和单位面积生物量进行估算。

三 其他（散生木、四旁树、疏林）林木生物量碳储量变化

散生木、四旁树、疏林生物量碳储量变化的估算方法与乔木林类似。根据森林资源调查数据，获得清单编制年份的散生木、四旁树、疏林总蓄积量（V_{OT}）、活立木蓄积量年生长量和消耗量。由于森林资源清查资料没有确定散生木、四旁树、疏林的树木种类，因此在实际计算中，其基本木材密度和生物量转换因子采用全省的加权平均值。

四 活立木消耗碳排放

根据森林资源调查数据，获得清单编制年份的活立木总蓄积量，即乔木林、散生木、四旁树、疏林的蓄积量总和。根据活立木蓄积消耗率（CR）、全省平均基本木材密度、生物量转换系数和生物量碳含率估算活立木消耗造成的碳排放。

五 森林转化温室气体排放

森林转化指将现有森林转化为其他土地利用方式，相当于毁林。这部分主要估算全省有林地转化为非林地过程中，由于地上生物质的燃烧（包括现地燃烧和异地燃烧）和地上部剩余物分解引起的温室气体（CO_2、CH_4 和 N_2O）排放。

（1）森林转化的 CO_2 排放

森林转化燃烧，包括现地燃烧（即发生在林地上的燃烧，如炼山等）和异地燃烧（被移走在林地外进行的燃烧，如薪柴等）。其中，现地燃烧除会产生直接的 CO_2 排放外，还会排放 CH_4 和 N_2O 等温室气体。异地燃烧同样也会产生非 CO_2 的温室气体，但由于能源领域清单中，已对薪炭柴的非 CO_2

温室气体排放做了估算，因此这里只估算异地燃烧产生的 CO_2 排放。

森林转化氧化分解碳排放，主要考虑燃烧剩余物的缓慢分解造成的 CO_2 排放。估算时，采用 10 年平均的年转化面积进行计算，而不是使用清单编制年份的年转化面积。

以上计算中，如果是乔木林转化为非林地，按照优势树种（组）和龄级计算；如果是竹林、经济林、灌木林转化为非林地，仅按照不同林分类型计算，碳含率采用平均值。

（2）森林转化的非 CO_2 排放

现地燃烧非 CO_2 排放，主要考虑 CH_4 和 N_2O 两类温室气体。

第五部分　活动水平数据的确定

一　活动水平数据及其来源

活动水平数据，主要来源于森林资源清查资料（第五次、第六次和第七次）及省统计年鉴、中国林业年鉴中有关资料。主要数据指标有：乔木林按优势树种（或优势树种组）划分的面积和活立木蓄积量；疏林、散生木、四旁树木蓄积量；灌木林、经济林和竹林面积以及活立木蓄积量生长率和消化率等。

另外，部分数据如优势树种（组）的生物量转化系数、生物量碳含率等可来源于我们对现实林分的调查与测定，也可采用。

二　活动水平数据的确定方法

2010 年各类活动水平数据的确定，主要根据最近 3 次森林资源清查的资料数据。由于最近 3 次森林资源清查分别在 1999 年、2004 年和 2009 年完成，2010 年的各类数据可通过最近 2 次清查数据采用外延法获得：

$$Y_{2010} = Y_{2009} + \frac{Y_{2009} - Y_{1999}}{t_{2009} - t_{1999}} \times （2010 - 2009）$$

式中 Y_{2010} 为 2010 年活动水平数据；Y_{2009}、Y_{1999} 分别是 2009 年和 1999 年森林资源清查数据。

第六部分　排放因子数据的确定

一　活立木蓄积量生长率（GR）、消耗率（CR）

省级历次森林资源清查数据，均提供了两次森林资源清查间隔期内的全省活立木蓄积量年平均总生长率、年均净生长率、年平均总消耗率和年均净消耗率等数据。这里 GR 采用活立木蓄积量年平均总生长率，而 CR 采用活立木年均净消耗率（相当于年均采伐消耗率）。依据该省第五次（1994—1999年）、第六次（2000—2004 年）和第七次（2005—2009 年）森林资源清查数据，可通过计算获得各优势树种（组）的年平均生长率和消耗率。

二　基本木材密度（SVD）

基本木材密度（SVD），即每立方米木材所含干物质质量，主要用于将蓄积量数据转化为生物量数据。各优势树种（组）的基本木材密度可查阅《省级指南》，数据缺乏的情况下，可查阅缺省值或利用全省的树干材积密度加权平均值。

三　生物量转换系数（BEF）

根据所收集的文献资料以及对现有林分的调查数据，计算了适合于本省乔木林的相关优势树种（组）蓄积量—生物量转换模型参数：$B = aV + b$，式中 B 为单位面积生物量（$t \cdot hm^{-2}$），V 为单位面积蓄积量（$m^3 \cdot hm^{-2}$），a 和 b 为参数。

疏林、散生木及四旁树：在森林资源清查数据中，此部分林木缺乏树种类型、年龄等信息，难以按照乔木林的计算方法进行估算。为此，以全省同期平均单位生物量（$t \cdot hm^{-2}$）与单位蓄积量（$m^3 \cdot hm^{-2}$）之间关系来推算相应类型的生物量。编制年份疏林、散生木及四旁树蓄积量变化结果如表 1 所示。

表 1　　　　　某省四旁木、散生木和疏林蓄积量变化　　　　（单位：m^3）

林木类型	清查年份			编制年份
	1999	2004	2009	2010
散生木	1190900	6613100	8347800	9063490
四旁	5218200	17551600	27372800	29588260
疏林	16546000	864700	632100	585580
合计	22955100	25029400	36352700	39237330

四　竹林、经济林、灌木林平均单位面积生物量

在全国森林资源连续清查中，蓄积量调查只针对经济林以外的乔木林、疏林以及散生木和四旁树进行。因此，经济林、灌木林和竹林的生物量不能采用蓄积量—生物量转换方法来估计。编制年份经济林、灌木林和竹林面积变化结果如表2。

表2　　　　某省非乔木林类林地面积变化　　　　（单位：hm²）

林木类型	清查年份			编制年份
	1999	2004	2009	2010
灌木林	367900	274300	256800	245690
经济林	593900	523500	548900	544400
竹林	269800	284200	337200	343940
合计	1231600	1082000	1142900	1134030

该省竹林统计数据仅分为毛竹和杂竹两类，其中毛竹林面积约占80%。竹林生物量估算按照毛竹和杂竹两类进行，分别以本省毛竹林单位面积生物量数据的平均值来推算。根据对全省毛竹林分设置的83块样地的调查结果，毛竹林平均生物量为73.64t·hm^{-2}。对杂竹林分设置了9块样地，进行了生物量测定，获得杂竹林平均生物量为38.27t·hm^{-2}。

经济林由于种类繁多，而有关经济林生物量计算方法的研究极少，通常采用公式：经济林的生物量＝单位面积平均生物量×面积。单位面积平均生物量采用我国经济林的平均生物量48.86t·hm^{-2}（Guo et al.，2010）。

由于森林资源清查数据中只提供了灌木林面积，对于灌木林生物量的估算，通常依据公式：灌木总生物量＝单位面积灌木生物量×面积。因本地区缺乏灌木林的生物量数据，故利用我国秦岭淮河以南的灌木林平均生物量值19.76 t·hm^{-2}（Guo et al.，2010）。

五　森林转化相关参数与排放因子

我国自2002年开始严禁炼山和焚烧采伐剩余物，因此除一小部分作为薪材被利用，多数滞留林地分解。就全省而言，被利用的薪材所占比例没

有统计数据，且各地也不尽相同。因此，2010 年度清单编制中采用了国家水平的相关参数，地上部分现地和异地燃烧比例按 15% 和 20%、氧化系数 0.90 计算；地上部分解按 15%、地上部分收获利用按 50% 计算。

$CH_4 - C$ 和 $N_2O - N$ 的排放比例，取 IPCC 缺省值，分别为 0.012 和 0.007；地上部生物量的氮碳比，取 IPCC 缺省值 0.01。

第七部分　估算结果

一　森林和其他木质生物质生物量碳贮量变化

（一）乔木林生长生物量碳吸收

2010 年全省乔木林面积 296.92 万 hm^2，活立木蓄积量 18954.23 万 m^3。现存生物量碳储量为 $6109.69 \times 10^4 t C$，2010 年乔木林生长生物量的碳吸收量为 $618.84 \times 10^4 tC$，占汇的 79.83%。

（二）竹林、经济林、灌木林生长生物量碳贮量变化

2010 年全省竹林面积 34.39 万 hm^2，现存生物量碳储量为 $1266.16 \times 10^4 tC$，竹林生长生物量的碳吸收量为 $24.12 \times 10^4 tC$，占汇的 3.11%。经济林面积 54.50 万 hm^2，现存生物量碳储量为 $1329.92 \times 10^4 tC$，经济林生长生物量的碳吸收量为 $10.99 \times 10^4 tC$（面积减少），占源的 3.28%。灌木林面积 23.81 万 hm^2，现存生物量碳储量为 $328.91 \times 10^4 tC$，灌木林生长生物量的碳吸收量为 $10.89 \times 10^4 tC$（面积减少），占源的 3.25%。

（三）散生木、四旁树、疏林生长生物量碳吸收

2010 年散生木、四旁树、疏林蓄积量 3923.73 万 m^3，现存生物量碳储量为 $974.85 \times 10^4 tC$，其生长生物量的碳吸收量为 $132.23 \times 10^4 tC$，占汇的 17.06%。

（四）森林消耗碳排放

2010 年采伐消耗森林蓄积 $1012.15 \times 10^4 m^3$，活立木消耗的碳排放量为 $311.25 \times 10^4 t C$，占源的 92.76%。

二　森林转化温室气体排放

1. 森林转化燃烧排放

2010 年森林转化面积 $2540 hm^2$，包括薪炭林 $2260 hm^2$ 和用材林 $280 hm^2$，森林转化燃烧碳排放量为 $1.63 \times 10^4 t C$，占源的 0.48%。

2. 森林转化分解排放

2010 年森林转化面积 2540 hm^2，分解碳排放量为 0.77 × 10^{4}tC，占源的 0.23%。

表 3　　　　某省 2010 年林业和土地利用变化部门温室气体清单

部门	碳 （万吨）	二氧化碳 （万吨）	甲烷 （万吨）	氧化亚氮 （万吨）	温室气体 （万吨当量）
森林和其他木质生物质碳储量变化	-442.06	-1620.9			-1620.9
乔木林	-618.84	-2269.1			-2269.1
经济林	10.99	40.31			40.31
竹林	-24.12	-88.45			-88.45
灌木林	-10.89	-39.93			-39.93
疏林、散生木和四旁树	-132.23	-484.85			-484.85
活立木消耗	311.25	1141.26			1141.26
森林转化碳排放	2.4	8.8	0.01	0	9.01
燃烧排放	1.63	5.96	0.01	0	6.17
分解排放	0.77	2.84			2.84
总计	-439.66	-1612.1	0.01	0	-1611.89

注：负值代表净吸收，正值代表净排放。

资料来源：安徽省森林资源清查报告。

延伸阅读

1. 国家林业局造林绿化管理司：《森林经营项目碳汇计量监测指南》，中国林业出版社 2014 年版。

2. 国家林业局：《森林资源数据采集技术规范查》，中国标准出版社 2013 年版。

3. 朱建华、冯源、曾立雄等：《中国省级土地利用变化和林业温室气体清单编制方法》,《气候变化研究进展》2014 年第 6 期。

练习题

1. 试阐述以下概念：林业碳汇、土地利用类型、森林转化、生物量碳储量。

2. 何谓森林碳汇和林业碳汇？两者有何不同？

3. 林业土地利用分为哪些类型？其技术标准是什么？

4. 森林碳汇核算时，需要哪些活动水平数据？如何确定这些活动水平数据？

5. 什么叫排放因子？确定排放因子时，应遵循哪些原则？

6. 森林转化碳排放包括哪些方面？所涉及温室气体有哪些？

第 九 章

区域间经济活动碳转移核算

区域间经济活动碳转移核算，是明确区域碳排放责任、有效减缓温室气体排放的基础性工作。为有效识别进而避免不同国家或地区因产品和服务生产和消费空间上转移导致的"碳泄漏"现象，实现全球有效应对气候变化，国内外专家学者积极开展碳排放转移核算及碳排放权地区责任分担研究，取得了良好的经济社会和生态环境效果。本书第4—8章基于领土原则分别介绍了能源活动、工业生产过程、农业生产、土地利用变化与林业以及废弃物处理五大领域的温室气体排放核算方法。但该方法明显存在一定局限，即没能衡量产品或服务跨国界或跨区域生产和消费流动而产生的温室气体归属问题，即碳排放转移问题，这不利于公平公正原则在国际和区域碳减排责任分担和气候谈判中的贯彻。为合理分配碳排放责任，开展国家或地区间碳排放转移程度测算研究就具有重要意义。本章主要介绍贸易隐含碳和价值链碳排放的核算原理及核算方法，其中，贸易隐含碳也是消费侧碳排放核算的核心内容。

第一节　区域间经济活动碳排放核算的内涵

一　区域间经济活动碳排放核算意义

各区域之间的经济联系主要表现为货物和服务的交流以及资金的流动。特定区域最终需求的增长，不仅拉动本区域经济增长，还通过区域间商品的流动对其他区域经济产生拉动作用。特定区域不仅承接来自本地区最终需求的拉动作用，而且还承接了来自其他区域的拉动作用。但是经济发展常常伴随着一定的环境污染，也就是说，最终需求拉动促进区域经济增长的同时，也会带来环境污染等负的外部性。所以，特定区域在承接来自其他区域经济拉动作用的同时，还要承担伴随环境的负外部性效应。

面对全球温室气体减排目标以及基于碳排放转移的国家减排责任划分方案，不同国家主体通过合作来共同承担减排责任，能够明显减轻国家间贸易对交易各国碳排放核算及其减排责任划分的影响。对不同区域而言，区域间的贸易活动，也会因为产品或服务的转移而引发温室气体的跨区转移。为有效衡量各地区的碳排放规模，合理、公平分担碳排放量，就需要建立区域间经济活动碳排放核算、碳转移等的理论和方法论体系。

针对国家或地区间碳转移和责任分担，一些国际组织和学者已开始了相关研究。由《联合国气候变化框架公约》和《京都议定书》提出的"京都减排模式"，提出以"生产侧责任原则"核算国家或地区行政边界内因产品或服务生产而产生的直接碳排放，并分配减排量。因为存在较明显的"碳泄漏"问题①，有违公平准则，制约欠发达地区工业化进程，于是，在地区分工不断深化、贸易规模迅速增长背景下，"消费侧责任原则"的核算方法被提出。② 该计算方法从最终需求角度核算国家或地区碳排放，并指出考虑产品跨区流动隐含碳排放和消费地的减排责任，充分体现消费者减排责任，有利于弱化"碳泄漏"问题。但"消费侧责任"核算方法也有局限，会使消费地完全承担产品或服务净流入引致的碳排放，缺乏对产品生产地的碳减排约束，而且会对净碳流出地发展效率带来负面影响。③ 科学准确核算区域碳排放量的方法还在不断探索中。

将特定地区"生产侧责任原则"和"消费侧责任原则"的碳排放量进行比较，其差异就能有效反映两地间的碳转移水平。④ 这种转移，就为责任共担原则下的国家或地区间碳转移责任合理分担奠定了理论基础。在区域间经济活动碳转移核算具体核算方法方面，多区域投入产出模型（Multi-Regional Input-Output Model，MRIO）被广泛应用。这主要是因为它为区域间中间产品及最终

① Peters G. P. , Hertwich E. G. , "Post-Kyoto Greenhouse Gas Inventories: Production Versus Consumption", *Climatic Change*, Vol. 86, No. 1, 2008, pp. 51 – 66.

② Peters G. P. , "From Production-based to Consumption-based National Emission Inventories", *Ecological Economics*, Vol. 65, No. 1, 2008, pp. 13 – 23；樊纲、苏铭、曹静：《最终消费与碳减排责任的经济学分析》，《经济研究》2010 年第 1 期。

③ Pang R. Z. , Deng Z. Q. , Chiu Y. H. , "Pareto Improvement Through a Reallocation of Carbon Emission Quotas", *Renewable & Sustainable Energy Reviews*, Vol. 50, 2015, pp. 419 – 430.

④ Wiedmann, T. , "A Review of Recent Multi-Region Input Output Models Used for Consumption-Based Emission and Resource Accounting", *Ecological Economics*, Vol. 69, 2009, pp. 211 – 222.

产品贸易隐含碳的核算提供了方法支撑。

二 贸易隐含碳核算

"隐含碳"（embodied carbon）概念的产生，最早可追溯到 1974 年国际高级研究机构联合会（IFIAS）的能源分析工作组会议。该会议首次提出了"隐含能"（embodied energy）概念，用以衡量某种产品或服务在生产过程中直接和间接消耗的能源总量，其后该概念扩展到碳排放研究领域，进而产生"隐含碳"一词。《联合国气候变化框架公约》（UNFCCC）将"隐含碳"定义为"商品从原料的取得、制造加工、运输到成为消费者手中所购买的产品这段过程中所直接或者间接排放的二氧化碳"。随着全球贸易总量的上升、国际产业分工的深入和全球经济一体化发展，贸易隐含碳越来越受到国际社会的关注。据统计，2004 年，全球贸易隐含碳总量 7214.26 Mt CO_2，占当年全球碳排放总量的 26.15%。碳排放具有很强的负外部性。生产和消费的空间转移及分离产生了贸易，使生产国的能源和环境状况受到一定的扭曲，产生"碳泄漏"等问题，这就使得贸易隐含碳具有重要研究意义。[1]

目前，关于贸易隐含碳排放的核算方法主要有两种：一种是基于产品生命周期由下而上（bottom-up）的测算方法（Life Cycle Assessment，LCA）；另一种是由里昂惕夫（Leontief）提出、运用投入产出理论由上而下（top-down）的测算方法。其中，生命周期法（LCA）比较适用于特定商品的量化评估，但该方法对数据的要求更高；投入产出法主要依据投入产出表，建立数学模型后，测算直接碳排放和间接碳排放，这种方法可进行大尺度测算，比较全面，是宏观方面的主流方法。根据现有文献，贸易隐含碳研究主要集中于全球尺度、国家尺度、区域尺度等多个层面，分别从生产侧和消费侧测算地区碳排放量，并由两者之间的差额衡量贸易隐含碳水平。从产品和服务跨区域转移的方式看，区域间经济社会活动碳排放是通过产品价值链渠道进行的。因此，碳转移程度核算也是基于价值链进行的。

三 价值链碳排放核算

价值链碳排放核算体系，是基于一个完全封闭的多国投入产出模型建立

---

① 陈楠、刘学敏：《"贸易隐含碳"研究进展与评述》，《经济研究参考》2014 年第 41 期。

的。主要有三个框架:

第一个框架:根据里昂惕夫的产业前方连锁(forward-industrial-linkage)。

里昂惕夫(1936)指出,产业发展具有前向关联效应。基于该定义,在低碳绿色发展背景下,任何一个国家的某个产业在创造 GDP 时所产生的碳排放会被隐含在其产业链下游的各行业,通过复杂的国际和产业间交易后用来满足本国或国外的最终需求。在满足本国最终需求时,大部分排放是不经过任何贸易环节,只通过国内产业链实现的,还有一部分需要通过国际贸易得以实现。

本国的碳排放在满足国外需求时有三条路径,分别可以通过最终产品贸易、中间产品贸易和经由第三国的中间产品贸易实现。比如中国电力行业的碳排放隐含在中国生产的手机里直接出口给国外消费者属于第一条路径;中国电力行业的碳排放还可能先隐含在金属半成品里出口给国外用于加工最终产品并在该国被消费就属于第二条路径;中国电力行业的碳排放要是隐含在金属半成品里先出口给贸易伙伴国,该国再将其加工为最终产品出口给第三国消费就属于第三条路径。

以上核算框架,可以帮助我们从价值链的上游向下游方向追溯中国某个行业的碳排放究竟是通过哪条价值链满足了哪国的最终需求,由此可以用来界定谁为谁排放了多少二氧化碳。

第二个核算框架:基于里昂惕夫的产业后方连锁(backward-industrial-linkage)。

产业后方连锁(backward-industrial-linkage),也称产业后向关联。在低碳绿色发展背景下,产业后向连锁可用于追溯一个国家在生产最终产品时是如何通过价值链诱发自身以及其他上游国家和行业的碳排放。这些中间投入品在生产过程中又会诱发其他中间品的生产,这些中间品可能来自国内也可能来自国外,从而诱发相应的国内外碳排放,而排放源可以来自不同的能源产品(煤、石油、天然气等)。

第三个框架:利用库普曼(Koopman,2014)提出的按增加值分解总贸易流量法追溯贸易隐含碳。

贸易品(包括中间品和最终品)生产中会带来本国的碳排放,也会带来外国的碳排放。如在中国组装后出口的苹果手机里,有很多零部件来自日本和韩国,日本和韩国在生产这些零部件时会有碳排放,其结果就使中国的出口产品里会隐含其他国家的碳排放。因此,中国出口隐含碳可以通过以下八条价值链路径实现。

以中国为贸易品生产国、美国为贸易伙伴国举例，这八条路径可被分别解释为：

（1）中国出口给美国的最终品里隐含的中国碳排放；

（2）中国的碳排放隐含在中间品里被美国进口后用来生产满足自身最终需求的产品；

（3）中国的碳排放隐含在中间品里被美国进口后用于生产中间品又出口给第三国；

（4）中国的碳排放隐含在中间品里被美国用于生产中间品后出口给第三国用于生产最终品再出口给中国（相当于中国的再进口）；

（5）美国的碳排放隐含在中间品里被中国用来生产最终产品又出口给美国（相当于美国的再进口）；

（6）美国的碳排放隐含在给中国的中间品出口里，中国用该产品进一步加工成中间品出口给美国用于生产美国自身需求的最终品（也相当于美国的再进口）；

（7）所有第三国（除了中国和美国以外）的碳排放隐含在出口到中国的中间品里被用来生产最终品出口给美国；

（8）所有第三国的碳排放隐含在出口到中国的中间品里，被中国用来进一步加工中间品出口给美国，用于生产美国自身所需的最终品。

其中（1）—（4）（前四条）路径，是用来追溯中国的碳排放。（5）—（8）（后四条）路径分别用来追溯国外的碳排放如何隐含在中国出口给美国的产品里。

第二节　区域间经济活动碳排放核算原理

一　贸易隐含碳排放核算原理[①]

（一）核算框架

对于国家 r，根据投入产出表，总投入分为两部分：国内中间投入和进口

[①]　王文举、向其凤：《国际贸易中的隐含碳排放核算及责任分配》，《中国工业经济》2011 年第 10 期。

中间投入；总产出有三个去向：形成固定资产和存货、国内消费以及出口。此外，还有一部分进口产品直接供国内消费。其中进口中间投入和进口消费在国外生产，碳排放在境外；本国生产的最终产品中，出口部分由他国公民消费，碳排放却在国内。固定资产、存货和国内消费一起构成了当年的国内需求。

设 G_r^D 为第 r 国的国内需求排放，G_r^{OUT}、G_r^{EX}、G_r^{IM} 分别为该国的国内排放、出口产品引致排放和进口产品引致排放，则：

$$G_r^D = G_r^{OUT} - G_r^{EX} + G_r^{IM} \qquad (式9-1)$$

考虑到各国进口、出口产品的结构不同，假设共有 n 个部门，记 G_{rj}^{IM}、G_{rj}^{EX} 分别为第 r 国第 j 部门的进口、出口内涵排放；IM_{rj}、EX_{rj} 分别为第 r 国第 j 部门的进口额、出口额；Q_{rj}、P_{rj} 分别为第 r 国第 j 部门的进口、出口产品的单位碳排放强度，则第 r 国的进口、出口碳排放分别为：

$$G_r^{IM} = \sum_{j=1}^{n} G_{rj}^{IM} = \sum_{j=1}^{n} IM_{rj} \times Q_{rj} \qquad (式9-2)$$

$$G_r^{EX} = \sum_{j=1}^{n} G_{rj}^{EX} = \sum_{j=1}^{n} EX_{rj} \times P_{rj} \qquad (式9-3)$$

（二）各部门出口产品的碳排放强度计算

由于缺少各国分部门的能源消耗数据或 CO_2 排放量数据，只能根据投入产出表和化石燃料的 CO_2 排放量数据测算各国分部门的 CO_2 排放量。

以某国为例。已知该国投入产出表中第 s 部门生产煤，第 t 部门生产石油和天然气，G_1 为该国煤燃烧产生的 CO_2 排放，G_2 为该国石油和天然气燃烧产生的 CO_2 排放。根据投入产出原理，各部门的 CO_2 排放量与其对化石能源的消耗量成正比，因此，可根据投入产出系数将该国的 CO_2 排放量按各部门消耗煤、石油和天然气的比例进行分配。

记 X 为该国的总产出向量，Y 为最终产品向量，A 为直接消耗系数矩阵。根据投入产出模型：

$$x_{i1} + x_{i2} + \cdots + x_{in} + y_{i1} + y_{i2} + y_{i3} + y_{i4} = X_i \qquad (式9-4)$$

其中，x_{ij} 为第 j 部门消耗的第 i 部门的产品数量；y_{i1}、y_{i2}、y_{i3} 和 y_{i4} 分别表示 i 部门的最终产品用于国内消费、固定资产形成、存货增加和出口的数量；X_i 表示 i 部门当年生产的总产品数。

产生 G_1 的是 $X_s - y_{s3} - y_{s4}$（增加的能源存货当年不排放，出口的能源排放在国外），第 j 部门消耗的能源为 X_{sj}。第 t 部门的计算同理。

由此可计算出第 j 部门的 CO_2 排放量：

$$G_j = \frac{x_{sj}}{X_s - y_{s3} - y_{s4}} \cdot G_1 + \frac{x_{tj}}{X_t - y_{t3} - y_{t4}} \cdot G_2 ; j = 1 , \cdots , n \quad （式9-5）$$

因此，第 j 部门的直接排放系数为：

$$C_j = G_j / X_j , j = 1 , 2 , \cdots , n \quad （式9-6）$$

由 $Y = (I - A)^{-1} X$，可得完全排放系数，也就是该国各产业部门出口产品的碳排放强度。

$$P_j = C_j (I - A)^{-1} , j = 1 , 2 , \cdots , n \quad （式9-7）$$

（三）各部门进口产品的碳排放强度计算

由于现有的国际贸易数据很难把一国的所有进口商品按部门类别区分原产国，因此，计算进口产品碳排放强度时，研究多采用本国同类商品或服务的碳排放强度替代，这样做简便易行，但由于其并非真正的贸易污染流，往往会高估或低估进口贸易中的隐含碳排放，最后导致全球进出口隐含碳排放失衡。

为避免出现上述问题，本书对进口产品的碳排放强度，按照主要国家（m个）该类产品的出口平均碳排放强度计算。这样做，有两点好处：一是能保证全球的进出口隐含碳大体上平衡；二是处理起来比较公平、方便，便于各国间的技术水平比较。

因此，各国第 j 部门的进口产品碳排放强度是相同的，计算公式为：

$$Q_j = \sum_{k=1}^{m} G_{kj}^{EX} / \sum_{k=1}^{m} EX_{kj} , j = 1 , 2 , \cdots , n \quad （式9-8）$$

二　价值链碳排放核算原理

基于全球价值链理论发展而来的国家价值链理论，是价值链碳排放核算的重要理论基础。格林芬和柯泽内维茨（Gereffi & Korzeniewicz，1994）在全球商品链理论基础上，提出全球价值链（Global Value Chain，GVC）概念。他将其概括为全球范围内为实现某种商品或服务的价值而连接研发、生产、销售直至回收处理等全过程的跨企业网络组织，是一种基于网络、用来分析国际性生产的地理和组织特征的分析方法，揭示了全球产业的动态性特征。[①]

---

① 王育宝、胡芳肖：《创新驱动区域产业持续发展的机理》，载蒋团标、刘俊杰主编《"创新驱动区域发展"全国学术研讨会论文集》，经济管理出版社 2017 年版。

在价值链生产体系下，某一产品和服务不再由一个地区制造和销售，而是由多个地区分工协作完成，意味着每个地区流出的产品价值增加总值仅部分由该地区创造，剩余部分则由其他地区创造。[①]

根据价值链理论，一个部门（地区）的增加值比重能够反映该部门（地区）对其投入产出组合的控制能力：增加值比重越高，该部门（地区）对生产过程的影响力越大。

对各地区流出产品的价值来源进行分解，是从价值链视角实现碳排放核算的基础工作。

首先，定义国家 r 的直接产出增加值系数为 V；$L^{rr} = (I - A^{rr})^{-1}$ 为国家 r 的里昂惕夫逆矩阵；各国家对其他国家的产品总流出矩阵为 Z。

其次，基于多区域投入产出表，定义 m 个国家的直接产出增加值系数矩阵 V 为：

$$V = \begin{bmatrix} V^1 & 0 & \cdots & 0 \\ 0 & V^2 & \cdots & 0 \\ \vdots & \vdots & \cdots & \vdots \\ 0 & 0 & \cdots & V^m \end{bmatrix} \qquad （式9-9）$$

式 9-9 中，元素 V^r 表示国家 r 的直接产出增加值系数，即国家 r 的直接增加值占总投入的比重。

然后，定义各国家对其他国家的产品总流出矩阵 Z 为：

$$Z = \begin{bmatrix} Z^{1*} & 0 & \cdots & 0 \\ 0 & Z^{2*} & \cdots & 0 \\ \vdots & \vdots & \cdots & \vdots \\ 0 & 0 & \cdots & Z^{m*} \end{bmatrix} \qquad （式9-10）$$

式 9-10 中，Z^{r*} 表示国家 r 对其他国家的总流出，包括中间产品流出和最终产品流出。

进一步，将直接产出增加值系数矩阵（V）、里昂惕夫逆矩阵（L）、产品总流出矩阵（Z）进行矩阵运算，并根据全球价值链分工对各地区产品总流出

① 邵朝对、李坤望、苏丹妮：《国内价值链与区域经济周期协同：来自中国的经验证据》，《经济研究》2018 年第 3 期；王育宝、何宇鹏：《增加值视角下中国省域净碳转移权责分配》，《中国人口·资源与环境》2021 年第 1 期。

的增加值来源进行分解，则各国商品流出增加值矩阵为：

$$
V \cdot L \cdot Z = \begin{bmatrix} V^1 \cdot L^{11} \cdot Z^{1*} & V^1 \cdot L^{12} \cdot Z^{2*} & \cdots & V^1 \cdot L^{1m} \cdot Z^{m*} \\ V^2 \cdot L^{21} \cdot Z^{1*} & V^2 \cdot L^{22} \cdot Z^{2*} & \cdots & V^2 \cdot L^{2m} \cdot Z^{m*} \\ \vdots & \vdots & \vdots & \vdots \\ V^m \cdot L^{m1} \cdot Z^{1*} & V^m \cdot L^{m2} \cdot Z^{2*} & \cdots & V^m \cdot L^{mm} \cdot Z^{m*} \end{bmatrix}
$$

（式 9 – 11）

式 9 – 11 中，矩阵对角元素反映了国家 r 总流出中包含的本国增加值；$V^s L^{sr} Z^{r*}$ 表示国家 r 总流出中包含国家 s 各产业的增加值；将矩阵 $V \cdot L \cdot Z$ 各列非对角元素加总，可得到国家 r 总流出中包含来自其他国家的增加值。

最后，国家 r 总流出中的增加值来源可分解成以下几个部分：

$$
Z^r = \underbrace{V^r L^{rr} \sum_{s=1, s \neq r}^{m} Y^{rs}}_{(\text{I.最终产品流出增加值})} + \underbrace{V^r L^{rr} \sum_{s=1, s \neq r}^{m} A^{rs} X^{ss}}_{(\text{II.中间产品流出增加值})} + \underbrace{V^r L^{rr} \sum_{s=1, s \neq r}^{m} \sum_{k=1, k \neq r, s}^{m} A^{rs} X^{sk}}_{(\text{III.间接流出增加值})} +
$$

$$
\underbrace{V^r L^{rr} \sum_{s=1, s \neq r}^{m} A^{rs} X^{sr}}_{(\text{IV.回流增加值})} + \underbrace{OV^r}_{(\text{V.其他国家增加值})}
$$

（式 9 – 12）

式 9 – 12 中，Z^r 表示国家 r 的流出增加值总额；（Ⅰ）最终产品流出增加值（Final value-added），表示国家 r 最终产品流出中被直接流入国家 s 吸收部分；（Ⅱ）中间产品流出增加值（Intermediate value-added），表示国家 r 中间产品流出中被直接流入国家 s 吸收的部分；（Ⅲ）间接流出增加值（Indirect value-added），表示国家 r 中间产品流出中，被直接流入国家 s 加工生产，再次流向第三个国家 k 的增加值部分；（Ⅳ）回流增加值（Return value），表示国家 r 中间产品流出中，被直接流入国家 s 加工生产，再次回流到国家 r 的增加值部分；（Ⅴ）其他国家增加值（Other regions value-added），表示国家 r 总流出中包含源自其他国家的增加值。[①]

最后，根据国家价值链增加值来源及对应国家的碳排放强度，就能够核算出该国相应的价值链碳排放量。

———————————

① 邵朝对、李坤望、苏丹妮：《国内价值链与区域经济周期协同：来自中国的经验证据》，《经济研究》2018 年第 3 期。

第三节　区域间经济活动碳核算模型

一　投入产出分析框架

（一）单区域投入产出表

投入产出表，是全面反映一定时期（通常为一年）内，国民经济中各产业部门的投入来源及其产品去向的一种表。按照计量介质的不同，投入产出表可分为实物型投入产出表和价值型投入产出表。其中，实物型投入产出表是按各种产品的实物单位来进行计量编制形成，价值型投入产出表是以货币为计量单位编制形成（表9-1）。由于价值型投入产出表忽略了投入实物的差异，能从价值角度进行更好比较，用途较广。

表9-1　　　　　　　　　　　　单区域投入产出表

投入＼产出		中间使用			最终需求				进口	其他	总产出
		部门1……部门n	小计		居民消费	政府消费	资本形成	出口			
中间投入	部门1 ... 部门n	X_{11} X_{12} $\cdots$ X_{1n} X_{21} X_{22} $\cdots$ X_{2n} $\vdots$ $\vdots$ $\vdots$ $\vdots$ X_{1n} X_{2n} $\cdots$ X_{nn}	$\sum_1^n X_{1r}$ $\sum_1^n X_{2r}$ $\vdots$ $\sum_1^n X_{nr}$		C_1 C_2 $\vdots$ C_n	FU_1 FU_2 $\vdots$ FU_n	GC_1 GC_2 $\vdots$ GC_n	EX_1 EX_2 $\vdots$ EX_n	IM_1 IM_2 $\vdots$ IM_n	R_1 R_2 $\vdots$ R_n	X_1 X_2 $\vdots$ X_n
小计		$\sum_1^n X_{r1}$ $\sum_1^n X_{r2}$ $\cdots$ $\sum_1^n X_{rn}$	$\sum_{r=1}^n \sum_{s=1}^n X_{rs}$								
增加值		V_1 V_2 $\cdots$ V_n									
总投入		X_1 X_2 $\cdots$ X_n									

价值型投入产出表由三个部分组成：

1. 第一部分

由名称、数目相同的若干个产品部门纵横交叉形成的中间产品矩阵组成，其主栏（纵向）为中间投入，宾栏（横向）为中间使用，矩阵中的每个数字都具有双重意义：横向反映各部门作为中间使用向该部门购买的产品或劳务数量；纵向描述了该部门为进行再生产向其他产业部门购买的产品或劳务的数量。这一部分充分揭示了国民经济各部门之间相互依存、相互制约的技术经济联系，是投入产出表的核心部分。

2. 第二部分

作为第一部分在横向方向上的拓展，其主栏和第一部分的部门分组相同，宾栏代表最终使用。我们可以将该部分的含义理解为，各产品部门提供的产品或劳务用于各种最终使用时，各项最终使用所占用的数量和形成的占用结构。第二部分描述了在本期生产或服务过程中，退出或暂时退出部分，体现了国内生产总值经过分配和再分配后的最终使用。

第二部分和第一部分组成的横表，反映国民经济各部门产品或劳务的去向，即各部门的中间使用和最终使用数量。

3. 第三部分

第三部分是第一部分在纵向上的延续，其主栏部分为增加值，由固定资产折旧、劳动者报酬、生产税净额等各种最初投入组成，宾栏的部分的分组与第一部分相同。反映各个部门增加值（即最初投入）的构成情况，体现了国内生产总值的初次分配。

第三部分与第一部分组成的竖表，反映国民经济各部门在生产经营活动中的各种投入来源及产品价值构成，即各部门纵向投入数量，包括中间投入和增加值。

价值型投入产出表三大部分，相互连接成为一个有机整体，从总量和结构上全面、系统地反映国民经济各部门从原材料经过生产加工成为最终产品供各部门最终消费使用这一完整的实物运动过程中的相互联系。

（二）多区域投入产出表[①]

多区域投入产出表，是在各区域投入产出表基础上，利用区域间贸易数据，将彼此之间商品和服务的流入、流出内生化，并按照相同部门分类进行连接和调整而成的投入产出表。

中间产品部分，详细记录了每个区域每个部门在本区域内和其他区域的投入和使用状况。将中间产品矩阵分成按照以区域分组的子矩阵形式，则对角线上的子矩阵分别表示本区域各部门产品在本区域内的投入和使用情况，非对角线上的子矩阵表示任一区域每一部门产品在其他区域各部门的投入和使用情况。

最终需求部分，由不同区域的最终需求子矩阵组成，分别记录了各个区域不同部门在每一个区域最终需求的使用状况。

---

① 黎峰：《增加值视角下的中国国家价值链分工——基于改进的区域投入产出模型》，《中国工业经济》2016 年第 3 期；王育宝、何宇鹏：《中国省域净碳转移测算研究》，《管理学刊》2020 年第 2 期。

因此，区域间投入产出模型的行模型为：

$$X_i^r = \sum_{s=1}^{m} \sum_{j=1}^{n} X_{ij}^{rs} + \sum_{s=1}^{m} Y_i^{rs} + EX_i^r + R_i^r \qquad （式 9-13）$$

式 9-13 中，r、s 表示地区，i、j 表示部门；m、n 分别表示地区、部门的总数量；X_{ij}^{rs} 表示 r 地区 i 部门对 s 地区 j 部门的中间投入；Y_i^{rs} 表示 r 地区 i 部门对 s 地区投入的最终产品；EX_i^r 表示 r 地区 i 部门的出口部分；R_i^r 用以调整部门总产出与总投入的平衡。

式 9-13 意味着区域 r 部门 i 的总产出被使用为各区域所有部门的中间产品、各区域的最终产品，以及对外出口三部分。

列模型可以表示为：

$$X_j^s = \sum_{i=1}^{m} \sum_{r=1}^{n} X_{ij}^{rs} + M_j^s + V_j^s \qquad （式 9-14）$$

式 9-14 中，X_{ij}^{rs} 是区域 s 部门 j 部门对区域 r 部门 i 的中间品消耗；M_j^s 是区域 s 部门 j 对进口中间品的消耗；V_j^s 是区域 s 部门 j 的增加值。

式 9-14 意味着区域 s 部门 j 的总投入由各区域所有部门的中间投入、进口中间投入以及其最初投入三部分组成。

多区域投入产出表如表 9-2 所示。

表 9-2　　　　　　　　　　　　　多区域投入产出表

投入＼产出		中间使用					最终使用			出口	其他	总产出
		区域 1		…	区域 m		区域 1	…	区域 m			
		部门 1…部门 n		…	部门 1…部门 n							
中间投入	区域 1　部门 1 … 部门 n	X_{11}^{11} … X_{1n}^{11}		…	X_{11}^{1m} … X_{1n}^{1m}		F_1^{11}	…	F_1^{1m}	EX_1^1	R_1^1	X_1^1
		X_{n1}^{11} … X_{nn}^{11}		…	X_{n1}^{1m} … X_{nn}^{1m}		F_n^{11}		F_n^{1m}	EX_n^1	R_n^1	X_n^1
	⋮	⋮		⋮	⋮		⋮	⋮	⋮	⋮	⋮	⋮
	区域 m　部门 1 … 部门 n	X_{11}^{m1} … X_{1n}^{m1}		…	X_{11}^{mm} … X_{1n}^{mm}		F_1^{m1}	…	F_1^{mm}	E_1^m	R_1^m	X_1^m
		X_{n1}^{m1} … X_{nn}^{m1}		…	X_{n1}^{mm} … X_{nn}^{mm}		F_n^{m1}		F_n^{mm}	E_n^m	R_n^m	X_n^m
进口		IM_1^1 … IM_n^1		…	IM_1^m … IM_n^m		FIM^1		FIM^n			
增加值		V_1^1 … V_n^1		…	V_1^m … V_n^m							
总投入		X_1^1 … X_n^1		…	X_1^m … X_n^m							

二 单区域投入产出模型（Single-Regional Input-Output，SRIO）

假设只核算单独一个区域的碳排放量，这里称该区域为地区 1。则地区 1 的单区域投入产出模型可以表述为：

$$CE_1^{produce,SRIO} = c_1 X_1 = c_1 (I - A_{11})^{-1} (Y_{11} + \sum_{s \neq 1} EX_{1s}) =$$

$$c_1 L_{11} Y_{11} + c_1 L_{11} \sum_{s \neq 1} EX_{1s} \qquad （式9-15）$$

式 9-15 中，$CE_1^{produce,SRIO}$ 表示地区 1 生产侧责任原则碳排放量；c_1 表示地区 1 单位总产出的碳排放量；X_1 表示地区 1 的总产出，包括本地最终需求、中间使用和对外出口；$L_{11} = (I - A_{11})^{-1}$ 表示地区 1 的里昂惕夫逆矩阵；Y_{11} 表示地区 1 的最终需求量；EX_{1s} 表示地区 1 对地区 s 的出口量；$c_1 L_{11} Y_{11}$ 表示地区 1 最终消费引致碳排放量；$c_1 L_{11} \sum_{s \neq 1} EX_{1s}$ 表示地区 1 出口至其他地区的碳排放。

基于单区域投入产出模型评估消费侧责任原则碳排放量，一般采用生产侧责任原则碳排放量减去出口隐含碳，再加上进口隐含碳得到。

地区 1 的消费侧责任原则碳排放量核算公式：

$$CE_1^{consumer,SRIO} = c_1 Y_1 = c_1 L_{11} Y_{11} + \sum_{s \neq 1} f_1 L_{ss} IM_{s1} \qquad （式9-16）$$

式 9-16 中，$CE_1^{consumer,SRIO}$ 表示地区 1 消费侧责任原则碳排放量；Y_s 表示地区 s 的总需求量；$L_{ss} = (I - A_{ss})^{-1}$ 表示地区 s 的里昂惕夫逆矩阵；$c_1 L_{ss} IM_{s1}$ 表示地区 1 进口地区 s 的引致碳排放；$\sum_{s \neq 1} f_1 L_{ss} IM_{s1}$ 表示地区 1 进口其他地区的碳排放量。

单区域竞争型投入产出模型（SRIO）测算没有区分进口中间产品和国内中间产品的异质性，且假定进口产品的中间投入结构系数以及碳排放系数和国内相同，导致测算结果与实际偏离较大；一些学者采用单区域非竞争型投入产出模型时考虑了中间产品的来源地差异，并采用不同方法对碳排放系数进行处理，仍然不能真正区分进口国的中间投入结构系数和碳排放系数的异质性。[1]

---

① 吕延方、崔兴华、王冬：《全球价值链参与度与贸易隐含碳》，《数量经济技术经济研究》2019 年第 2 期。

三 多区域投入产出模型（Mulfi-Regional Input-Output，MRIO）

（一）MRIO 分析框架

多区域投入产出模型（MRIO）是在各区域投入产出表基础上，利用区域间的贸易数据，将彼此间商品和服务的流入、流出与生产技术水平内生化，并按照相同部门分类进行连接和调整而成的投入产出模型。[①] 由 m 个地区组成的 MRIO 模型可以表述成矩阵形式，为：

$$
\begin{bmatrix} X^1 \\ X^2 \\ \vdots \\ X^m \end{bmatrix} = \begin{bmatrix} A^{11} & A^{12} & \cdots & A^{1m} \\ A^{21} & A^{22} & \cdots & A^{2m} \\ \vdots & \vdots & \vdots & \vdots \\ A^{m1} & A^{m2} & \cdots & A^{mm} \end{bmatrix} \begin{bmatrix} X^1 \\ X^2 \\ \vdots \\ X^m \end{bmatrix} + \begin{bmatrix} Y^{11} + Y^{12} + \cdots + Y^{1m} \\ Y^{21} + Y^{22} + \cdots + Y^{2m} \\ \vdots \\ Y^{m1} + Y^{m2} + \cdots + Y^{mm} \end{bmatrix} \begin{bmatrix} EX^1 \\ EX^2 \\ \vdots \\ EX^m \end{bmatrix}
$$

（式 9 - 17）

式 9 - 17 中，X^r 表示 r 地区各部门的总产出列向量；分块矩阵 A 代表整体生产体系，子矩阵 A^{rr} 表示 r 地区各生产部门之间的相互需求，A^{rs} 表示 r 地区对 s 地区中间产品投入的直接消耗系数矩阵；Y 矩阵表示各地区的最终需求，Y^{rs} 表示 r 地区生产的产品用于满足 s 地区最终需求的列向量；EX^r 表示 r 地区产品出口的列向量。

用分块矩阵的形式，恒等式 9 - 17 可以改写为：

$$
X_i^r = \sum_{s=1}^{m} \sum_{j=1}^{n} X_{ij}^{rs} + \sum_{s=1}^{m} Y_i^{rs} + EX_i^r + R_i^r \qquad （式 9 - 18）
$$

式 9 - 18 中，r、s 表示地区；i、j 表示部门；m、n 分别表示地区、部门的总数量；X_{ij}^{rs} 表示 r 地区 i 部门对 s 地区 j 部门的中间投入；Y_i^{rs} 表示 r 地区 i 部门对 s 地区投入的最终产品；EX_i^r 表示 r 地区 i 部门的出口部分；R_i^r 用以调整部门总产出与总投入的平衡。

以地区 r 为研究对象，总产出 X^r 可表示为：

$$
X^r = (I - A^{rr})^{-1} \left(\sum_{s=1, s \neq r}^{m} A^{rs} X^s + \sum_{s=1, s \neq r}^{m} Y^{rs} + Y^{rr} + EX^r \right) =
$$
$$
L^{rr} \sum_{s=1, s \neq r}^{m} A^{rs} X^s + L^{rr} \sum_{s=1, s \neq r}^{m} Y^{rs} + L^{rr} Y^{rr} + L^{rr} EX^r \qquad （式 9 - 19）
$$

[①] 黎峰：《增加值视角下的中国国家价值链分工——基于改进的区域投入产出模型》，《中国工业经济》2016 年第 3 期。

式 9 - 19 中，$L^{rr} = (I - A^{rr})^{-1}$，表示地区 r 的里昂惕夫逆矩阵；$L^{rr} \sum_{s=1,s \neq r}^{m} A^{rs} X^{s}$、$L^{rr} \sum_{s=1,s \neq r}^{m} Y^{rs}$ 分别表示 r 地区用于满足其他地区 (s) 中间产品需求、最终产品需求的总产出部分；$L^{rr} Y^{rr}$ 表示 r 地区用于满足本地区最终产品需求的总产出部分；$L^{rr} EX^{r}$ 表示 r 地区用于出口需求的总产出部分。

随着 GTAP、WIOP 等数据库开发，多区域投入产出模型（MRIO）迅速成为当前测算贸易隐含碳的主流方法，其优势在于能充分考虑各国中间投入结构系数和碳排放系数的异质性，细致描述全球各国各部门之间的贸易联系。[1]

（二）生产侧碳排放核算方法

把生产侧碳排放分解为"内需碳排放"和"外需碳排放"。内需碳排放定义为服务于本地区最终需求的生产排放，而外需碳排放是服务于其他地区最终需求的生产排放，或者说其他地区通过自由贸易向本地区转移的碳排放。

用向量 X_{rs} 表示地区 s 的最终需求在地区 r 引起的生产，或者说地区 r 服务于地区 s 最终需求的产出。基于 MRIO 模型，任意地区 s 的最终需求 Y_{s}，在各地区引致的产出向量为：

$$\begin{bmatrix} X_{1s} \\ X_{2s} \\ \vdots \\ X_{ms} \end{bmatrix} = \begin{bmatrix} A^{11} & A^{12} & \cdots & A^{1m} \\ A^{21} & A^{22} & \cdots & A^{2m} \\ \vdots & \vdots & \vdots & \vdots \\ A^{m1} & A^{m2} & \cdots & A^{mm} \end{bmatrix} \begin{bmatrix} X_{1s} \\ X_{2s} \\ \vdots \\ X_{ms} \end{bmatrix} + \begin{bmatrix} Y_{1s} \\ Y_{2s} \\ \vdots \\ Y_{ms} \end{bmatrix} \qquad （式 9-20）$$

对式 9 - 20 求解产出向量 X_{rs}，而 $X = \sum_{s}^{m} X_{rs}$。地区 1 的总产出可以表述成：

$$X_{1} = \sum_{s}^{m} X_{1s} \qquad （式 9-21）$$

式 9 - 21 以最终需求为基准对中国总产出进行分解，其中：X_{1s} 是地区 s 最终需求在地区 1 引致的产出。

根据外需碳排放的定义，外需碳排放即为产出 $\sum_{s \neq 1} X_{1s}$ 在地区 1 造成的碳排放，即其他地区的最终需求在地区 1 造成的排放。而内需排放为产出 x_{11}

---

① 吕延方、崔兴华、王冬：《全球价值链参与度与贸易隐含碳》，《数量经济技术经济研究》2019年第 2 期。

造成的碳排放，它是地区 1 自身最终需求在本地区造成的排放。地区 1 通过中间产品和最终产品出口满足于其他地区最终需求，因此外需排放还可以进一步分解为"中间产品出口引致的碳排放"和"最终产品出口引致的碳排放"。

定义 F_1 为以地区 1 各生产部门单位总产出的 CO_2 排放量为元素的对角矩阵，其元素 f_1 是地区 1 的直接碳排放与总产出的比值。

则地区 1 生产责任原则碳排放列向量为：

$$CE_1^{produce} = c_1 X_1 = c_1 X_{11} + c_1 \sum_{s \neq 1} X_{1s} =$$

$$\underbrace{c_1 X_{11}}_{\text{内需排放}} + \underbrace{\underbrace{c_1 L_{11} \sum_{s \neq 1} \sum_{r \neq 1} A_{1r} X_{rs}}_{\text{中间产品出口引致排放}} + \underbrace{c_1 L_{11} \sum_{s \neq 1} Y_{1s}}_{\text{最终产品出口引致排放}}}_{\text{外需排放}} \quad （式9-22）$$

式 9-22 中，$L_{11} = (I - A^{11})^{-1}$。$c_1 X_{11}$ 表示地区 1 生产并用于本地区最终产品需求的直接碳排放；$c_1 L_{11} \sum_{s \neq 1} \sum_{r \neq 1} A_{1r} X_{rs}$、$c_1 L_{11} \sum_{s \neq 1} Y_{1s}$ 分别表示地区 1 生产并用于满足其他地区中间产品需求、最终产品需求的引致碳排放。

（三）消费侧碳排放核算方法

与生产侧碳排放核算方法不同，地区 r 消费侧责任原则碳排放是地区 r 的总需求引致的碳排放量。公式可表示为：

$$CE_r^{consume} = C_r L_{rr} Y_r \quad （式9-23）$$

式 9-23 中，Y_r 表示地区 r 的总需求，包括地区内生产、地区外生产的中间产品及最终产品用于满足地区 r 的最终需求。

将地区 r 的消费责任原则排放分解为"地区内碳排放"和"地区外碳排放"。其地区内碳排放就等于生产责任原则碳排放中的内需碳排放，而地区外碳排放则是地区 r 最终需求在其他地区生产引致的碳排放。

地区 1 消费侧碳排放列向量为：

$$CE_1^{consumer} = c_1 X_{11} + \sum_{s \neq 1} c_1 X_{s1} =$$

$$\underbrace{c_1 X_{11}}_{\text{地区内排放}} + \underbrace{\underbrace{\sum_{s \neq 1} c_r L_{rr}(A_{r1} X_{11} + Y_{r1})}_{\text{直接进口引致排放}} + \underbrace{\sum_{s \neq 1}(c_1 L_{11} \sum_{s=1, s \neq r} A_{rs} X_{s1})}_{\text{间接贸易引致排放}}}_{\text{地区外排放}}$$

$$（式9-24）$$

从式 9-24 可知，地区 1 消费责任原则碳排放中的地区外碳排放包含两部分：第一部分是"直接进口引致碳排放"，它是地区 1 进口直接在地区外其他地区引致的碳排放；第二部分是"间接贸易引致碳排放"，即地区 1 以外其他经济体之间自由贸易引致的碳排放。

在复杂的全球（国家）生产网络中，地区 1 的最终需求除了直接需要从其他地区进口中间产品和最终产品外，还间接引起其他经济体之间的中间产品贸易，这些中间产品生产造成的碳排放即属于第二部分排放。

专栏 9 - 1　中国区域间碳转移测算研究

1. 研究背景

改革开放以来，中国在经济发展上取得了举世瞩目的成就，但同时也付出了不可忽视的环境代价。虽然关于"污染避难所"的假说在中国是否成立仍存在争议，但中国持续增长的碳排放规模以及由贸易引起的碳排放转移已成为事实。与此同时，中国东部沿海地区凭借其地理优势和政策优惠获得了更好的对外贸易发展机遇，逐渐成为中国区域经济的"中心"，而内地则逐渐演化为"外围"，中国区域对外贸易发展的不平衡也由此形成。然而，东部沿海等经济较为发达地区的碳排放水平与对外贸易发展水平并不存在正相关关系，上述地区并非中国的"污染避难所"。那么，东部经济发达地区是如何实现低碳排放水平，是否也存在类似国际上的碳排放转移呢？在不同地区碳排放转移过程中，到底是对外贸易，还是区域间贸易扮演更为重要的角色呢？为此，有必要从对外贸易与区域间贸易两个方面来考察中国由贸易引起的碳排放转移问题，进而分析中国碳排放转移的地区特征，揭示两方面碳排放转移之间存在的联系及不同地区在碳排放转移中的地位差异。

2. 研究方法

（1）环境投入产出模型构建

一国内任一地区均可从该国外部和国内其他地区通过参与对外贸易与区域间贸易获得货物和服务。该地区与国外和国内其他地区进行贸易往来均可能导致碳排放转移和碳泄漏现象发生。各区域碳排放转移具体情况取决于其进出口地位、贸易结构、碳减排技术应邀等因素。借鉴 Zhang 等

（2014）研究中国省际贸易隐含碳构建的投入产出模型，进一步改进能够同时计算中国对外贸易隐含碳和区域间贸易隐含碳的环境投入产出模型，具体如下：

假设中国可分为 R 个区域，其中任一区域 r（$r=1, \cdots, R$）内均有 n 个行业部门。区域 r 总产出表达式：

$$X^r = A^{rr}X^r + Y^r + E^r + EP^r - M^r - MP^r \qquad （式1）$$

式（1）中，A^{rr} 代表区域 r 内的直接消耗系数矩阵（n 阶方阵），X^r 和 Y^r 分别代表区域 r 的总产出向量和最终消费向量，E^r 和 M^r 分别代表区域 r 的出口向量和进口向量，EP^r 和 MP^r 分别代表区域 r 的国内流出向量和国内流入向量，X^r、Y^r、E^r、M^r、EP^r 和 MP^r 均为 $n \times 1$ 的列向量。（$I - A^{rr}$）$^{-1}$ 为里昂惕夫逆矩阵，进一步可改写为：

$$X^r = (I - A^{rr})^{-1}(Y^r + E^r + EP^r - M^r - MP^r) \qquad （式2）$$

设定 $d^r = \{d_i^r\}$ 为区域 r 单位部门产品产出直接碳排放系数的行向量，其中的元素 d_i^r 代表部门 i 单位产品产出的直接 CO_2 排放量。那么，区域 r 的碳排放量 C^r 可表示为：

$$C^r = d^r X^r = d^r (I - A^{rr})^{-1}(Y^r + E^r + EP^r - M^r - MP^r) \qquad （式3）$$

式（3）中，$d^r (I - A^{rr})^{-1}$ 即为区域 r 单位部门产品产出的完全碳排放系数向量。由式（3）可知，区域内的碳排放与 5 个部分的碳排放有关：满足最终消费需求引起的碳排放、出口和国内流出中隐含的碳排放、进口和国内流入可避免的碳排放。据此，区域 r 的出口隐含碳 CE^r 和国内流出隐含碳 CEP^r 可分别表示为：

$$CE^r = d^r (I - A^{rr})^{-1}E^r ; CEP^r = d^r (I - A^{rr})^{-1}EP^r \qquad （式4）$$

基于"国内技术假设"得到区域 r 的进口隐含碳 CM^r 和国内流入隐含碳 CMP^r，具体为：

$$CM^r = d^r (I - A^{rr})^{-1}M^r ; CMP^r = d^r (I - A^{rr})^{-1}MP^r \qquad （式5）$$

可以得到区域 r 的净出口隐含碳 B^r 和净国内流出隐含碳 BP^r，也即：

$$B^r = d^r (I - A^{rr})^{-1}(E^r - M^r) ; BP^r = d^r (I - A^{rr})^{-1}(EP^r - MP^r) \qquad （式6）$$

B^r 和 BP^r 也同时分别代表了区域 r 在对外贸易与区域间贸易引起的碳

排放转移。当 $B^r > 1$ 时，表明区域 r 在对外贸易中处于隐含碳净出口地位，即其他国家通过国际贸易向区域 r 转移碳排放，反之亦然。当 $BP^r > 0$ 时，表明区域 r 在区域间贸易中处于隐含碳净流出地位，即国内其他区域通过区域间贸易向区域 r 转移碳排放，反之亦然。设 $T^r = B^r + BP^r$ 为净流出隐含碳，它能够反映区域 r 参与两类贸易所引起碳排放转移的总体情况。

（2）数据说明

与现有相关研究主要使用中国区域间投入产出数据不同，本书使用的投入产出数据主要来源于《中国地区投入产出表 2012》《中国 2012 年投入产出表》，其中《中国地区投入产出表 2012》提供了中国 31 个省（区、市）的投入产出表，并将流入、流出区分为国际贸易和国内贸易（除内蒙古、湖北、青海外）。

关键在于得到各地区分行业的直接碳排放系数，进而得到各地区单位行业产出的完全碳排放系数向量。由于暂无关于中国各地区碳排放的官方统计，使用《2006 年 IPCC 国家温室气体清单指南》提供的碳排放计算方法，即通过加总煤炭、焦炭、原油、汽油、煤油、柴油、燃料油、天然气 8 种能源消耗核算 CO_2 排放量，其中能源消费数据来源于《中国能源统计年鉴 2013》。此外，在计算进口隐含碳排放时，基于"国内技术假设"将本地区的完全碳排放系数向量替代进口国的完全碳排放系数向量；在计算国内流入隐含碳排放时，流入来源地区的完全碳排放系数向量用中国整体的完全碳排放系数向量近似替代。

对于地区划分，将 31 个地区划分为东北区域（黑龙江、吉林、辽宁）、京津区域（北京、天津）、北部沿海区域（河北、山东）、东部沿海区域（江苏、上海、浙江）、南部沿海区域（福建、广东、海南）、中部区域（山西、河南、安徽、湖北、湖南、江西）、西北区域（内蒙古、陕西、宁夏、甘肃、青海、新疆）和西南区域（四川、重庆、广西、云南、贵州、西藏）等 8 个区域。

3. 测算结果分析

核算得到 2012 年中国 31 个地区的净出口隐含碳排放量 B、净国内流出隐含碳排放量 BP 和净流出隐含碳排放量 T，以反映各地区进行对外贸易与区域间贸易引起的碳排放转移情况。

表1　　　2012 年中国各省份净流出隐含碳排放情况　　　（单位：Mt）

地区	B	BP	T	地区	B	BP	T
北京	-197.79	-752.87	-950.66	湖北	-122.56	0	-122.56
天津	-25.03	-139.15	-164.18	湖南	1.54	-203.72	-202.18
河北	30.17	439.96	470.13	广东	66.00	-710.83	-644.82
山西	23.68	947.59	971.27	广西	-3.24	-133.70	-136.94
内蒙古	0	934.44	934.44	海南	-3.41	4.75	1.33
辽宁	24.72	163.48	188.21	重庆	-0.22	-199.14	-199.36
吉林	-19.16	-136.13	-155.28	四川	18.27	-137.54	-119.27
黑龙江	-7.05	27.65	20.60	贵州	24.13	218.03	242.15
上海	-97.29	-347.29	-444.58	云南	-9.23	-73.62	-82.85
江苏	113.02	-656.40	-543.38	西藏	1.82	-22.35	-20.53
浙江	122.93	-549.11	-426.18	陕西	41.88	264.29	306.17
安徽	21.36	-152.61	-131.25	甘肃	-15.85	155.46	139.62
福建	-47.05	-49.67	-96.72	青海	-53.46	0	-53.46
江西	11.13	-105.17	94.03	宁夏	9.50	457.94	467.43
山东	93.60	-144.87	-51.27	新疆	68.23	229.96	298.19
河南	6.89	-179.69	-172.80				

注："0"代表数据未获取。

分地区碳排放转移主要呈现出以下特征：

区域间贸易引起的碳排放转移规模要大于对外贸易引起的碳排放转移规模。除湖北和青海未获得相关数据外，中国其他 29 个地区的净国内流出隐含碳排放绝对量均大于净出口隐含碳，使得各地区净流出隐含碳的符号与净国内流出隐含碳一致。该特征表明中国区域间贸易引起的碳排放转移更为明显，反映出中国区域间贸易引起的碳泄漏更为严重。

贸易引起碳排放量增加的地区数量要小于排放量降低的地区数量，这在一定程度上反映出碳排放净流入地区较为集中。从净流出隐含碳排放情况来看，净流出隐含碳排放为正的地区仅为 11 个，其中山西、内蒙古、河北的净流出隐含碳规模位列前 3 位；与之不同，净流出隐含碳排放为负的地区有 20 个，其中北京、广东、江苏、上海、浙江的隐含碳净流出规模排在前 5 位，上述地区均是中国现阶段经济相对较为发达的地区。

部分地区在对外贸易和区域间贸易引起碳排放转移中的地位并非一致。其中，浙江和甘肃是两个较具代表性的地区。对于浙江而言，其净出口隐含碳排放量为 122.93Mt，在所有地区中位居第一位，表明其在对外贸易引起碳排放转移中处于净流入地位；然而，浙江的净国内流出隐含碳为 -549.11Mt，表明其在区域间贸易引起碳排放转移中处于净流出地位，且碳排放转移的流出规模要大于流入规模，使得其在整体碳排放转移中处于有利的净流出地位。与浙江相反，甘肃在对外贸易和区域间贸易引起碳排放转移中分别处于净流出和净流入地位，表明对外贸易有利于其碳减排，但区域间贸易导致其产生更多的碳排放。

可见，不同地区在对外贸易和区域间贸易碳排放转移中扮演的角色并不相同。为进一步阐释其地位不同的特征，根据净出口隐含碳和净国内流出隐含碳的不同符号，将不同地区分为以下四类：

（1） Ⅰ类地区：$B>0$ 且 $BP>0$。此类地区在两类贸易引起碳排放转移中均处于净流入地位，贸易加剧了该类地区的碳排放水平。

（2） Ⅱ类地区：$B>0$ 且 $BP<0$。此类地区虽然在对外贸易引起碳排放转移中处于净流入地位，但在区域间贸易中能够转移更大规模的碳排放至其他地区，故整体上贸易有利于降低该地区的碳排放水平。

（3） Ⅲ类地区：$B<0$ 且 $BP<0$。此类地区在两类贸易引起碳排放转移中均处于净流出地位，贸易能够降低该类地区的碳排放水平。

（4） Ⅳ类地区：$B<0$ 且 $BP>0$。此类地区虽然在对外贸易引起碳排放转移中处于净流出地位，但在区域间贸易中，从其他地区得到了更大规模的碳排放流入，故整体上贸易加剧了该地区的碳排放。

将除内蒙古、湖北、青海外的 28 个地区分为四类。从图 1 可知，Ⅰ类地区包括河北、山西和辽宁等，上述地区是中国碳排放流入规模最大的地区，也就是贸易导致碳排放增加最为显著的地区；Ⅱ类地区包括江苏、浙江和广东等，这类地区的特点是对外贸易发展水平较高且主要处于对外贸易顺差地位，但其通过区域间贸易的碳转移效应将碳排放转移至其他地区，进而实现了本地区的碳减排；Ⅲ类地区以北京、上海、天津等为代表，这类地区通过对外贸易逆差换取碳减排，还能够通过区域间贸易进一步降低碳排放水平；Ⅳ类地区包括黑龙江、海南和甘肃，其中黑龙江和海南的碳排放转移规模均较小。值得关注的是，在Ⅲ类地区中，天津、吉林、广西、重庆和云南在区域间贸易中处于逆差地位，表明其以国内贸易逆差换取碳减排；与上述地区不同，北京、上海和福建却处于国内贸易顺差地位，表明其能够同时获得贸易利益和环境利益。

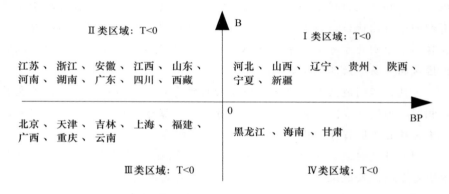

图1   各地区碳转移地区分类

综上，在对外贸易中处于碳排放净流入的地区是碳排放从国外转移至国内的中转地，而在区域间贸易中处于碳排放净流入的地区则是碳排放转移链中的目的地。Ⅱ类地区在对外贸易中流入的碳排放通过区域间贸易转移至Ⅰ类地区和Ⅳ类地区，后者在一定程度上成为中国乃至世界的"污染避难所"，这反映出中国面临的碳泄漏主要在于区域间贸易而非对外贸易。

资料来源：潘安：《对外贸易、区域间贸易与碳排放转移——基于中国地区投入产出表的研究》，《财经研究》2017年第11期。

延伸阅读

1. 彭水军、张文城、孙传旺:《中国生产侧和消费侧碳排放量测算及影响因素研究》,《经济研究》2015 年第 1 期。

2. 孟渤、高宇宁:《全球价值链、中国经济增长与碳排放》,社会科学文献出版社 2017 年版。

3. 王育宝、何宇鹏:《中国省域净碳转移测算研究》,《管理学刊》2020 年第 2 期。

4. Meng J. , Mi Z. F. , Guan D. B. , et al. , "The Rise of South-South Trade and Its Effect on Global CO_2 Emissions", *Nature Communications*, Vol. 9, No. 5, 2018.

5. Wiedmann T. , "A Review of Recent Multi-region Input-output Models Used for Consumption-based Remission and Resource Accounting", *Ecological Economics*, Vol. 69, No. 2, 2009.

练习题

1. 贸易隐含碳的基本内涵与核算边界是什么?

2. 简述价值链碳排放核算各框架的内容,并指出各核算框架之间的区别和联系。

3. 如何利用投入产出模型核算生产和消费活动的碳转移,并说明多区域投入产出模型在核算区域间碳转移的优势。

第 十 章

碳排放核算质量保证

　　数据质量保证是指根据数据质量维度的要求，对数据资源本身进行的一系列技术和管理方面的活动总和。从控制目标看，质量保证是按照相关需求，契合特定的目标如数据的真实性、公开性、透明度以及可重复性等开展的相关行动。从方法技术层面看，校正数据错误和不一致的数据清洗技术，被认为可以解决普遍的质量问题，如重复对象检测、缺失数据处理、异常数据检测、逻辑错误检测、不一致数据处理等。[①] 碳排放核算涉及的核算对象和气体种类较多，面临的不确定性较大。因此，质量保证的重要性毋庸置疑，是实现高质量碳排放核算的关键因素。本章从碳排放核算的质量控制、建立企业核算 MRV 体系以及完善碳排放统计核算制度三个方面介绍碳排放核算质量保证的内容及过程，确保得到精确、一致和及时可用的碳排放核算数据。

第一节　碳排放核算质量控制[②]

　　《2006 年 IPCC 国家温室气体清单指南》以及国家发展改革委组织相关领域专家编写的《省级温室气体清单编制指南（试行）》较为完善地介绍了不确定性、质量保证、质量控制等内容，具有极高的参考价值，为不同层次的碳排放核算质量控制提供了有益借鉴。

---

　　① 童楠楠：《我国政府开放数据的质量控制机制研究》，《情报杂志》2019 年第 1 期。
　　② 本部分主要来源于《2006 年 IPCC 国家温室气体清单指南》第 1 卷，2006 年，第 6—36、5—20 页；《省级温室气体清单编制指南（试行）》，2011 年，第 103—114 页。

一　不确定性分析

不确定性分析是碳排放核算中必不可少的一部分。在拉克森堡（奥地利）举办的第二届"温室气体清单不确定性"国际研讨会上，明确表明清单不确定性分析的必要性。[①]　不确定分析并非用于判别碳排放核算结果的正确与否，而应被视为一种帮助确定降低未来碳排放核算不确定性工作优先顺序的方法。

（一）　不确定性相关概念[②]

与不确定性密切相关的概念包括不确定度、测量不确定度和误差等。

"不确定度"一词起源于 1927 年德国物理学家海森堡在量子力学中提出的不确定度关系，又称测不准关系。1970 年前后，一些学者逐渐使用不确定度一词，一些国家计量部门也相继使用不确定度，但对不确定度的理解和表示方法尚缺乏一致性。在此背景下，1980 年国际计量局（BIPM）在征求各国意见的基础上提出了《实验不确定度建议书 INC - 1》；1986 年由国际标准化组织等七个国际组织共同组成了国际不确定度工作组，制定了《测量不确定度表示指南》，1993 年颁布实施，在世界各国得到执行和广泛应用。

测量不确定度是指测量结果变化的不确定，是表征被测量的真值在某个量值范围的一个估计，是测量结果含有的一个参数，用以表示被测量值的分散性。这种测量不确定度的定义表明，一个完整的测量结果应包含被测量值的估计与分散性参数两部分。例如被测量 Y 的测量结果为 $y \pm U$，其中 y 是被测量值的估计，它具有的测量不确定度为 U。显然，在测量不确定度的定义下，被测量的结果所表示的并非为一个确定的值，而是分散的无限个可能值所处于的一个区间。

测量不确定度和误差是误差理论中两个重要概念，它们具有相同点，都是评价测量结果质量高低的重要指标，都可作为测量结果的精度评定参数。但它们又有明显的区别，必须正确认识和区分，以防混淆和误用。

误差是测量结果与真值之差，它以真值或约定真值为中心，而不确定度是以被测量的估计值为中心，因此误差是一个理想的概念，一般不能准确知道，

---

①　杨栋等：《南京和长三角地区 CO_2 与 CH_4 人为排放清单估算的不确定性分析》，《气象科学》2014 年第 3 期。

②　费业态：《误差理论与数据处理》，机械工业出版社 2000 年版，第 82—83 页。

难以定量；而测量不确定度是反映人们对测量认识不足的程度，是可以定量评定的。用不确定度代替误差表示测量结果，易于理解、便于评定，具有较高的合理性和实用性。

（二）碳排放核算不确定性的来源

碳排放核算主要是基于碳排放/清除相关假设设定、活动水平数据的获取和核算方法的选取，导致碳排放核算结果与真实数值有误差的原因有很多，部分原因可能产生界定明确、容易描述特性的潜在不确定性范围，例如取样误差或仪器精确性的局限性导致的不确定性；部分不确定性原因可能较难识别及量化。主要的不确定性来源于数据获取、误差和报告偏差三方面。数据获取的不确定性包括：（1）数据不完整。因数据获取过程未被识别或者测量方式缺乏，无法获得测量结果或其他相关数据。（2）数据缺乏。因条件限制无法获得或者非常难以获得某些碳排放/清除所必需的数据，一般采用相似类别数据进行替代，或者使用内推法/外推法进行估算。（3）数据偏差。缺乏可获得数据的条件和真实排放/清除或活动的条件而引起偏差。误差方面包括：（1）模型误差。核算、计算模型过于简化，精确度有限。（2）统计样品随机误差。与受限的随机样本数有关，一般情况下可采用增加独立样本数的方法减少此类不确定性。（3）测量误差。来源于测量、记录和传输信息的误差，可能是随机或系统性的。报告偏差包括：（1）错误报告/错误分类偏差。排放/清除的定义不完整、不清晰或有错误而引起偏差。（2）数据丢失。此类不确定性可能会引起试图开展的测量无法获得数值，如低于检测限度的测量数值。

（三）量化不确定性的步骤和方法

1. 量化流程

首先准确识别碳排放核算不确定性的主要来源，包括数据统计偏差及数据完整性、准确性的缺乏，如重复计算、漏算、数据丢失、概念偏差、模型估算偏差等。其次，明确碳排放核算过程中单个变量的不确定性，如活动水平数据、排放因子和其他参数的不确定性。最后，将单个变量的不确定性合并为碳排放核算的总不确定性。

2. 量化方法

置信区间展现的是这个参数的真实值有一定概率落在测量结果的周围的程度。在碳排放核算中，假设测量数据的分布收敛于正态分布，通常是在不存在重大系统偏差的情况下完成的，因此对单个指标不确定性的量化通常采用估算统计学上的置信区间方式，可以用于直接测量的排放量以及与活动数据和排放系数（即间接测量）相关的不确定性估计，数据的具体形式表示为平均值±百分比的区间，如 50 吨±15%。计算步骤如下：

（1）选择置信度。置信度决定排放量的真实数值在不确定范围内的概率大小。在自然科学和技术试验里，通常选择的置信度介于 95%—99.73%，IPCC 指南和《省级温室气体清单编制指南（试行）》均建议使用 95% 置信度。

（2）确定 t 值。95% 和 99.73% 置信度下的 t 值与测量样本数的对应关系表 10 − 1。

表 10 − 1　　　　95% 和 99.73% 置信度下的 t 值与测量样本数的对应关系

测量样本数	3	5	8	10	50	100	∞
95% 置信度下 t 值	4.30	2.78	2.37	2.26	2.01	1.98	1.96
99.73% 置信度下 t 值	19.21	6.62	4.53	4.09	3.16	3.08	3.00

（3）计算样本平均值 $\overline{X}$ 以及标准偏差 S：

$$\overline{X} = \frac{1}{n}\sum_{k=1}^{n} X_k \qquad (式 10 − 1)$$

$$S = \sqrt{\frac{1}{n-1}\sum_{k=1}^{n}(X_k - \overline{X})^2} \qquad (式 10 − 2)$$

式 10 − 1、式 10 − 2 中：

$\overline{X}$ 表示样本均值；

n 表示样本容量；

S 表示样本标准差。

（4）计算相关区间：

$$\left[\overline{X} - \frac{S \cdot t}{\sqrt{n}}; \overline{X} + \frac{S \cdot t}{\sqrt{n}}\right] \qquad (式 10 − 3)$$

（5）将计算出的相关区间转换为不确定性范围，以±百分比表示。

3. 合并不确定性的方法

不确定性合并的目的是得到某个区域碳排放核算的总不确定性，将活动水平数据、排放因子及其他参数的不确定性合并为碳排放核算总量的不确定性，从单个排放源逐级合并到整个区域。IPCC 指南和《省级温室气体清单编制指南（试行）》推荐的不确定性合并方法有两种，一是使用误差传递公式，二是使用蒙特卡罗或类似的技术。两种方法均可用于排放源或汇，但要取决于每种方法和资源可获得性的假设和限制。误差传递公式方法以数据表为基础，应用起来十分简单，在实际操作中多选择此类方法，但其不确定性很大。

（1）误差传递公式

包括加减运算和乘除运算两种误差传递公式，具体如下：

加减运算的误差传递公式。当某一估计值为 n 个估计值之和或差时，该估计值的不确定性采用公式 10-4 计算：

$$U_c = \frac{\sqrt{(U_{s1} \cdot \mu_{s1})^2 + (U_{s2} \cdot \mu_{s2})^2 + \cdots + (U_{sn} \cdot \mu_{sn})^2}}{|\mu_{s1} + \mu_{s2} + \cdots + \mu_{sn}|} = \frac{\sqrt{\sum_{n=1}^{N} (U_{sn} \cdot \mu_{sn})^2}}{|\sum_{n=1}^{N} \mu_{sn}|}$$

（式 10-4）

式 10-4 中：

U_c 表示 n 个估计值之和或差的不确定性（%）；

$U_{s1} \cdots U_{sn}$ 表示 n 个相加减的估计值的不确定性（%）；

$\mu_{s1} \cdots \mu_{sn}$ 表示 n 个相加减的估计值。

例如，某地区有三种二氧化碳排放源，排放量分别为 150±10% 万吨、200±12% 万吨、220±25% 万吨，根据加减运算的误差传递公式 10-4，可计算该地区二氧化碳总排放量的不确定性为：

$$U_c = \frac{\sqrt{(150 \times 0.1)^2 + (200 \times 0.12)^2 + (220 \times 0.25)^2}}{|150 + 200 + 220|} = \frac{61.85}{570} \approx 10.85\%$$

乘除运算的误差传递公式。当某一估计值为 n 个估计值之积时，该估计值的不确定性采用公式 10-5 计算：

$$U_c = \sqrt{U_{s1}^2 + U_{s2}^2 + \cdots + U_{sn}^2} = \sqrt{\sum_{n=1}^{N} U_{sn}^2}$$
（式 10-5）

式 10-5 中：

U_c 表示 n 个估计值之积的不确定性（%）；

$U_{s1} \cdots U_{sn}$ 表示 n 个相乘的估计值的不确定性（%）。

例如，某地区一年内原煤的消费量为 10±3% 万吨，原煤燃烧的二氧化碳排放因子为 1.9 ± 5% 吨二氧化碳/吨原煤，根据乘除运算的误差传递公式 10－5，可计算该地区原煤燃烧二氧化碳排放量的不确定性为：

$$U_c = \sqrt{(3\%)^2 + (5\%)^2} \approx 5.8\%$$

（2）蒙特卡罗方法

蒙特卡罗方法（Monte Carlo Method）的原理是通过对模型输入参数的随机重复抽样，从而将模型输入的不确定性传递模型输出，以量化模型输出的不确定性，能够相当准确地量化模拟输出的分布特征。在碳排放核算不确定性分析中，蒙特卡罗分析方法是根据各自概率密度函数选择排放因子和活动数据的随机值，而后计算相应源的排放值。利用计算机多次重复该过程，每次计算的结果用来构建总排放的概率密度函数，再依据排放量的概率分布规律便可获得总体的均值和不确定性。[①]

（四）减少不确定性的方法

碳排放核算需尽可能减少不确定性，确保使用的模型和收集到的数据能够代表实际情况。在减少不确定性时，对不确定性影响较大的部分应被优先考虑。可根据关键类别分析和评估特定类别的不确定性对碳排放核算总不确定性的贡献，确定降低不确定性优先顺序。一般来讲，可从以下几个方面降低不确定性：（1）强化碳排放原理分析。准确识别提高碳排放源、汇类别，全面了解排放的具体过程和环节，提高从业人员能力，发现和纠正不完整问题。（2）改进模型的结构和参数，更好地了解和描述系统性误差和随机误差，减少不确定性。（3）提高数据的代表性，更加准确地描述排放属性。例如使用连续排放监测系统来监测排放数据，可较全面地得到不同燃烧阶段的数据。（4）使用更精确的测量方法和校准技术，重视仪器仪表定位和校准的准确性，提高测量准确度。（5）广泛收集测量数据，增加样本容量以降低与随机取样误差相关的不确定性，减少数据漏缺导致的偏差和随机误差。

二　质量控制和质量保证

《省级温室气体清单编制指南（试行）》指出：质量控制是碳排放核算中的常规技术活动，应系统性制定流程来测量和控制核算的质量，由碳排放核算

[①] 杨栋等：《南京和长三角地区 CO_2 与 CH_4 人为排放清单估算的不确定性分析》，《气象科学》2014 年第 3 期。

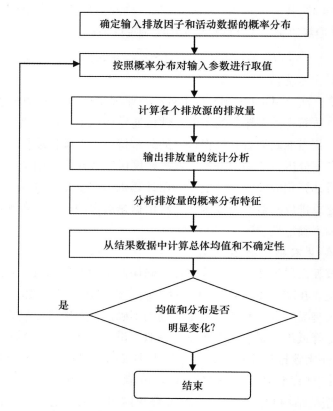

图 10 −1 蒙特卡罗方法进行不确定性分析的流程

人员执行。质量保证是一套规划好的评审规则体系，由未直接涉及碳排放核算过程的人员进行。质量控制、质量保证和不确定性分析可相互提供有价值的反馈，以便相互验证。

（一）质量控制程序

1. 一般质量控制程序

一般质量控制程序包括适用于所有源和汇类别，与计算、数据处理、完整性和归档相关的通用质量检查，一般质量控制活动具体包括：（1）交叉检查主要参数并归档。（2）检查数据输入和资料抄录等误差。（3）检查排放过程计算的正确性。（4）检查是否正确记录了参数、单位及适当的转换系数。（5）检查数据库文件的完整性。（6）检查排放源、汇类别间数据的一致性。

（7）检查处理过程中数据转移的正确性。（8）检查排放和清除的不确定性估算和计算的正确性。（9）检查导致重新计算的方法学以及相应的数据变化。（10）检查完整性。（11）排放趋势分析和检查。（12）评审内部文件和存档。

2. 特定类别质量控制程序

特定类别质量控制是一般质量控制程序的补充，针对个别源或汇类别方法中使用的特定类型的数据。要求明确特定类别、可用数据类型和排放/清除的相关参数，在完成一般质量控制检查后额外执行。特定类别质量控制程序的应用要视具体情况而定，重点放在关键类别和方法学及数据有重大修正的类别。相关的质量控制程序取决于给定类别排放或吸收估算使用的方法。特定类别质量控制活动具体包括：（1）排放/清除数据的质量控制。（2）活动水平数据的质量控制。（3）不确定性估算的质量控制。

（二）质量保证程序

质量保证包括专家同行评审和审计，以评估此次碳排放核算的质量、核算过程程序、文档记录等是否准确、规范，分析需要改进的地方。

专家同行评审主要是通过相关领域专家的评审和研判，确保核算结果、假设和方法科学、合理、准确。评审过程中应加强与核算方法和结果相关的文档记录的评审、查阅。碳排放核算可作为一个整体或部分进行评审。为了进行无偏差评审，需注重评审人技术领域和来源，应选择未参加此次碳排放核算的质量保证评审人，可邀请来自其他机构的独立专家、国内外专家等。

审计主要是评估碳排放核算人员是否科学合理制定质量控制规范。例如核实质量控制步骤是否实施到位、质量控制程序是否已达数据质量控制目标等，对碳排放核算采取的各个程序和文档记录进行深入分析，一般不侧重于计算结果的审计。

（三）验证、归档、存档和报告

1. 验证

验证活动可以保证碳排放核算的可靠性，为进一步改进提供信息，建立排放估算和趋势的信度，帮助提高科学认识，是质量保证/质量控制与验证总体系统的一部分。验证技术包括内部质量的检查、碳排放核算的相互比较、强度指标的比较、与大气浓度和排放源测量以及模拟研究的比较。验证技术应反映在质量保证/质量控制程序中，在实施验证技术前需充分调查与验证技术相关的局限性和不确定性。

2. 归档和存档

归档和存档涉及碳排放核算活动的计划、编制过程和管理有关的所有信息。例如碳排放核算过程的责任、机构安排以及计划、编制和管理程序；选择活动水平数据和排放因子的标准；活动水平数据追踪到参考源的活动水平数据或充分的信息、排放因子和其他估算参数说明；活动水平数据和排放因子相关不确定性信息；计量方法选择的依据；核算方法、核算过程以及不确定性分析方法的详细记录，包括核算结果变化分析，数据输入或方法的变化等；不确定性分析说明及相关佐证材料；核算过程中涉及的电子数据、软件信息。

3. 报告

可报告执行的质量保证/质量控制活动和关键结果的概述，作为碳排放核算的补充。报告应讨论参考质量保证/质量控制计划，其计划的执行时间表和执行的责任；描述各种内部实施活动，以及所有外部评审；提供关键结果，描述各个类别输入数据、方法、处理或估算质量相关的主要问题，并说明得到处理方法；开展必要的时间序列趋势分析，提出减排建议等。

第二节　建立企业核算 MRV 体系

MRV 即："可监测（monitoring①）、可报告（reporting）、可核查（verification）"。企业核算 MRV 体系，是指对某个核算单位，利用测量方法核查并报告其在一定期间内所产生的碳排放。监测（monitoring）指对碳排放或其他有关数据连续性或周期性的评价，报告（reporting）指向相关部门或机构提交有关碳排放的数据以及相关文件，核查（verification）指相关机构根据约定的核查准则对碳排放进行系统、独立的评价，并形成文件的过程。②

有效的 MRV 体系不仅是碳排放和减排监测的基本要求，还是确保排放数据准确性和可靠性的关键手段，可以为碳资产管理、碳排放权交易等工作提供数据支持，协助政府提高决策的科学性。因此企业核算 MRV 体系是提高碳排

---

① "monitoring" 一词，不同文献使用了不同的中文术语与其对应，例如量化、监测等。此外，有的文献对 "M" 采用 "measuring" 的表述。

② 孟早明、葛兴安等：《中国碳排放权交易实务》，化学工业出版社 2017 年版，第 62 页。

放核算准确性，进行碳资产管理和碳排放权交易的重要基础。

一 建立企业碳排放监测体系[①]

在企业核算 MRV 体系中，监测的作用在于有效地核算、记录排放单位的碳排放量，制订并实施碳排放监测计划，便于获得高质量的企业碳排放数据，各企业可以有效把握本单位的碳排放情况，有利于主管部门开展监管工作。

（一）建立监测机构和制度规范

MRV 体系对企业的数据统计和管理提出了更高的要求，企业有必要建立专门的监测机构来负责碳排放的管理。企业碳排放监测机构的主要工作内容包括：学习掌握政府制定的 MRV 规范、指南等，了解操作流程及工作需求，制定碳排放监测报告执行方案；完成碳排放监测计划及排放报告的编制工作，配合第三方核证机构开展核证工作，协助完成企业 MRV 流程；分析总结碳排放监测工作过程中存在的问题，并提出可操作的调整和改进措施；统计、分析和预测企业碳排放相关数据，追踪掌握行业碳排放情况，协助企业在碳市场中做出最佳决策。与此同时，需加强有关规范和制度的制定，强化与碳排放相关的环节控制，从而提高企业对碳排放监测、计量的精准性、一致性。

（二）加强监测设备的投入与建设

长远来看，企业精准测量和管理碳排放量，对摸清自身排放家底，评估减排潜力，寻求合理减排成本，自觉参与碳排放权交易市场具有重要作用，可以极大地提升企业碳资产管理能力，提高企业的减碳效率。目前，对没有精确测量设备的设施单元一般会采取高估了的较为保守的燃料碳排放因子，这对技术设备先进、能源使用效率高的企业，无疑会高估其实际碳排放量。企业应根据自身需求，合理增加、更新测量和计量设备，建立统一的数据采集与管理系统，实现对碳排放数据的精准化、一致性、高效化管理。

（三）加强专业人员储备

完善的企业核算 MRV 体系对相关测试仪器设备的精确度要求较高，同时需要专业人员对监测和计量设备进行校准、维护，通过具体的核算方法计算碳排放量。这需要专业人员熟知 MRV 的相关指南、规范，准确识别核算范畴和

---

① 王丽娟、吴大磊：《碳排放权交易机制下提升企业温室气体排放监测报告能力研究》，《南方农村》2013 年第 3 期。

排放源，掌握不同排放源的碳排放核算方法，准确完成碳排放量核算。企业还需拥有专门的碳资产管理人才来管理企业碳资产，使得企业在参与碳排放交易过程中实现利益的最大化。因此，企业需要加快专业人才的培育、引进。

二　执行企业碳排放报告机制

碳排放报告是指计算重点企（事）业单位在社会和生产活动中各环节直接或者间接排放碳的过程，其实质是编制碳排放清单。目前，国家发展改革委已分三批制定发布了 24 个行业企业的《温室气体排放核算方法与报告指南（试行）》（发改办气候〔2013〕2526 号、〔2014〕2920 号和〔2015〕1722号）。企业应按照核算指南要求进行核算及报告。

企业在进行碳排放报告过程中应遵循以下五个基本原则：（1）相关性。根据目标用户的需求选择相关数据和方法学进行量化和报告。（2）完整性。应全面披露组织碳排放信息，报告的对象应包括组织边界内所有排放源，完整地收集活动数据并完成组织碳排放的量化。（3）一致性。碳排放的量化方法、数据的获得方式、不确定性控制的技术手段等应尽量保持一致。（4）准确性。应采用系统化的量化方法学，减少核算结果的不确定性，准确地体现碳排放量。（5）透明性。应真实清晰地展现碳排放的相关数据，若透明性要求与政府政策相矛盾，则应遵循相关法律法规。①

一般碳排放报告包括以下主要内容：（1）报告主体基本信息。包括企业全称、报告年度、统一信用代码、企业性质、所属行业、单位地址、法人代表、分管领导、部门负责人、填报联系人及其联系方式、组织结构、工艺流程等。必要时可通过图片形式表示。（2）主要生产情况。包括总产值、销售额、工业增加值、产品情况（包括名称、产能、产量）、综合能耗等。（3）排放边界相关情况说明。包括企业排放边界描述、排放源的识别、企业监测实施情况等。（4）温室气体排放量。应报告企业在整个报告期内的排放总量、化石燃料燃烧排放量、工业生产过程 CO_2 排放、工业生产过程 N_2O 排放、CO_2 回收利用量、净购入使用的电力、热力对应的排放量等。（5）活动水平数据及其来源。应结合核算边界和排放源的划分情况分别报告所核算的各个排放源的活动水平数据，并详细阐述它们的监测计划及执行情况，包括数据来源或检测地

---

① 《碳排放核查员培训教材》，中国质检出版社、中国标准出版社 2016 年版，第 90—91 页。

点、监测方法、记录频率等。（6）排放因子数据及其来源。分别报告各项活动水平数据所对应的含碳量或其他排放因子计算参数，若采用实测值则需介绍监测计划及执行情况，否则说明它们的数据来源、参考出处、相关假设及其理由等。（7）其他情况说明。可报告希望说明的其他问题或建议。

三　实施第三方碳排放核查机制

碳排放核查是由第三方核查机构根据约定的核查准则对具体排放单位在某一时期内的碳排放量进行系统的、独立的评价，并形成文件的过程。通过第三方核查机构的核查工作，可以确保排放单位的碳排放报告报送符合核算指南要求，确保碳排放数据真实有效、客观公正。

第三方核查机构在核查过程中应遵循以下原则：（1）独立性。独立于受核查方，保持客观性，避免带有任何偏见，确保与受核查方无利益冲突。（2）客观性。做到诚实守信，在处理相关核算问题时，应基于客观的证据基础，并真实反映核查发现，同时确保核查工作的保密性。（3）公正性。客观、真实、准确地总结核查发现，得出核查结论，如实总结和报告核查过程中所遇到的重大障碍，以及未解决的分歧意见等。（4）专业性。具备所承担核查任务的必要技能，能够根据委托方及目标用户的具体要求，提供专业谨慎的判断。[1]

一般情况下，核查需判断以下几个方面是否实施到位，并且满足相关要求：（1）碳排放核算和报告的职责、权限是否已经落实。（2）排放报告及其他支持性文件是否完整可靠，是否符合适用的核算与报告指南的要求。（3）是否符合报告指南及相关标准的要求。（4）根据适用的核算与报告指南的要求，对记录和存储的数据进行评审，判断数据及计算结果是否真实、可靠、准确。[2]

核查活动一般包括三个阶段，即准备阶段、实施阶段和报告阶段。主要流程有：（1）签订协议。在协议签订之前，核查机构需要从资质、资源和可能存在的利益冲突等方面，进行可行性评估，确定能否开展核查工作。（2）核查准备。核查机构应确定核查组并进行分工，与核查委托方及重点排放单位建

---

①　《碳排放核查员培训教材》，中国质检出版社、中国标准出版社 2016 年版，第 119—120 页。
②　孟早明、葛兴安等：《中国碳排放权交易实务》，化学工业出版社 2017 年版，第 128 页。

立联系，并要求核查委托方及重点排放单位按时提交碳排放报告及相关支持文件，还应进行核查策划。（3）文件评审。通过对企业提交的碳排放报告和相关支持材料进行评审，核查组需初步确认排放情况，并确定现场核查思路及现场核查重点。文件评审工作应贯穿核查工作的始终。（4）现场核查。核查组应科学准确地开展现场核查，进一步判断排放报告的符合性，并向委托方及重点排放单位提交不符合清单。（5）核查报告编制。确认不符合关闭后，核查组应按照真实、客观、逻辑清晰的原则完成核查报告的编写。（6）内部技术评审。核查报告在提供给委托方及企业之前，应经过核查机构内部独立于核查组成员的技术评审，避免技术错误。（7）提交核查报告。当内部技术评审通过后，核查机构方可将核查报告交付给核查委托方及企业。（8）记录存档。核查机构应以安全和保密的方式保管核查过程中的全部书面和电子文件。①

第三节　完善碳排放统计核算制度

一　完善碳排放基础统计体系

碳排放核算最重要的两类基础指标是活动水平数据和排放因子。其中活动水平数据是指在特定时期（通常为一年）、特定区域，增加或减少碳排放的人为活动量，如化石燃料消耗量、水泥熟料产量、森林蓄积量变化及畜禽存栏量等。排放因子主要依靠长期的调查、统计和监测获得。因此完善碳排放统计核算包括完善活动水平数据和排放因子等统计、调查和监测。②

（一）现行的相关统计报表制度③

我国统计体系由政府综合统计和部门统计组成，行业协会统计作为重要补充。政府综合统计系统由自上而下设置的统计机构或配备的统计人员组成，现行的政府综合统计体制实行"统一领导，分级负责"的管理模式。根据"温室气体排放基础统计制度和能力建设"项目研究，碳排放核算涉及现行统计

---

① 孟早明、葛兴安等：《中国碳排放权交易实务》，化学工业出版社2017年版，第129—130页。

② 黄强、阮付贤、黎永生等：《基于清单编制的广西温室气体排放统计核算体系现状研究》，《大众科技》2016年第4期。

③ "温室气体排放基础统计制度和能力建设"项目研究小组：《中国温室气体排放基础统计制度和能力建设研究》，中国统计出版社2016年版。

报表制度主要有以下方面。

1. 政府综合统计报表制度

当前，在国家统计局各专业统计报表制度中，能够为碳排放核算提供活动水平数据的统计制度包括《能源统计报表制度》《工业统计报表制度》《农林牧渔业统计报表制度》《运输邮电软件业统计报表制度》及《环境综合统计报表制度》。

《能源统计报表制度》主要由基层年报表、基层定期报表、综合年报表、综合定期报表构成，这些报表反映能源的生产、销售、进出口、库存、购进、消费和能耗强度等情况。

《工业统计报表制度》中除了"规模以下工业主要产品"外，其他报表的统计范围均为规模以上工业法人单位。规模以上工业法人单位统计内容包括主要工业产品产量、规模以上工业主要产品生产能力、工业企业财务状况及产销总值等。所有报表均由各省、自治区、直辖市统计局负责组织实施，调查方法为全面调查。

《农林牧渔业统计报表制度》统计调查内容包括区县及村镇基本情况、农业生产条件、农林牧渔业生产情况。报表制度的调查统计范围，包括全部农业生产经营户，各省、自治区、直辖市以及新疆生产建设兵团所属的各种经济组织类型、各个系统的全部农业生产单位和非农行业单位附属的农业生产活动单位。军委系统的农业生产（除军马外）也应包括在内，但不包括农业科学试验机构进行的农业生产。

《运输邮电软件业统计报表制度》统计调查内容主要包括全国交通运输邮电业生产经营活动的基本情况以及交通运输业能源消费情况。报表由国务院各运输邮电部门、公安部以及各省、自治区、直辖市统计局报送。

《环境综合统计报表制度》涉及环境保护、水利、城国土资、农业、民政、卫生、林业海洋、地、气象、交通的业务报表，由各有关业务主管部门报送。

2. 部门统计报表制度

在农业、林业、环保、交通等部门统计报表制度中，有部分可以为碳排放核算提供相关活动水平数据。

《农业综合统计报表制度》可以提供全年及秋冬农作物播种面积等数据；《农业资源环境信息统计报表制度》《全国农村可再生能源建设统计报表制度》

可提供可再生能源利用、农村地区能源消费情况等；《全国土壤肥料专业统计报表》可提供土壤肥料推广、有机肥施用及商品有机肥、化肥的供需及使用、结杆利用和还田情况；《畜牧业生产及畜牧专业统计监测报表制度》提供畜牧业生产企业、产业活动单位、个体户数，以及生猪、禽蛋、奶牛、羊等生产规模。

《林业统计报表制度》《石漠化综合治理工程统计报表制度》《全国经济林产业发展情况统计报表制度》《全国省级林业有害生物防治情况统计报表制度》《国家森林资源连续清查统计报表制度》《全国森林火灾统计报表制度》《森林公园年度建设与经营情况统计报表制度》《天然林资源保护工程统计报表制度》《京津风沙源治理工程统计报表制度》《全国防沙治沙任务、投资完成情况统计报表制度》等，能够为计算相关土地利用变化与林业数据提供基础的活动水平数据。《公共机构能源资料消耗统计制度》，可提供政府部门、公检法司及社团体等公共机构能源消费情况数据。

《环境统计报表制度》提供工业、农业、城镇、集中式处理设施等四种来源的污染物排放及利用情况；《消耗臭氧层物质与含氟气体生产、使用及进出口统计报表制度（试行）》可以提供有关含氟气体生产使用、进出口等情况；《污染源普查动态更新调查报表制度》能够为核算废弃物处理产出的温室气体排放量提供部分基础活动数据。

《城市（县城）和村镇建设统计报表制度》能提供城市居民天然气、人工煤气、液化石油气等能源消费、城市（县城）排水和污水处理等数据，为城市进行温室气体排放核算提供活动水平数据；《民用建筑能耗和节能信息统计报表制度》统计内容包含城镇民用建筑能耗和节能信息统计、乡村居住建筑能耗信息统计两部分内容。

《道路运输统计报表制度》《国内航运统计报表制度》《交通运输行业公路》《水路环境统计报表制度》《水上交通情况调查统计报表制度》《海上国际运输业统计报表制度》《港口综合统计报表制度》《交通运输能耗统计监测报表制度》《城市（县城）客运统计报表制度》《公路交通情况调查统计报表制度》等，可提供公路、水路、民航、管道运输、城市公交等业务生产情况、能源消耗、环境保护工作等。

《国土资源统计报表制度》能够提供有关国土资源状况、国土资源管理、土地市场矿产资源助查资料。

《铁路运输企业环境保护统计报表制度》《铁路运输企业能源消耗与节约统计报表制度》《铁路货物运输统计报表制度》《铁路客车统计报表制度》《铁路运输设备统计报表制度》《铁路机车统计报表制度》《铁路货车统计报表制度》，可提供铁路系统运输生产、能源消耗和环境保护工作情况。

3. 行业协会

《煤炭工业统计报表制度》可以提供全部国有煤矿企业的原煤产量、能源消耗、固废排除及利用等数据。《中国钢铁工业统计报表制度》可以提供钢铁企业产品产量、能源消耗、废钢消耗工序能耗等数据。《石油和化学工业生产统计报表制度》可以提供主要石油和化工生产、销售及库存、生产能力、能源消耗等数据。《建筑材料工业统计报表制度》可以提供水泥、平板玻璃等建筑材料的生产、销售、库存、能源消耗等数据。《有色金属工业统计报表制度》可以提供主要碳素产品、水泥、有色金属产品产量、电解镁产能、能源消耗总量等数据。《电力行业统计报表制度》可以提供全国机组发电量、6000千瓦及以上机组发电量等数据

（二）完善碳排放基础统计指标体系

碳排放基础统计可以为碳排放核算提供基础数据资料，核心是要测算二氧化碳、甲烷、氧化亚氮、氢氟碳化物、全氟化碳、六氟化硫等六种温室气体排放量所需的活动水平数据，覆盖能源活动、工业生产过程、土地利用变化和林业、农业活动、废弃物处理等五大领域。

1. 能源活动

能源活动是二氧化碳排放的主要来源，是甲烷、氧化亚氮排放的重要来源。能源活动相关活动水平数据指标包括以测算化石燃料碳排放量为目的的分部门、分能源品种、分主要燃烧设备的能源消费量；以测算生物质燃烧碳排放量为目的分灶具类型的秸秆、薪柴、木炭与动物粪便等生物质燃料消费量；以测算电力调入调出二氧化碳间接排放量为目的的电力调入或调出电量。

2. 工业生产过程

工业生产过程是重点排放源和主要排放方式之一，涉及水泥、石灰、钢铁、电石、己二酸、硝酸、一氯二氟甲烷、铝、镁、电力设备生产和安装、半导体和氢氟烃等12个工业生产过程碳排放。其活动水平指标主要有两类，一是主要产品产量，包括水泥熟料、石灰石、电石、己二酸、一氯二氟甲烷、硝酸、铝、镁、氢氟烃与钢材等产品产量；二是主要资源消耗量，包括石灰石、

白云石、生铁、六氟化硫、四氟化碳、三氟甲烷和六氟乙烷等主要资源产品。

3. 土地利用变化和林业

林业领域的温室气体存在对排放源和吸收汇的界定，对于碳源，主要是林业蓄积量转换系数消耗引起的碳排放，对于碳汇，主要是通过林区面积、林种等因素测算碳吸收量，土地利用变化包括森林转化为非林地引起的碳排放。主要活动水平指标包括区域内乔木林按优势树种（或树种组）划分的面积和活立木蓄积量，疏林、散生木、四旁树蓄积量，灌木林、经济林和竹林面积；森林转化涉及的活动水平指标主要为乔木林、竹林、经济林转化为非林地的面积。

4. 农业活动

农业活动温室气体排放的范围包括稻田甲烷（CH_4）、农用地氧化亚氮（N_2O）、动物消化道甲烷、动物粪便管理的甲烷和氧化亚氮等。稻田甲烷排放测算需要调查各种类型稻田播种面积，一般包括单季水稻、双季早稻和双季晚稻等类型；农用地氧化亚氮排放涉及的活动水平指标包括农作物面积和产量、畜禽饲养量、乡村人口、粪肥施用量（吨/公顷）、粪肥平均含氮量、化肥氮施用量、秸秆还田率、相关的农作物参数和畜禽单位年排泄氮量等；动物肠道发酵及动物粪便管理甲烷排放涉及的指标主要为分类型动物不同饲养方式的存栏量数据，其中主要动物类型包括奶牛、非奶牛、水牛、绵羊、山羊等，饲养方式包括规模化饲养、农户饲养和放牧饲养等。

5. 废弃物处理

废弃物处理温室气体排放包括城市固体废弃物填埋、焚烧所产生的甲烷、二氧化碳排放，生活污水和工业废水处理所产生的甲烷和氧化亚氮排放。固体废弃物填埋甲烷排放估算所需的活动水平指标包括城市固体废弃物产生量、城市固体废弃物填埋量、城市固体废弃物物理成分；废弃物焚烧处理二氧化碳排放估算需要的活动水平指标包括各类型（城市固体废弃物、危险废弃物、污水污泥）废弃物焚烧量；生活污水处理甲烷排放测算需要的主要活动水平指标为污水中有机物的总量，以生化需氧量（BOD）作为重要的指标，包括排入到海洋、河流或湖泊等环境中的 BOD 和在污水处理厂处理系统中去除的 BOD 两部分；工业废水处理甲烷排放测算时将每个工业行业的可降解有机物数据分为两部分，分别为处理系统去除的 COD 和直接排入环境的 COD；废水处理活动氧化亚氮排放量测算涉及指标包括人口数、每人年均蛋白质的消费量

（千克/人/年）、蛋白质中的氮含量（千克氮/千克蛋白质）、废水中非消费性蛋白质的排放因子以及工业和商业的蛋白质排放因子以及随污泥清除的氮量。

二　完善统计调查

（一）当前碳排放核算统计的不足

我国现行统计体系是比较完备系统的，现有统计调查制度的信息丰富、内容详细，基本可以用于反映应对气候变化影响、效果与努力。但是这些信息分散于各职能部门，内容方法与温室气体排放清单的要求尚有一定差距，系统性与完整性还不够，还需要从满足碳排放核算需要的角度进行修订完善、更新和改进，与碳排放核算需求相比，现有统计体系存在的主要问题有：

1. 部门划分有待优化

现行统计体系是以国民经济核算体系为核心建立起来，以国民经济行业划分为标准，在提供碳排放基础数据时，与 IPCC 的部门分类存在差别。国民经济行业分类是对产业活动的划分，IPCC 的部门分类则是以排放源与汇进行划分。如交通部门是指全社会移动源总体，是全社会运输车辆在内的交通运输消耗；包括交通运输企业，也包括私人交通工具和其他行业中的交通运输工具的能源消耗。

2. 活动水平数据统计有待细化

能源统计中：一是能源品种有待细分，新能源的品种统计不全。二是能源用途有待细化。目前在能源平衡表中用于原材料的能源品种没有体现，原因是用于原料、材料的能源因不属于燃料范围，在能源平衡表中无法分离得到，工业企业非生产性能源消费量、用作原材料的能源消费量、用于交通运输设备的能源消费量应从终端消费中扣减，国际航线的船舶和飞机的消费量应单独列出。

工业统计中缺少电石、己二酸石灰等产品产量，煤炭生产企业瓦斯排放和利用，石油天然气生产企业温室气体排放，火力发电企业温室气体相关情况，钢铁企业温室气体相关情况，含氟气体生产、进出口、使用和处置等统计内容；农田和畜牧业相关统计指标缺少主要农作物、畜禽养殖的特性调查数据；缺少废弃物处置的相关指标；林业统计数据不全，有待完善，等等。

3. 排放因子数据监测有待加强

排放因子数据涉及具体设施、设备。目前排放因子相关参数监测制度有待进一步完善。例如，能源活动领域，缺乏油气系统各个环节的相关参数研究；工业生产过程领域，缺乏钢铁、硝酸等生产过程区域特色排放因子；农业和林业领域，由于我国幅员辽阔，具有不同的林业区划和农业区划，缺乏分区划分树种的相关生长参数、分区划农作物生长特性参数、分区划畜牧业生产特性参数等。

（二）完善碳排放统计和调查的主要路径①

为建立和完善温室气体排放基础统计制度，2013 年国家发展改革委、国家统计局印发了《关于加强应对气候变化统计工作的意见的通知》，为完善今后一段时期内的碳排放统计和调查，指明了方向。

1. 完善碳排放统计

一是细化和增加能源统计品种指标。将原煤细分为烟煤、无烟煤、褐煤、其他煤炭，将其他能源细分为煤矸石、废热废气回收利用；开展可再生能源统计，可再生能源品种包括生物质固体燃料、液体燃料和气体燃料，一次能源生产中增加生物质能发电等；开展能源加工转换中增加煤基液体燃料分品种统计。相应地修改完善能源平衡表。二是细化能源用途。"交通运输、仓储和邮政业"终端消费量分开为"仓储和邮政业"和"交通运输业"终端消费量，增加道路运输、铁路运输、水运、航空、管道运输等细项。完善现有工业企业能源统计报表制度，改进企业能源购进、消费、库存、加工转换统计表的表式，明确区分不同用途的分品种能源消费量，包括企业非生产性能源消费量、用作原材料的能源消费量、用于交通运输设备的能源消费量。完善建筑业、服务业企业能源消费统计，在统计报表中增加能源消费统计指标。完善公共机构能源消费及相关统计，增加分品种能源消费指标，并单列用于交通运输设备的能源消费。健全道路运输、水上运输营运企业和个体营运户能源消费统计调查制度，内容包括运输里程、客货周转量、能源消费量等指标。加强交通运输重点联系企业的能源消费监测及相关统计，开展海洋运输国内航线和国际航线分品种的能源消费量统计。细化各个领域相关统计。细化工业领域分品种产品产量、分品种原材料消耗量统计。例如开展水泥、石灰、钢铁、电石、硝酸生产过程等工业产品产量、进出口和消费统计，增加石灰、水泥熟料等种类及产

---

① 国家发展改革委、国家统计局：《关于加强应对气候变化统计工作的意见》（发改气候〔2013〕937 号），2013 年，http：//www. ndrc. gov. cn。

量，电石渣生产水泥熟料产量的统计，开展冶金石灰、建筑石灰和化工石灰产量的统计，开展石灰石、白云石和炼钢用生铁消耗量。土地利用变化和林业统计。开展火灾损失林木蓄积量和森林病虫害损失林木蓄积量指标。结合森林资源清查，开展林地单位面积生物量、年生长量等指标的调查，并开展森林生长和固碳特性的综合调查。加强造林、采伐、林地征占与林地转化监测与统计，并按地类类型统计森林新增面积和减少面积。完善农田和畜牧业相关统计指标，开展一熟、二熟、三熟农田播种面积统计。废弃物处理统计。开展生活垃圾填埋场填埋气处理方式、填埋气回收发电供热量以及垃圾焚烧发电供热量的统计，开展生活污水生化需氧量（BOD）排放量及去除量、污水处理过程中污泥处理方式及其处理量的统计。

2. 完善碳排放基础调查

开展发电、水泥、石灰、钢铁、化工等行业化石燃料低位发热量、重点主要设备碳氧化率专项调查。开展钢铁、水泥、石灰、硝酸等行业生产过程排放因子专项调查。开展乔木林优势树种蓄积量生物量转换模型参数、主要优势树种的生物量含碳量；灌竹林、木林、经济林单位面积生物量等调查。开展农作物特性、畜牧业养殖数量、畜牧业生产特性以及畜禽饲养粪便处理方式等调查。畜牧业养殖数量、畜牧业生产特性以及畜禽饲养粪便处理方式调查应考虑规模化饲养和农户饲养方式。开展垃圾成分、生活污水生化需氧量（BOD）排放量及去除量、污水处理过程中污泥处理方式及其处理量调查。

延伸阅读

1. 张晓梅、庄贵阳、刘杰：《城市温室气体清单的不确定性分析》，《环境经济研究》2018 年第 1 期。

2. "温室气体排放基础统计制度和能力建设"项目研究小组：《中国温室气体排放基础统计制度和能力建设研究》，中国统计出版社 2016 年版。

3. 孙永平：《碳排放权交易概论》，社会科学文献出版社 2016 年版。

4. 《碳排放核算员培训教材》，中国质检出版社、中国标准出版社 2016 年版。

5. 孟早明、葛兴安等：《中国碳排放权交易实务》，化学工业出版社 2017 年版。

练习题

1. 不确定度和误差相同点和不同点?

2. 某锅炉一年内原煤的消费量为 5 ±10% 万吨,原煤燃烧的二氧化碳排放因子为 1.9 ±10% 吨二氧化碳/吨原煤,褐煤的消耗量 10 ±20% 万吨,褐煤燃烧的二氧化碳排放因子为 2.1 ±10% 吨二氧化碳/吨褐煤,根据误差传递公式,计算该锅炉年二氧化碳排放量的不确定性为多少?

3. 企业开展碳排放报告及第三方开展碳排放核查时要遵循哪些原则?

4. 当前碳排放核算统计的不足之处有哪些?

第十一章

全球主要数据库介绍

　　随着碳排放核算的普及和深入，国内外都涌现出一批优秀数据库。从全球层面来看，《联合国气候变化框架公约》、世界银行、国际能源署、欧盟委员会以及世界资源研究所等机构都有国家层面的温室气体排放数据，C40 城市气候领导联盟、碳披露项目等还建立了城市和企业层面的温室气体数据库。在中国，相关数据库不仅提供国家、省、市层面的温室气体排放数据，还提供能源数据和排放因子数据。这些数据库都是我们进行应对气候变化相关的科学研究和决策支持所需要的宝贵资源。

第一节　全球主要数据库

一　国家温室气体排放数据

（一）联合国气候变化框架公约

　　《联合国气候变化框架公约》是世界各国于 1992 年在巴西里约热内卢签署的关于共同应对气候变化挑战的协议，这一协议与 1997 年签署的《京都议定书》和 2015 年签署的《巴黎协定》，是全球各国应对气候变化共同努力的法律基石。

　　《京都议定书》为发达国家设定了减排目标。为了考核是否完成任务，这些发达国家需要每年向《联合国气候变化框架公约》秘书处提交温室气体排放清单，这些清单可以在公约秘书处的网站上获取，因此秘书处网站可以算是一个最全面的国家级温室气体排放清单数据库，很多其他数据库是以这些报告为基础进行开发，只是这些数据都是以 PDF 和 EXCEL 的形式，没有进行可视化。这些国家温室气体清单都是根据在第二章第一节中介绍的《2006 IPCC 国家温室气体清单指南》进行编制，格式统一规范，秘书处会对这些国家清单进行评审。具体信息可参见网站 https：//unfccc. int/documents。

（二）世界银行

世界银行（World Bank）是向发展中国家的政府提供资金、政策咨询和技术援助的国际金融机构，归属于联合国系统，由国际复兴开发银行（International Bank for Reconstruction and Development，IBRD）和国际开发协会（International Development Association，IDA）两个机构组成。

世界银行的数据库涵盖了全球绝大部分国家和地区的发展相关数据，其中也包括各个国家和地区的温室气体排放数据。世界银行的数据库中记录有全球233 个国家和地区 1960 年至 2014 年的 CO_2 排放数据。此外，数据库还对特定地理区域（如东亚、欧洲）、特定国家集团（如 OECD，小岛屿国家）以及特定收入群体（高中低收入）历年的 CO_2 排放量有记录。

除了 CO_2 排放量以外，世界银行数据库还收录了以上国家、地区与群体1960 年至 2014 年的碳排放强度、单位 GDP 排放、液体燃料引起的 CO_2 排放、固体燃料引起的 CO_2 排放、氢氟烃类化合物以及甲烷排放量数据。

世界银行数据库中的数据可以在网页上在线浏览，也可以以 . csv，. xml以及 . xlsx 的格式下载。在数据库网页可以看到每个国家 1960 年与 2014 年的排放数据，以及一张显示其发展的缩略图；在聚焦某一国家后，可以选择以折线图或柱状图的形式来浏览其历年的排放量以及其变化趋势。数据库还支持利用热力图的方法观察二氧化碳排放量、排放强度等指标在全球的分布情况。具体信息可参见网站 https：//data. worldbank. org/。

（三）国际能源署

国际能源署（International Energy Agency，IEA）是一个成立于 1974 年石油危机期间由经济合作与发展组织（OECD）发起并由其成员国参与的政府间组织，目前主要致力于研究应对气候变化的政策、能源市场改革、能源技术合作等工作。国际能源署目前有包括美国、日本、英国在内的 29 个成员国以及若干联盟国与伙伴国，中国也于 2015 年成为国际能源署的联盟国。

在 IEA 数据库的网站上，可以通过输入"要查找的条目"与"要查找的国家/地区"两个关键词来查找自己需要的信息，例如，输入"CO_2 总排放"与"印度"，即可看到以折线图形式展现的印度在 1990—2015 年 CO_2 总排放情况。IEA 数据库收录的条目中与温室气体排放相关的主要有五条，包括总 CO_2 排放、单位人口 CO_2 排放、单位 GDP CO_2 排放、单位 GDP CO_2 排放（购买力平价）以及能源的 CO_2 排放强度，每个条目都可以借由热力图的形式展现其全球分布。不过值得注意的是，以上数据中的 CO_2 排放都只包含燃料燃烧引起的排放。

除了在网页上浏览外，用户也可以选择以 .xlsx 的格式下载数据，但免费版的用户只能下载单个国家的排放数据，而且其中只包含 1990 年、1995 年、2000 年等节点年份的数据。对于更为完备的数据则需要付费获得；此外，IEA 数据库还提供月度排放数据、分部门排放数据等付费数据服务。

（四）欧盟委员会

全球大气研究排放数据库（Emission Database for Global Atmosphere Research，EDGAR）是一个隶属于欧盟委员会（EU Commission）的在线数据库，其中收录有各国 1970—2016 年温室气体以及其他气体污染物的排放数据。其数据整合了多个来源，包括国际能源署（IEA）、英国石油公司（BP）、美国地质勘探局（USGS）、国际肥料协会（IFA）、21 世纪可再生能源政策网络（REN21）、世界钢铁协会（WSA）、联合国发展署（UNDP）、国际货币基金组织（IMF）和世界能源展望（WEO）。

EDGAR 上的排放数据涵盖了 CO_2、CH_4 和 N_2O 三种主要温室气体。除了按照分国家的形式查看外，EDGAR 上还提供三种温室气体排放情况的热力图，以及三种温室气体分成多达 28 个部门的排放情况。

EDGAR 上的数据均可以以 .xlsx 的格式下载，其中 CO_2 排放、温室气体排放以及人均排放、单位 GDP 排放的数据也可以在线查看。具体信息可参见网站 https：//edgar. jrc. ec. europa. eu/。

（五）世界资源研究所

世界资源研究所（World Resource Institute）是一家全球性非营利研究机构，于 1982 年在美国华盛顿特区成立，主要致力于研究环境与社会经济的共同发展。其在线数据平台"Climate Watch"旨在为政策制定者、研究人员等提供开放、全面、可视化强的数据支持。

Climate Watch 上不仅有所有国家的温室气体排放数据，还整合了各个国家的国家自主贡献（NDCs），主要国家未来不同情景下的排放路径等实用的信息资源。在 Climate Watch 的界面上，可以通过输入国家名称来查看国家的基本社会经济信息（GDP，人口等）、国家历年来分部门的温室气体排放（或人均温室气体排放、单位 GDP 温室气体排放）、国家的 NDCs 以及未来排放的预测值、国家对气候变化的敏感性等一系列数据。此外，在页面中还可以选择不同的数据源，Climate Watch 上的各类数据通常都有 CAIT、PIK 和 UNFCCC 三个数据源可供选择。

　　除了查看各国的排放量以外，Climate Watch 还提供了对比查看排放量的功能，可进行国家/地区间历年的排放量对比以及部门间的排放量对比。在关于 NDC 的数据方面，Climate Watch 不仅包含查看各国 NDC 提交状态与内容的功能，还可以对 2 个或 3 个国家的 NDC 进行对比分析。网站上设有 Pathway 板块，可以用来了解各国未来在不同情景、不同模型下的排放路径，并对所用到的模型、情景以及指标有所介绍。网站上的数据（包括排放，NDC 与排放路径相关的数据）均可以免费以 .xlsx 的格式下载。具体信息可参见网站 https://www.climatewatchdata.org/。

　　（六）气候行动追踪

　　气候行动追踪（Climate Action Tracker，CAT）数据库是由 NewClimate、ECOFYS 和 CLIMATEAN ALYTICS 三家机构创建的一个独立的数据库和分析工具，用于追踪主要国家 2009 年以来的气候变化目标与行动。

　　CAT 将各国的气候变化减排承诺进行量化和评估，分析各国的目标完成进展，同时也进行行业层面的分析。CAT 包含了主要的温室气体排放大国和部分小排放国家，其信息覆盖了全球 80% 的排放和 70% 的人口。其跟踪的国家气候政策包括：分析现有气候政策在 2030 年或更长远的时间内如何影响排放；分析气候目标（包括 NDC）对排放的影响等。CAT 按照各国目标的强度将国家分为五大类，分别是"与 1.5 度目标一致"国家，包括摩洛哥和冈比亚；"与 2 度目标一致"国家，包括不丹、哥斯达黎加、埃塞俄比亚、印度和菲律宾；"目标不足够"国家，包括澳大利亚、巴西、欧盟、哈萨克斯坦、墨西哥、新西兰、挪威、秘鲁、瑞士和阿拉伯联合酋长国；"目标很不足够"国家，包括阿根廷、加拿大、智利、中国、印度尼西亚、日本、新加坡、南非和韩国；"目标严重不足够"国家，包括俄罗斯、沙特阿拉伯、土耳其、美国和乌克兰。具体信息可参见网站 https://climateactiontracker.org/countries/china/。

　　（七）其他

　　二氧化碳信息分析中心（CDIAC）由美国劳伦斯伯克利实验室运营和管

理，受到美国能源部支持。CDIAC 数据包括大气微量气体、碳循环、气候变化、化石燃料燃烧二氧化碳排放、土地利用和生态系统、陆地碳管理、微量气体排放，以及植被对二氧化碳和气候变化的响应等多个领域的信息和数据。具体信息可参见网站 https：//cdiac. ess-dive. lbl. gov/。

英国石油公司（BP）每年都发布一份《BP 世界能源展望》，其中包括各国石油、天然气、煤炭、核电等能源的最新年份消费量数据，也包括各国二氧化碳排放数据。具体信息可参见 BP 网站 https：//www. bp. com/en/global/corporate/energy-economics/statistical-review-of-world-energy. html。

（八）国家数据库对比

表 11 - 1 展示了上述国家温室气体排放数据库所包含的数据种类，其中联合国气候变化框架公约所包含的数据是最为全面的，包含六种温室气体以及能源、工业生产过程和产品使用、农业、林业和土地利用变化以及废弃物等所有部门的排放。国际能源署只包括了化石燃料燃烧所产生的二氧化碳排放。

表 11 - 1　　　　　　　　各国家温室气体排放数据库对比

	联合国气候变化框架公约数据库	世界银行数据库	国际能源署数据库	欧盟委员会数据库	世界资源研究所数据库	气候行动追踪数据库
温室气体排放总量	√	√			√	√
二氧化碳排放总量	√	√	√	√	√	√
甲烷排放总量	√	√		√	√	√
氧化亚氮排放总量	√	√		√	√	√
其他温室气体排放总量	√				√	√
人均二氧化碳排放	√	√	√		√	√
分行业温室气体或二氧化碳排放	√				√	√

二　地方和企业温室气体排放数据

（一）C40 城市气候领导联盟

C40 城市气候领导联盟为应对气候变化而成立的全球性城市网络，致力于推动城市减少温室气体排放，应对气候变化挑战，提升城市居民的健康和幸福指数。C40 的成员城市都是超大城市，在成立之初有 40 个成员城市，现在已经发展到 90 多个成员城市。

C40 成员城市需要根据 GPC（在第二章第一节中有所介绍）要求编制城市温室气体清单。C40GPC 清单数据库则展示了这一成果。数据库包括的信息有：

* 世界 GPC 清单地图：展示 C40 成员城市的温室气体排放信息，主要包括能源、交通和废弃物三个部门的排放。

* 城市趋势和目标：用户可以查看城市的历史排放信息，还可以查看城市的减排目标。

* 城市比较：基于最新的清单年份展示城市间的温室气体排放比较结果，可以展示多个指标的比较结果，如排放类型、排放水平、城市特点等。

* 城市概况：展示城市某一年排放相关的详细信息。

* 城市排放热力图：利用最新一年的排放提供分行业的排放信息。

* 数据质量热力图：展示不同城市不同行业的数据质量，分为总体数据质量、活动水平数据质量和排放因子数据质量。

具体信息可参见网站 https：//www. c40cities. org。

（二）碳披露项目

碳披露项目（CDP）是一个全球性的网络，目前有超过 90 个国家的城市和企业通过这一网络披露其温室气体排放。这些排放占全球总排放的 1/5，参与企业所占全球市场份额达到了 50%，2015 年，有 550 家公司向 CDP 提供了调查问卷反馈。此外，报告排放的城市从 2011 年的 48 个增长到 2016 年的 533 个，这些城市来自 89 个国家，覆盖了 6 亿人口。用户可以通过网站数据库查询城市和企业的排放，但是部分数据需要付费购买。

具体信息可参见网站 https：//data. cdp. net/。

第二节　中国主要数据库

中国碳排放相关数据库包括三大类型：（1）碳排放数据库，直接提供国家、省区、城市或企业的碳排放信息；（2）能源数据库，提供各种类型能源生产消费相关数据，为碳排放核算提供基础；（3）排放因子及其相关参数数据库，为采用排放因子法核算碳排放提供支撑。

一　碳排放数据库

我国的碳排放数据库大体可以划分为四类，详见表 11 - 2。

表 11 - 2　　　　　　　　　　　中国主要碳排放数据库

名称	开发者	数据尺度	数据说明
中国温室气体清单研究	国家气候变化对策协调小组办公室与国家发展改革委能源研究所	国家	1994 年中国国家及分行业碳排放数据
2005 中国温室气体清单研究	国家发展和改革委员会应对气候变化司	国家	2005 年中国国家及分行业碳排放数据
皮书数据库	中国与世界经济社会发展数据库	国家	多年度中国能源与碳排放相关数据
中国多尺度排放清单模型（MEIC）	清华大学	高分辨率、多尺度主要大气污染物及碳排放清单	多年度十种主要大气污染物和温室气体排放数据、本地化的排放因子数据
中国碳排放数据库（CEADs）	中外多家研究机构共同开发	高分辨率、多尺度碳排放清单	多年度能源消费、二氧化碳排放、工业过程碳排放、排放因子、投入产出表等数据
国家综合地球观测数据共享平台	科学技术部国家遥感中心、中国科学院遥感与数字地球研究所	高分辨率二氧化碳浓度、通量变化	碳卫星监测提供的全球及中国碳循环基础核心数据

第一类以中国温室气体清单研究、2005 中国温室气体清单研究等为代表，

该类数据库出现的时间较高，主要产生于国家主管部门组织的中国气候变化初始国家信息通报和第二次国家信息通报的编写工作，提供了国家整体及国家主要部门、行业的碳排放情况，但局限于个别年份的碳排放数据、未能提供时间序列数据。

第二类以皮书数据库等为代表，该类数据库多数来自于现有数据库的扩展（在原有统计指标的基础上新增碳排放），能提供较为完整的碳排放时间序列数据，但多数数据来源于其他数据库，并不是通过调研、监测、计算的原生数据。

第三类以中国多尺度排放清单模型、中国碳排放数据库等为代表，该类数据库由科研机构自主开发，能够提供高分辨率、多尺度的碳排放时间序列数据，以及与之相关的能源消费、排放因子等原始数据是我国当前最先进的碳排放数据库，也是未来发展的主流。

第四类以国家综合地球观测数据共享平台等为代表，通过碳卫星监测获得全球及中国高分辨率的二氧化碳浓度、通量、碳循环基础数据，进而计算给出碳排放数据；与前面三类基于活动数据和排放因子核算碳排放的数据库相比较，该类数据库差异显著，能够为其他数据库提供补充。

二　能源数据库

与碳排放数据库相比较，我国能源数据库起步较早，发展更为成熟，具体体现在数据可得性更高、时间序列更长。现有能源数据库大体可以划分为三类，详见表 11 - 3。

第一类以中国经济与社会发展统计数据库等为代表，该类数据库以《中国能源统计年鉴》《中国工业统计年鉴》等官方发布资料与数据为基础，提供国家和省区尺度的能源生产、消费、基础设施建设、能源平衡表等数据。

第二类以中国环境保护数据库等为代表，是在原有数据库基础上进行扩展以新增能源相关数据，不仅能够提供国家、地区、重点行业、重点企业的能源数据，还提供能源相关的环境影响数据。

第三类以中国能源综合数据库、中国能源统计数据库、中国能源数据公共服务平台、中国能源智库网等为代表，能够提供多尺度、分品种、分行业的能源建设、生产、消费、流动、价格等综合数据，构成了我国专业化高且发展迅速的能源数据库。

表11-3   中国主要能源数据库

名称	开发者	数据尺度	数据说明
中国能源综合数据库	能源知识服务系统	多尺度	分品种、分地区、分行业能源建设、生产、消费、流动、价格等综合数据
中国能源统计数据库	中国能源统计数据库	多尺度	多品种、多行业和典型城市能源建设、生产和消费数据
中国经济与社会发展统计数据库	中国知网	国家和省区	国家和地区能源统计年鉴、能源平衡表
中国环境保护数据库	国家信息中心	多尺度	国家和地区重点行业、重点企业能源及环境影响数据
中国能源数据公共服务平台	能源数据联盟	多尺度	国家和地区电力、石油、煤炭、天然气、新能源等相关数据
中国能源智库网	中国能源研究会	多尺度	国家和地区分能源品种、分能源行业发展等相关数据
数据服务网	数据服务网	多尺度	以国家、省、地级市以及县（市）乡镇能源统计相关数据

三 排放因子及其相关参数数据库

我国碳排放因子数据库大体可以划分为五类，详见表11-4。

第一类以《中国能源统计年鉴》《公共机构能源资源消耗统计制度》等为代表，该类数据库出现时间最早，提供了适用于我国的分品种化石燃料热值、单位热值含碳量、碳氧化率等数据；虽然该类数据库最早服务于能源统计，但相关数据也可用于计算我国分品种化石燃料的碳排放因子。

第二类以《省级温室气体清单编制指南（试行）》《中国温室气体清单研究》《重点行业企业温室气体排放核算方法与报告指南（试行）》等为代表，提供了我国国家缺省排放因子，以及分部门、分品种化石燃料热值、单位热值含碳量、碳氧化率等数据，直接服务于国家、省区、城市碳排放清单的编制工作。

第三类以中国碳排放数据库、中国多尺度排放清单模型、复旦大学能源流向与碳排放因子数据库等为代表，提供我国国家缺省排放因子，以及分部门、地区性或实测排放因子等数据，是当前我国排放因子数据库的主流。

第四类以中国区域电网基准线排放因子数据库等为代表，提供不同区域电网的电力间接排放因子，服务于清洁发展机制项目减排量核算以及电力调度间接排放核算等工作。

第五类数据库由科研结构、研究报告或期刊论文等构成，能够提供调查或监测所得到的地区性或工厂级别的排放因子。

表 11 – 4 中国主要碳排放因子来源

数据来源	数据说明
《省级温室气体清单编制指南（试行）》《重点行业企业温室气体排放核算方法与报告指南（试行）》《中国温室气体清单研究》	国家缺省排放因子，以及分部门、分品种化石燃料热值、单位热值含碳量、碳氧化率等
中国碳排放数据库（CEADs）	国家缺省排放因子，分部门排放因子、地区性或实测排放因子
中国多尺度排放清单模型（MEIC）	国家缺省排放因子，地区性的排放因子
中国区域电网基准线排放因子	不同区域电网电力间接排放因子
《中国能源统计年鉴》《公共机构能源资源消耗统计制度》	分品种化石燃料热值、单位热值含碳量、碳氧化率等
科研结构、研究报告或期刊论文	普查、调查或监测的排放因子
复旦大学能源流向与碳排放因子数据库	分部门、分品种化石能源排放因子，基于煤样实测分析的电力用煤潜在排放因子

延伸阅读

1. 中国城市温室气体工作组：《中国城市温室气体排放数据集（2015）》，中国环境出版集团 2019 年版。

2. 李青青、苏颖、尚丽、魏伟、王茂华：《国际典型碳数据库对中国碳排放核算的对比分析》，《气候变化研究进展》2018 年第 3 期。

练习题：

1. 国内外碳排放相关的主要数据库有哪些？
2. 碳排放数据如何对政策制定起到支撑作用？

附　　录

英文缩写对照表

ARR	Afforestation，Reforestation and Revegetation	造林、再造林和植被恢复
BC	Biogeochemical Cycle	生物地球化学循环
BCEF	Biomass Conversion and Expansion Factor	生物量转换和扩展系数
BEF	Biomass Expansion Factor	生物量扩展系数
BIPM	Bureau International des Poids et Mesures	国际计量局
BOD	BiochemicalOxygen Demand	生化需氧量
BSI	British Standards Institution	英国标准协会
CAA	Clean Air Asia	亚洲清洁空气中心
CCS	Carbon Capture and Storage	碳捕集与封存
CDIAC	Carbon Dioxide Information Analysis Centre	二氧化碳信息分析中心
CDM	Clean Development Mechanism	清洁发展机制
CDP	Carbon Disclosure Project	碳披露项目
CEADs	China Emission Accounts and Datasets	中国碳排放数据库
CER	Certified Emission Reduction	核证减排量
CF	Carbon Footprint	碳足迹
CF	Carbon Fraction	碳含率
COD	Chemical Oxygen Demand	化学需氧量
CVD	Chemical Vapor Deposition	化学蒸汽沉积
DNDC	Denitrification-Decomposition model	硝化反硝化模型
DOC	Degradable Organic Carbon	可降解有机碳
ECD	Electron Capture Detector	电子捕获检测器
EDGAR	Emissions Database for Global Atmospheric Research	全球大气研究排放数据库

续表

EEA	European Environment Agency	欧洲环境机构
EF	Emission Factor	排放因子
EFMA	European Fertilizer Manufacturers Association	欧洲肥料制造商协会
EUETS	European Union Emission Trading Scheme	欧盟碳排放权交易体系
FAO	Food and Agriculture Organization of the United Nations	联合国粮食及农业组织
FOD	First Order Decay	一阶衰减
FWP	Harvested Wood Products	伐后木质林产品
GC	Geochemical cycle	地球化学大循环
GCoM	Global Covenant of Mayors for Climate & Energy	市长盟约
GE	Gross Energy	总能量
GHGP	Greenhouse Gas Protocol	温室气体核算体系
GPC	Global Protocol for Community-Scale Greenhouse Gas Emission Inventories（Pilot Version 1. 0）	《城市温室气体核算国际标准（测试版 1. 0）》
GPS	Global Positioning System	全球定位系统
GVC	Global Value Chain	全球价值链
GWP	Global Warming Potential	全球变暖潜势
IAP-N	Improving Anthropogenic Practices of managing reactive Nitrogen	区域氮循环模型
IBRD	International Bank for Reconstruction and Development	国际复兴开发银行
ICLEI	ICLEI—Local Governments for Sustainability	宜可城—地方可持续发展协会
IDA	International Development Association	国际开发协会
IEA	International Energy Agency	国际能源署
IEAP	International Local Government GHG Emissions Analysis Protocol	《温室气体排放方法学议定书》
IFA	International Fertilizer Industry Association	国际肥料工业协会
IFIAS	International Federation of Institutes for Advanced Studies	国际高级研究机构联合会
IGES	Institute of Global Environment Strategies	地球环境研究所
IMF	International Monetary Fund	国际货币基金组织
IPCC	IntergovernmentalPanel on Climate Change	政府间气候变化专门委员会
ISO	International Organization for Standardization	国际标准化组织
LCA	Life Cycle Assessment	生命周期评价法

续表

LUCF	Land Use Change and Forestry	土地利用变化和林业
LULUCF	Land Use，Land Use Change and Forestry	土地利用，土地利用变化和林业
MEIC	Multi-resolution Emission Inventory for China	中国多尺度排放清单模型
MRIO	Multi-Regional Input-Output Model	多区域投入产出模型
MRV	Monitoring，Reporting and Verification	监测、报告以及核查
MSW	Municipal Solid Waste	城市固体废弃物
NAMEA	National Accounting Matrix including Environmental Accounts	包含环境账户的国民经济核算矩阵
NDC	National Determined Contributions	国家自主贡献
NIES	National Institute for Environmental Studies	国立环境研究所
NMVOC	Non-methane Volatile Organic Compounds	非甲烷挥发性有机物
NSCR	Selective Non-Catalytic Reduction	选择性非催化还原法
OECD	Organization for Economic Cooperation and Development	经济合作与发展组织
PVC	PolyvinylChloride	聚氯乙烯
SNA	System of National Accounts	国民经济核算体系
SRIO	Single-Regional Input-Output Model	单区域投入产出模型
SVD	Standard Volume Density	基本木材密度
TCD	Thermal Conductivity Detector	热导检测器
UG	Umbrella Group	伞形国家集团
UNDP	United Nations Development Programme	联合国开发计划署
UNEP	United Nations Environment Programme	联合国环境规划署
UNFCCC	United Nations Framework Convention on Climate Change	联合国气候变化框架公约
UN-Habitat	United Nations Human Settlements Programme	联合国人类住区规划署
USEPA	United States Environmental Protection Agency	美国环境保护署
USGS	United States Geological Survey	美国地质勘探局
WBCSD	World Business Council for Sustainable Development	世界可持续发展工商理事会
WEO	World Energy Outlook	世界能源展望
WMO	World Meteorological Organization	世界气象组织
WRI	World Resources Institute	世界资源研究所
WSA	World Steel Association	世界钢铁协会
WWF	World Wide Fund For Nature	世界自然基金会